FOOD
Materials Science

식품재료학

하현숙 · 이동욱 · 이재상 · 최호중 공저

(주)백산출판사

최근 화두가 되는 치유 음식의 근간은 자연식이라고 생각한다. 그동안 급속한 산업화의 물결로 산이나 들에서 자생하는 나물들이 외면당해 왔으나, 평균 수명이 길어지고, 건강에 대한 관심이 고조되면서 산과 들나물의 가치가 재조명되어 현대인들의 건강을 지켜주는 귀한 식재료로 대접받기 시작했다. 여러 문헌에서도 산과 들나물들은 대부분 약초로 기록되어 있다는 사실을 볼 때 우리 선조들이 추구한 식생활이 얼마나 지혜로웠는지를 헤아리게 한다. 먹을 것이 부족하던 시절, 배고픔을 해결해 주는 고마운 먹거리들이 이제는 우리들의 건강을 지켜주게 된 셈이다.

평소 활동적인 성격이라 작은 산악회에 가입했고, 건강한 삶을 위해 열심히 다녔다. 그러면서 산나물을 알게 되었고, 그 맛을 알게 되었으며, 효능들을 공부하면서 매력에 푹 빠져들어 집필까지 하게 되었다. 그간 오래도록 요리 강의를 하면서 식재료에 대한 학습을 게을리하지 않았지만, 결국 시장에서 구입할 수 있는 범위를 벗어나지 못했던 게 사실이다.

이 책은 크게 산, 들, 강, 바다로 나누어 구성하였고, 품목별 연관된 재료들을 같이 나열하여 학습의 효율성을 높이고자 노력하였다. 또한 지리적표시(PGI)를 언급하여 국가가 인정한 전국 지역 특산물의 우수성을 소개하였으며, 소멸 위기에 처한 음식문화 유산을 복원하고 사라지지 않게 보호·육성하는 세계적 사업인 '맛의 방주(Ark of Taste)'를 알리고자 하였다.

집필하면서 사진과 자료수집에 많은 애로를 느끼기도 했지만, 기적이 일어났다고 생각할 정도로 주변 지인들께서 큰 도움을 주셨다. 일일이 성함을 나열할 수 없지만, 그분들께 지면으로나마 진심 어린 감사의 마음을 전하고 싶다. 마지막으로 좋은 책을 만들기 위해 애쓰신 백산출판사 편집부 관계자분들께 깊은 감사를 드립니다.

대표저자 **하현숙**

C O N T E N T S

Chapter 4 강

담수어류

Chapter 5 바다

해수어류

식품재료학의 기초

식품재료학의 기초

① 식품 재료의 분류

1) 산(임산물)

우리나라에는 총 4,210종의 야생식물이 있는데, 이 가운데 850여 종이 식용가능한 것으로 조사되었으며, 현재 약용되는 식물들이 다량 포함되어 있다.

흔히 '산채(山菜)'의 개념은 식물체의 전부를 생즙이나 생채, 나물, 장아찌, 튀김, 국 등으로 조리하여 직접 식품으로 섭취할 수 있는 야생식물로 알려져 있다. 산채의 주종(主種)은 산나물이며, 열매나 성분도 산채의 범위에 포함된다.

2) 들(농산물)

들에서 잡초 취급을 받던 풀들이 나물로 인식되면서 다시 주목받기 시작했다. 오염되지 않은 자연 속에서 저마다의 특성대로 자라는 야생초에는 대부분 항암 효과를 내는 성분이 들어 있다는 것이 밝혀졌다.

산과 들에서 채취해서 먹을 수 있는 850여 종 중 농촌에서 즐기는 나물들이 약 200여 종이다.

3) 강(민물)

강과 호수 등의 담수에서 서식하는 민물고기는 중요한 식량자원인데, 무차별적인 남획과 생태환경의 변화에 따라 점점 사라져가는 안타까운 실정이다. 이제라도 민물고기의 아름다움과 생태를 돌아보며 자연환경 보호에 관심을 가지면 좋을 것 같다. 우리나라에 알려진 민물고기는 약 147종으로 전체 물고기의 약 6%이다. 지구상의 총 민물고기는 물고기 전체(약 2만 종)의 약 25%를 차지한다.

4) 바다(해산물)

삼면이 바다인 우리나라는 수산자원이 풍부해서 옛날부터 수산물을 식품 재료로 널리 이용해 왔다. 수산 식품은 곡류를 중심으로 하는 우리 식생활의 단백질 공급원이다. 전체 단백질의 30%, 동물성 단백질의 70% 이상을 차지하고 있어서 식량 및 영양자원으로도 중요한 위치를 차지하고 있다.

② 식품의 특수성분

1) 식품의 맛

(1) 기본적인 맛(Henning의 4가지 맛)

① 단맛
단맛을 가지고 있는 물질은 거의 유기 화합물이며 영양과 밀접한 관계가 있다.
　　㉠ 단맛의 종류
　　　- 당류 : 포도당, 과당, 맥아당, 전화당, 유당, 자당 등이다.
　　　- 당 알코올류 : 당을 환원하여 얻은 것으로 단맛은 있으나, 열량은 낮다(소르비톨, 자일리톨, 만니톨 등).
　　　- 아미노산류 : 글리신, 알리신, 발린, 로이신 등이다.

- 방향족 화합물 : 글리시리진, 스테비오사이드 등이다.
- 황화합물 : 메틸메르캅탄(무), 프로필메르캅탄(양파, 대파) 등이다.

② 짠맛

　㉠ 유·무기 알칼리염이 주성분으로 음이온에서 짠맛을 느끼고, 양이온에서 쓴맛을 느낀다.

　㉡ 염화나트륨은 가장 순수한 짠맛을 느낀다.

　㉢ 천일염은 염화나트륨 이외에 염화칼륨, 염화마그네슘, 염화칼슘 등을 함유해서 짠맛 이외에 쓴맛도 난다.

　㉣ 소금 농도가 1%일 때 가장 기분 좋은 짠맛이 난다.

　㉤ 짠맛에 신맛을 더하면 짠맛이 강화되고 단맛을 더하면 짠맛이 약해진다.

③ 신맛

　㉠ 신맛은 수소이온과 해리되지 않은 산 분자의 맛이다.

　㉡ pH(수소이온농도)가 낮을수록 신맛이 더 강해지는 것은 아니다.

　㉢ 같은 pH의 경우 유기산은 무기산보다 신맛이 더 강하게 느껴진다.

　㉣ 신맛은 수산기(–OH)가 있으면 온건한 신맛을 내고 아미노기(–NH$_2$)가 있으면 쓴맛이 강한 신맛을 낸다.

　㉤ 식품 변질을 방지하는 보존효과가 좋다.

　㉥ 신맛은 온도가 상승할수록 강해지며 단맛과 짠맛을 더하면 신맛이 약해지면서 맛이 부드러워진다.

　㉦ 신맛의 종류

　　- 무기산 : 신맛 외에 쓴맛과 떫은맛 등이 혼합되어 있다(염산, 황산, 질산 등).

　　- 유기산 : 상쾌한 맛과 특유의 감칠맛으로 식욕을 증진시킨다.

　　　• 초산(식초, 김치), 구연산(살구, 감귤, 딸기), 호박산(청주, 조개, 김치) 등이다.

　　　• 사과산(사과, 과일류), 글루콘산(곶감, 양조식품) 등이다.

④ 쓴맛

　㉠ 4원미 중 가장 민감하게 느껴지는 맛이다.

  ウ 다른 맛 성분과 조화를 이루면 기호성을 높여서 식품에 미량으로 존재하면 맛을 강화한다.

  ゥ 쓴맛의 종류

   – 알칼로이드계 : 카페인(녹차, 홍차, 커피), 테오브로민(코코아, 초콜릿), 퀴닌(키나) 등이다.

   – 배당체 : 나린진(감귤류), 쿠쿠르비타신(오이의 꼭지), 퀘르세틴(양파의 껍질) 등이다.

   – 케톤류 : 아이소알파산(맥주)이다.

(2) 보조적인 맛

① 맛난 맛

  シ 4원미와 향 등이 잘 조화되어 구수하게 느껴지는 맛이다.

  ウ 맛난 맛의 종류

   – 글루탐산(다시마, 김, 된장, 간장), 구아닐산(버섯류), 이노신산(멸치, 가다랑어포)

   – 베타인(새우, 문어, 오징어), 타우린(오징어, 문어, 조개류), 카노신(육류, 어류)

   – 크레아티닌(육류, 어류), 시스테인, 리신(라이신; 육류, 어류)

② 매운맛

  シ 매운맛은 순수한 미각이라기보다는 미각신경을 자극할 때 형성되는 통각에 가깝다.

  ウ 일반적으로 향을 함유해서 식욕을 촉진하고 살균 · 살충 작용을 한다.

  ゥ 매운맛의 종류

   – 산아마이드류 : 캡사이신(고추), 피페린 · 차비신(후추) 등이다.

   – 황화합물 : 시니그린(겨자), 알릴설파이드(마늘, 양파, 대파, 부추), 알릴이소티오시아네이트(흑겨자, 고추냉이) 등이다.

   – 방향족 알데하이드 및 케톤류 : 쇼가올 · 진저론(생강), 시남알데하이드(계피), 커큐민(강황) 등이다.

③ 떫은맛

　　㉠ 미각의 마비에 의한 수렴성의 불쾌한 맛으로 독특한 풍미를 나타내며 차 제조에 중요한 맛 성분이다.

　　㉡ 타닌(감, 보늬)은 단백질 응고로 인한 변비를 초래한다.

④ 아린 맛(쓴맛 + 떫은맛)

　　㉠ 쓴맛과 떫은맛이 섞인 것과 같은 불쾌감을 준다.

　　㉡ 죽순, 고사리, 가지, 우엉, 토란 등에 함유되어 있으며, 조리하기 전 물에 담가두면 제거된다.

(3) 미각의 분포도

① 단맛은 혀의 끝부분, 짠맛은 혀의 전체, 신맛은 혀의 양쪽 둘레, 쓴맛은 혀의 안쪽 부분에서 예민하게 느낀다.

② 미각의 반응시간 : 짠맛 〉 단맛 〉 신맛〉 쓴맛 순이다.

③ 맛과 온도의 관계

　　㉠ 온도가 높을수록 단맛은 증가하고 짠맛과 쓴맛은 감소하며, 신맛은 온도 변화에 영향을 받지 않는다.

　　㉡ 맛을 느끼는 최적 온도 : 단맛(20~50℃), 짠맛(30~40℃), 신맛(25~50℃), 쓴맛(40~50℃)이다.

　　㉢ 단맛은 같은 당도라도 체온보다 높거나 낮을 때 덜 달게 느끼고, 체온 온도에서 가장 달게 느낀다.

　　㉣ 짠맛은 뜨거울 때보다 식었을 때 더 짜게 느낀다.

　　㉤ 쓴맛은 체온보다 높은 온도에서는 덜 쓰게 느끼고, 체온보다 낮을 때는 맛의 변화를 거의 느끼지 못한다.

　　㉥ 신맛은 온도에 크게 영향을 받지 않는다. 다만 단맛과 신맛을 함께 함유한 과일은 온도가 높으면 단맛을 더 느끼고, 온도가 낮으면 신맛을 더 강하게 느낀다.

(4) 맛의 상호작용

① 대비현상 : 단맛 + 소금 = 단맛 증가

　㉠ 한 가지 맛 성분에 다른 맛 성분을 혼합하면 주된 맛 성분을 더 강하게 느끼는 현상이다.

　㉡ 설탕 용액에 약간의 소금을 첨가하면 단맛이 증가한다.

　㉢ 단팥죽의 단맛을 강하게 하려면 약간의 소금을 첨가한다.

② 상쇄현상

　㉠ 맛의 대비현상과는 반대로 두 종류의 정미성분이 섞여 있으면 각각의 맛을 느낄 수 없고 서로 조화된 맛을 느끼는 현상이다.

　㉡ 김치의 짠맛과 신맛이 어우러져 상큼한 맛을 느끼게 한다.

　㉢ 간장의 짠맛과 발효된 감칠맛이 서로 조화를 이뤄 새로운 풍미가 느껴진다.

　㉣ 청량음료의 단맛과 신맛이 서로 조화를 이룬다.

③ 변조현상(쓴맛 + 물 = 단맛)

　㉠ 한 가지 맛을 느낀 직후에 다른 맛을 보면 원래 식품의 맛이 다르게 느껴지는 현상이다.

　㉡ 쓴 약을 먹고 난 후 물을 마시면 물맛이 달게 느껴진다.

　㉢ 오징어를 먹은 후 밀감을 먹으면 밀감이 쓰게 느껴진다.

④ 억제현상(소실현상) : 쓴맛 + 단맛 = 쓴맛 감소

　㉠ 두 가지 맛 성분을 섞었을 때 각각의 고유한 맛이 약하게 느껴지는 현상이다.

　㉡ 커피에 설탕을 넣으면 단맛에 커피의 쓴맛이 약하게 느껴진다.

⑤ 상승현상

　㉠ 같은 종류의 맛을 가진 두 가지 성분을 혼합하면 각각 가지고 있는 본래의 맛보다 강한 맛을 느끼는 현상이다.

　㉡ 설탕에 포도당을 첨가하면 단맛이 더 상승한다.

⑥ 미맹현상

    ㉠ 미각의 이상현상으로 식품의 맛을 정상인과 다르게 느끼는 현상이다.

    ㉡ 일부 사람은 쓴맛 성분인 PTC라는 화합물을 느끼지 못한다.

⑦ 순응현상(피로현상)

    ㉠ 같은 정미성분을 계속 맛을 보면 미각이 둔해져 역가가 높아지는 현상이다.

    ㉡ 설탕을 계속 먹으면 처음 먹을 때보다 단맛에 둔감해진다.

2) 식품의 색

(1) 식물성 식품의 색소

① 클로로필(엽록소) : 주로 녹황색 채소에 존재한다.

    ㉠ 열·산에 의한 변화

      – 클로로필은 산과 반응하여 마그네슘(Mg)이 빠져나오고, 수소이온이 그 자리에 치환되어 갈색의 '페오피틴'이 된다.

      – 배추김치나 오이김치를 오래 저장하면 녹갈색으로 변하는 것은 발효에 의해 생성된 유기산(초산, 젖산)이 클로로필과 접촉하여 '페오피틴(pheophytin)'으로 변하는 현상이다.

      – 녹색 채소를 데칠 때 처음에 2~3분 동안 뚜껑을 열어 휘발성 산을 증발시켜 '클로로필'과 산의 접촉시간을 짧게 하면 녹갈색으로 변하는 것을 방지할 수 있다.

    ㉡ 알칼리에 의한 변화

      – 녹색의 클로로필이 더욱 선명하게 변한다.

      – 녹색 채소를 데칠 때 알칼리 물질(탄산수소나트륨)을 첨가하면 초록색은 보존되나, 알칼리에 불안정한 비타민 C 등은 파괴되고, 조직이 지나치게 연해진다.

    ㉢ 효소에 의한 변화

      – 녹색의 클로로필이 식물조직에 존재하는 효소(클로로필라아제)에 의해 선명한 초록색의 '클로로필라이드(chlorophyllide)'로 변한다.

  ㉣ 금속에 의한 변화

   – 구리, 철, 아연 등과 함께 가열하면 선명한 초록색을 유지한다.

   – 완두콩 통조림 가공 시 소량의 황산구리를 첨가하면 선명한 녹색을 유지한다.

② 카로티노이드계 색소

 ㉠ 동 · 식물성 조직에 널리 분포된 황색 · 주황색 · 적색의 지용성 색소로 클로로필과 공존하면 녹색에 가려 잘 나타나지 않지만, 클로로필이 감소하거나 분해되면 나타난다.

 ㉡ 비타민 A의 전구물질이다.

 ㉢ 카로티노이드계 색소의 종류

  – 카로틴계 : 리코펜(수박, 토마토), β-카로틴(당근, 녹황색 채소) 등이다.

  – 산토필계 : 푸코크산틴(미역, 다시마) 등이다.

 ㉣ 열 · 산에 의한 변화

  – 비교적 열에 안정하여 조리과정 중 성분의 손실이 거의 없다.

  – 약산 · 약알칼리에 의해 색이 거의 변하지 않는다.

 ㉤ 산소 · 햇빛 · 산화효소에 의한 변화

  – 공기 중의 산소 · 햇빛 · 산화효소 등에 의해 산화되어 변색이 된다.

  – 변색을 방지하려면 산소와의 접촉을 피하고 햇빛이 차단되는 용기를 선택해야 한다.

③ 플라보노이드계 색소(안토잔틴, 안토시아닌)

 ㉠ 플라보노이드는 식물에 넓게 분포하는 황색 계통의 색소로 안토잔틴, 안토시아닌, 카테킨을 포함하지만, 좁은 의미로는 안토잔틴만을 말한다.

 ㉡ 플라보노이드계 색소의 종류

  – 안토잔틴(anthoxanthin)

   • 백색, 담황색을 띠는 수용성 색소로 식물의 뿌리, 줄기, 잎 등에 널리 분포되어 있다.

   • 산에 의한 변화 : 산성에서는 더욱 선명한 흰색을 띤다(초밥의 경우 밥에 식초를

조금 첨가하면 색이 더욱 하얗게 된다).

- 알칼리에 의한 변화 : 황색·짙은 갈색으로 변한다(밀가루에 소다를 첨가하여 빵을 만들면 황색이 된다).
- 금속에 의한 변화 : 철과 반응하면 암갈색을 띤다(감자를 철제 칼로 자르면 절단면이 암갈색으로 변한다).
- 가열에 의한 변화 : 노란색이 더욱 진해진다(감자, 양파, 양배추를 가열조리하면 노란색이 더욱 진해진다).

– 안토시아닌(anthocyanin)

- 식물의 꽃, 과실, 잎, 줄기, 뿌리에 존재하는 적색·자색·청색의 수용성 색소이다.
- pH에 의한 색의 변화 : 산에서는 적색, 중성에서는 자색(보라색), 알칼리에서는 청색을 띤다. 생강은 담황색이지만 안토시아닌 색소를 포함하고 있어서 식초에 절이면 붉은색을 띤다.
- 철 등의 금속에 의한 변화 : 가지를 삶을 때 백반을 첨가하면 아름다운 보라색을 띤다. 특유의 선명한 색을 내지만, 가공·저장 시 급속히 변색되어 품질 저하의 요인으로 작용한다.

(2) 동물성 식품의 색소

① 미오글로빈(myoglobin)

㉠ 동물의 근육 조직에 함유된 육색소이다(전체 색소 함량의 95% 이상).

㉡ 연령·활동 빈도가 높은 근육일수록 미오글로빈 함량이 증가하여 고기의 색깔이 진해진다.

㉢ 미오글로빈은 붉은색으로 공기 중의 산소와 결합하면 선홍색의 옥시미오글로빈이 된다. 계속 공기 중에 방치하면 갈색의 '메트미오글로빈(metmyoglobin)'으로 되며, 가열 시 더욱 변화하여 '메트미오글로빈'의 글로빈이 분리되어 헤마틴으로 된다.

㉣ 수육 가공 시에는 선홍색의 육색을 보존하기 위해 미오글로빈에 발색제인 질산칼륨을 첨가해 '니트로소미오글로빈(nitrosomyoglobin)' 형태로 변화시킨다.

② 헤모글로빈(hemoglobin)

  ㉠ 동물의 혈액에 함유된 혈색소이다.

  ㉡ 체내에 산소를 공급하는 산소운반 작용을 한다.

  ㉢ 헤모글로빈은 선명한 적색을 띠지만 산화되면 갈색의 '옥시헤모글로빈(oxyhemo-globin)'을 거쳐 암갈색의 '메트헤모글로빈(methemoglobin)'이 된다.

  ㉣ 수육 가공 시 질산칼륨 · 아질산칼륨을 첨가하면 니트로소헤모글로빈이 되어 헤모글로빈의 선명한 적색을 유지할 수 있다.

③ 헤모시아닌(hemocyanin)

  ㉠ 연체동물에 포함된 색소로 익혔을 때 적자색으로 변한다.

  ㉡ 전복, 소라, 새우, 패류 등에 구리를 함유한 혈색소이다.

(3) 동물성 카로티노이드계 색소

① 도미의 붉은 표피, 연어의 붉은 살, 새우, 게 등의 갑각류 껍데기 등에는 아스타잔틴이 함유되어 있다.

② 난황에는 루테인이 함유되어 있다.

③ 우유에는 카로틴이 함유되어 있어서 버터나 치즈 등의 유제품의 색에 영향을 미친다.

④ 문어, 오징어의 먹물은 멜라닌을 함유하고 있다.

3) 식품의 냄새

① 향취

  ㉠ 식품의 냄새는 미각, 시각과 함께 그 식품의 외형적인 품질을 결정한다.

  ㉡ 향(쾌감을 주는 냄새), 취(불쾌감을 주는 냄새)

  ㉢ 풍미 : 식품의 냄새와 맛이 혼합된 종합 감각을 말하며, 넓은 의미에서 질감을 포함하기도 한다.

② 후각의 생리현상

　㉠ 냄새의 역치

　　– 냄새를 느낄 수 있는 최저 농도를 말한다.

　㉡ 냄새의 전환

　　– 향 성분의 농도가 변하면 향의 성질도 동시에 변화하는 현상이다.

　　– 바닐라 향은 장미꽃 향기 같지만, 진하면 낡은 종이 냄새가 나는 경우가 있다.

③ 냄새의 조화·부조화

　㉠ 여러 종류의 향 성분을 느낄 때 냄새가 조화된 것과 분리되어 느끼는 경우이다.

　㉡ 향이 조화되는 예로는 홍차에 레몬, 고기에 후추 등이 있고, 부조화는 약에 녹차나 홍차이다.

④ 후각의 피로·소멸

같은 냄새를 오랫동안 맡으면 나중에는 후각신경이 피로하여 본래의 냄새를 느끼지 못하게 되는 경우가 있다.

⑤ 식물성 식품의 냄새

알코올류, 알데하이드류, 에스테르류, 황화합물 등이 있다.

⑥ 동물성 식품의 냄새

　㉠ 어패류의 냄새 : 트라이메틸아민(trimethylamine, TMA)은 트라이메틸아민 옥사이드(trimethylamine oxide, TMAO)가 주로 세균의 효소작용으로 환원되어 생성되는 휘발성 염기 질소 화합물로 어패류 특유의 비린내 원인 물질로 신선도 물질이다. 'TMAO'는 물고기, 동물의 근육 속에 널리 함유되어 있다. 담수어보다 바닷물고기에 다량 함유되어 있다.

　㉡ 육류의 냄새 : 신선한 육류의 주성분은 아세트알데하이드인데 신선도가 떨어지면 메틸메르캅탄(methyl mercaptan), H_2S(황화수소), 인돌 등이 생성된다.

　㉢ 우유 · 유제품의 냄새 : 많은 종류의 유기산 휘발성 카르보닐 화합물이 검출되고, 락톤류와 우유 및 유제품의 특유한 냄새 성분인 다이아세틸(버터의 냄새 성분), 아세토인 등이 검출된다.

③ 식품의 갈변

1) 갈변작용의 정의

(1) 식품에 원래 함유된 색소에 의한 것이 아니라 조리·가공·저장 중 식품의 성분들 사이의 반응, 효소반응, 공기 중의 산소에 의한 산화 등에 의하여 식품의 색이 갈색으로 변하는 것을 말한다.

(2) 식품이 갈변되면 맛·냄새 등 풍미가 나빠지고, 식품 성분변화를 일으켜 바람직하지 못한 경우가 대부분이지만 홍차, 맥주, 간장, 제빵 제조와 같이 품질이 향상되기도 한다.

2) 효소적 갈변

(1) 효소에 의한 갈변반응

상처받은 조직이 공기와 접촉하여 페놀성 물질의 산화·축합에 의한 멜라닌 형성반응이다.

(2) 효소적 갈변의 종류

① 폴리페놀옥시다아제에 의한 갈변
  ㉠ 폴리페놀옥시다아제는 카테콜이나 그 유도체들을 산화시키고, 그 생성물이 중·축합되어 멜라닌 색소 또는 이와 유사한 갈색 또는 흑색 색소를 형성한다.
  ㉡ 껍질을 벗긴 사과, 홍차 등이다.

② 티로시나아제에 의한 갈변
  ㉠ 감자에 들어 있는 타이로신이 티로시나아제에 의해 산화되어 갈색이 된다.
  ㉡ 깎은 감자나 고구마의 갈변이다.

3) 효소적 갈변 억제방법

(1) 효소의 활성 제거

① 가열 처리 : 효소는 단백질로 구성되어 있으므로, 가열 처리하여 단백질을 변성시켜 효소를 불활성시킨다.

② pH 조절 : 산을 이용하여 pH 3.0 이하로 낮추면 효소들의 반응속도가 급격하게 감소한다.

③ 온도 조절 : 온도를 10℃ 이하로 낮춰 효소의 활성을 억제한다.

(2) 산소의 제거

① 밀폐된 용기에 식품을 넣어 공기를 차단하거나, 공기 대신에 이산화탄소 · 질소를 주입하여 산화를 억제한다.

② 고농도의 설탕물, 저농도의 소금물에 담근다.

(3) 기질의 환원

① 효소에 의한 갈변은 산화반응이므로 아황산가스, 아황산염 용액에 처리하여 환원시킴으로써 산화를 차단한다.

4) 비효소적 갈변

(1) 마이야르 반응

① 아미노기(-NH_2)와 카르보닐기(carbonyl group)가 공존할 때 일어나는 반응으로 갈색의 중합체인 멜라노이딘을 만드는 반응이다.

② 외부의 에너지 공급 없이 자연 발생적으로 일어나는 반응이다.

③ 아미노카르보닐 반응 · 멜라노이딘 반응이라고도 한다(식빵, 된장, 간장의 갈색화).

(2) 캐러멜화 반응

① 당류를 180~200℃의 고온으로 가열시켰을 때 산화 및 분해 산물에 의한 중·축합으로 갈색 물질을 형성하는 반응이다(과자, 비스킷, 캐러멜의 갈색화).

② 외부의 에너지 공급에 의해 일어나는 반응이다.

(3) 아스코르빈산의 산화반응

① 식품 중의 아스코르빈산이 비가역적으로 산화되어 항산화제로의 기능을 상실하고, 그 자체가 갈색화 반응을 수반한다.

② 아스코르빈산은 항산화제 및 항갈변제로서 과채류의 가공 시에 널리 사용된다(감귤류, 과실주스 등).

④ 식품의 유독성분

인간의 식량이 되거나 가축의 사료로 이용되는 동·식물 중에는 그 종류와 부위에 따라 유해·유독한 독성을 가진 것들이 있다. 이들 유독성분이 유용하게 사용되는 것도 있으나 발암, 돌연변이 기형 유발, 알레르기를 일으키는 것들도 많이 있다. 식용할 수 있는 것과 비슷하거나, 특정 지역·계절에 유독화되는데 유독·유해성분을 함유한 동·식물을 구별하지 못하여 치명적인 위해가 발생하는 경우가 적지 않다.

1) 식물성 식품의 유독성분

식물의 유독성분은 식물에 항상 존재하거나, 특정 부위나 시기에 유독성분을 함유한 것이 있는데, 이를 식용으로 잘못 알고 섭취하거나, 부주의로 식용식물에 혼입된 것을 섭취하여 식중독이 발생한다. 이를 좀 더 살펴보면 다음과 같다.

구분	독소	증상
면실유 (목화씨)	고시폴(gossypol)	피로, 위장장애, 정력감퇴, 비타민 K 결핍 등이다.
감자	• 솔라닌(solanine) : 녹색 부위와 발아 부위에 생성한다. • 셉신(sepsine) : 썩은 감자에서 생성한다.	태아(기형 유발), 구토, 설사, 복통, 언어장애(혀의 마비), 혈액독, 신경독 등이다.
청매 (덜 익은 매실)· 살구씨	아미그달린(amygdalin, 시안배당체)	두통, 식중독 증상 등이다.
미나리	시큐톡신(cicutoxin)	메스꺼움, 구토, 복통, 호흡곤란 등이다.
독버섯 (무당버섯·화경 버섯·외대버섯· 미치광이버섯)	• 무스카린(muscarine) • 무스카리딘(muscaridine) • 뉴린(neurine) • 콜린(choline) • 팔린(phalline) • 아마니타톡신(amanitatoxin) (가장 맹독성이고 내열성)	**콜레라형** • 경련, 허탈, 혼수상태 • 독우산광대버섯, 알광대버섯, 마귀곰보버섯 **위장형** • 설사, 구토, 복통 등이다. • 무당버섯, 화경버섯, 굽은 외대버섯 **뇌 중독형** • 중추신경장애, 광란, 뇌좌상 • 미치광이버섯, 파리버섯, 광대버섯 **혈액 중독형** • 혈뇨, 빈혈, 용혈 작용, 황달 • 마귀곰보버섯
피마자	리신(ricin)	메스꺼움, 구토, 설사, 복통 등이다.
독보리	테물린(temuline)	두통, 현기증, 구역질, 무기력, 위장증상 등이다.
수수	듀린(dhurrin)	구토, 설사, 복통, 소화기계 증상 등이다.
아플라톡신 (간장독)	**원인 곰팡이** • 아스퍼질러스 플라버스 곰팡이 (aspergillus flavus) • 쌀, 보리, 옥수수, 땅콩 등에서 잘 자란다. **최적 조건** • 수분 16~18% • 습도 80~85% • 온도 28~30℃	발암성, 돌연변이, 면역억제 등이다.
맥각중독 (ergotoxin) (간장독)	**원인 곰팡이** • 맥각균 • 보리, 호밀, 밀 등에서 잘 자란다.	구토, 설사, 복통, 근육 수축(자궁의 수축을 일으키기 때문에 조산이나 유산의 위험성이 있음)

황변미 (yellowed rice)	• 시트리닌(citrinin), 신장독 • 시트레오비리딘(citreoviridin), 신경독 • 아이스란디톡신(islanditoxin), 간장독 **원인 곰팡이** • 푸른곰팡이(penicillium) • 수분함량이 14~15% 이상인 쌀에 곰팡이가 번식하여 누렇게 변색한다.	신장독, 신경독(호흡곤란, 신경마비, 호흡장애 등), 간장독 등이다.

2) 동물성 식품의 천연 유독성분

동물 중에는 자연적으로 자체에 유독성분을 함유하고 있거나, 특정한 부위나 시기에 유독성분을 함유한 것이 있는데, 이를 모르고 오인하여 식용하거나 식용동물과 구분이 어려워 혼입된 것을 섭취는 경우도 있다.

구분	독소	증상
복어	**테트로도톡신(tetrodotoxin)** • 독소량 : 난소〉간〉내장〉피부 순이다. • 잠복기 : 식후 30분~5시간이다. **예방책** • 독소 제거와 폐기 • 전문조리사 조리 • 산란 직전 식용 시 주의(5~6월)한다.	구토, 호흡곤란, 호흡마비, 사지마비(치사율 50~60%) 등이다.
모시조개·바지락	**베네루핀(venerupin)** 유독 시기 : 5~9월(끓여도 파괴되지 않는다)	혈변, 출혈, 혼수상태 등이다.
섭조개(홍합) 대합	**삭시톡신(saxitoxin)** • 유독 시기 : 2~4월이다. • 끓여도 파괴되지 않는다.	신경마비, 신체 마비, 호흡곤란 등이다.

⑤ 식품 재료로서의 요건

식품 재료로서 갖추어야 할 기본적인 요건은 안전성, 영양성, 기호성, 기능성 등이다. 기능성은 과거에는 포함되지 않았으나, 최근 건강에 관심이 높아지면서 기능성 식품을 선호하는 소비자들의 동향을 고려한 것이다.

1) 안전성

모든 음식 재료는 인체에 해가 되는 유해성분이 함유되어서는 안 된다. 아무리 영양학적으로 우수한 성분이라도 유해물질을 함유하고 있거나, 섭취 후 식중독을 유발하거나, 장기 복용 시 만성적인 질병의 원인을 초래하면 안 된다. 치명적인 양에 대한 논의는 '식품 독성학' 분야에서 제시 또는 권고하는 양을 말한다. 다시 말하면 대장균이 한 마리도 있어서는 안 된다는 것이 아니라 식중독을 유발하기에 충분한 양을 허용해서는 안 되는 것이다. 환경오염이 전 세계적으로 문제가 되는 오늘날 식품이야말로 깨끗한 환경으로부터 생산·공급되어야 한다.

2) 영양성

사람이 생명을 유지하기 위해서는 기본적으로 섭취해야 하는 영양성분이 있으며, 이러한 영양성분은 음식물로부터 섭취해야 한다. 따라서 식품 재료로부터 우리에게 필요한 영양소인 탄수화물, 단백질, 지방, 식이섬유, 비타민, 무기질 등을 제공받는다. 이러한 영양소를 어떠한 한 식품이 다 함유할 수 없기에 식품들을 다양하게 섭취함으로써 영양 공급이 충분히 이루어질 수 있다.

음식 재료는 영양소를 단순히 함유하는 것만으로 그치는 것이 아니라, 이들 영양소가 체내에 흡수되어 이용될 수 있는지가 중요하다. 따라서 조리나 가공을 통하여 생체이용률을 최대한 높일 수 있도록 노력해야 한다.

3) 기호성

소비자가 식품을 선택하고자 하는 욕구는 식품이 가지고 있는 색, 향, 맛, 조직감, 외형 등에 따라 달라질 수 있으며, 이러한 특성들은 사람마다 각기 다를 수 있다. 결국 식품을 선택하는 요건으로 중요한 특성을 갖추어야 식품으로서의 가치를 상실하지 않을 수 있다. 아무리 맛이 있고, 영양 가치가 있다고 하더라도 기호성이 떨어지면 소비자로부터 외면을 받게 된다.

음식 재료들이 새로운 제품으로 개발되어 소비자들에게 최종식품으로 다가갈 때는 마케팅 전략을 잘 기획하는 것도 제품개발 못지않게 중요한 부분이다.

4) 기능성

안정성, 영양성, 기호성은 식품 재료로서의 가장 기본적인 요건들이다. 그러나 최근 건강에 대한 관심도가 높아지면서 새롭게 추가된 기능으로 생체 조절기능에 관여하는 생리 활성물질들이 함유된 음식 재료들을 선호하는 경향이 높아지고 있다. 이러한 생리 활성 물질들은 항산화 기능을 비롯하여 면역력 증진, 항염증, 혈당이나 혈압 조절, 골다공증, 치아와 장 건강을 개선할 목적으로 질병을 치료하는 것이 아니라 예방하거나, 생체 조절 기능을 개선할 수 있는 기능을 갖추어야 한다는 것이다.

CHAPTER 2

산

산

| 산채류 |

① 고사리(Bracken)

고사리는 궐채(蕨菜) 또는 거채(鋸菜)라고 하는 다년생 양치식물로 우리나라 전역에 분포한다. 양치식물은 관다발 조직을 갖는 육상식물로 꽃과 종자 없이 포자로 번식하는 식물을 일컫는다. 양지나 음지에 모두 적응해서 생육조건이 나쁜 곳에서도 잘 자라지만, 토양이 오염된 곳에서는 생육하지 못한다. 새순이 나올 때 쭉 뻗은 줄기에 잎이 펴지지 않고 돌돌 말려 있는 것이 마치 아이들이 가볍게 주먹을 쥔 듯한 모양이다. 그래서 옛날부터 아기 손을 고사리손으로 비유해 불렀다. 고사리는 경남 남해군 창선 고사리가 임산물 지리적표시(PGI, Protected Geographical Indication) 제13호에 등록되었다. 지리적표시는 오랜 역사와 좋은 품질을 자랑하는 지역대표 특산물로 1999년 관련 법률이 처음 마련되면서 시작되었으며, 유럽연합(EU)의 제도를 모델로 하고 있다. 다른 지역에서 임의로 상표권을 이용하지 못하도록 하는 법적 권리도 갖고 있다.

재료 및 특성

① 땅 위로 올라와서 잎이 전개(展開)되기 전에 채취하는데, 줄기가 20~25cm 정도일 때가 가장 좋다.
② 외부 온도가 20℃ 이상이고, 땅 온도가 17~18℃ 이상이면 새싹이 올라오기 시작한다.
③ 생고사리에는 미량이지만 발암성분인 '브라켄톡신(bracken toxin)'이라는 독성물질과 '아네우리나아제(aneurinase)'라는 효소가 비타민 B_1을 파괴한다고 보고되었지만, 조리과정에서 사라진다.

성분 및 효능

① 산속의 쇠고기라고 부를 정도로 단백질이 풍부하고 칼슘과 칼륨, 무기질이 풍부하게 함유되어 있다.
② 말린 고사리에는 비타민 D가 풍부해 골다공증을 예방하는 데 도움이 된다.
③ 함유된 비타민 A는 장시간 책을 보거나, 컴퓨터를 오래 사용하는 사람들의 눈 건강에 좋다.
④ 풍부한 칼륨이 축적된 나트륨을 배출시켜 혈압 및 혈중 LDL(저밀도 지질단백질) 콜레스테롤 수치를 낮춰주어 심혈관계 질환을 예방할 수 있다.

활용요리

① 제주에서는 생고사리를 삶아 나물로 볶아도 먹고, 장아찌·된장국을 끓이기도 한다. 해물탕과 육개장 등의 모든 탕에도 생고사리를 사용한다.
② 건고사리는 불린 뒤 삶아서 나물, 육개장, 고사리전, 파스타 등으로 요리해서 먹는다.

② 고비(Asian royal fern, 회초미)

　양치식물 고사리목 고비과의 여러해살이풀로 산야에 서식한다. 땅속줄기는 짧고 굵으며, 덩이 모양으로 잎이 뭉쳐난다. 고비는 '미(薇)'로 표기하는데, 고사리와 비슷하기 때문일 것이며, '미궐(薇蕨)'이라고도 한다. 어릴 때는 붉은빛이 나는 갈색의 솜털이 빽빽이 있으나, 점차 사라진다.

> **Tip** ▶ **울릉도 참고비(Ulleungdo chamgobi)**
>
> 울릉도에서 많이 서식하는 참고비는 고사리와 생김새가 비슷하지만, 고사리보다 부드러운 식감과 깔끔한 향이 일품인 고급 산채이다.
> 여러해살이 고등 은화식물로 생김새가 개의 척추뼈 같다 하여 '구척'이라 부르기도 한다. 최초로 인공 재배에 성공하여, 이른 봄 돋아나는 새싹을 잘라서 삶아 말린다. 음지 식물로 강우량이 적절하고 겨울에는 적설량이 많아 공중 습도가 높은 곳에 서식하고, 잎과 줄기가 연한 것이 특징이다. 울릉도 참고비는 임산물 지리적표시(PGI)에 제7호로 등록되어 있다.

재료 및 특성

① 고사리의 일종으로 생육하는 곳도 거의 같다. 채취 후 어린잎과 줄기의 솜털을 모두 제거한 후 데쳐서 말려 건나물로 식용한다.

② 지구 온난화로 고산지역이나 계곡이 있어 연평균 대기 온도가 낮고, 습한 환경을 유지하는 일부 지역에서만 볼 수 있다.

③ 전통적으로 고비는 식용보다는 약용으로의 사용이 더 많았다.

④ 줄기가 통통하고, 연하면서 부드러워 고사리보다 가격이 비싸다.

⑤ 『시의전서』, 『조선요리제법』, 『조선무쌍신식요리제법』에 미채(薇菜)로 소개되어 있다. 미채(薇菜)는 갓 채취한 고비나 마른 고비를 데쳐서 우려낸 뒤 양념하여 기름에 볶은 나물이고, 미탕(薇湯)은 국이다.

성분 및 효능

① 한의학에서는 뿌리·줄기를 약재로 사용하는데, 감기로 인한 발열과 피부 발진에 효과가 있고, 기생충을 제거하며 지혈효과가 있다.

② 민간요법으로 봄·여름에 캐서 말려 줄기와 잎은 인후통에 사용하고, 뿌리는 이뇨제로 사용한다.

③ 양질의 단백질, 비타민 $A \cdot B_2 \cdot C$, 펜토산, 카로틴, 니코틴산을 함유하고 있다.

④ 단백질이 비교적 많이 함유되어 있으며, 섬유질도 풍부하다. 비타민은 B_2만 100g당 0.4mg 정도 함유되어 있다.

활용요리

① 생채로 먹으면 떫고 쓴맛이 강해서 건나물로 만들었다가 다시 삶아서 여러 번 우려내고 조리하여 먹는다.

② 들깻가루를 활용한 버섯들깨탕에 넣어 끓이면, 건강과 맛을 동시에 챙길 수 있다.

③ 갖은양념을 해서 볶아 비빔밥, 국, 찌개, 탕류 등 다양한 요리에 활용할 수 있다.

③ 곤드레(Cirsium setidens, 고려엉겅퀴)

곤드레는 쌍떡잎식물 국화과의 여러해살이풀로 강원특별자치도 지역 사투리인데 정식 명칭은 '고려엉겅퀴'이다. 제철인 봄에는 생곤드레를 구입할 수 있으나, 주로 건조된 곤드레가 유통된다.

자연산은 깊은 산속에서 자라는데, 바람이 불면 줄기가 이리저리 흔들리는 모습이 술에 취한 사람과 비슷하다고 해서 곤드레라고 불렸다는 설화가 있다. 식물성 단백질이 풍부하여 옛날 보릿고개 시절 구황식물로 이용됐으나, 최근에는 특유의 풍미와 효능으로 주목받고 있다. 곤드레의 임산물 지리적표시(PGI)에 강원특별자치도 정선 곤드레(제29호)와 영월 곤드레(제51호)가 각각 등록되어 있다.

재료 및 특성

① 곤드레나물을 넣고 밥을 지어 양념장에 비벼 먹는 곤드레밥이 유명한데 생곤드레도 좋지만, 주로 말린 곤드레를 이용한다. 먹고 나면 입안에서 파 향이 느껴진다.
② 잎은 곰취처럼 넓고, 짙은 녹색을 띠고 있다.

성분 및 효능

①『동의보감』에서 "성질은 평하고 맛은 쓰며, 독이 없다. 어혈이 풀리게 하고 출혈을 멎게 한다. 옹종과 옴, 버짐을 낮게 한다. 여자의 적벽 대하를 낮게 하고 혈을 보한다"

"꾸준히 섭취하면 몸이 따뜻해지고, 혈액이 원활하게 흐른다"라고 기록되어 있다. 해독 · 소염 · 지혈 작용을 하며, 폐렴 · 폐 농양, 고혈압에도 응용된다.

② 칼슘, 인, 철분이 풍부하게 함유되어 뼈를 튼튼하게 하고, 빈혈을 예방해 준다.

③ 식이섬유가 풍부하여 변비 예방에 효과적이며, 베타카로틴 성분은 체내의 활성산소를 제거하여 암 예방에 도움을 준다.

④ LDL 콜레스테롤의 수치를 낮춰서 혈액순환을 돕고, 혈관질환을 예방하는 효과가 있다.

⑤ 엽산성분은 산모의 양수 막을 튼튼하게 해서 산모 건강에 도움을 준다.

⑥ 함유된 펙톨리나리게닌(pectolinarigenin) 성분이 인슐린 분비를 촉진해서 당뇨병을 예방한다.

활용요리

① 어린순은 데쳐서 나물, 장아찌, 전, 튀김, 쌈 채소로도 먹을 수 있다.

② 불린 쌀에 곤드레나물을 넣고 지은 밥을 간장(냉이)이나 된장 양념장으로 비비면 곤드레의 구수함이 어우러져 맛이 아주 좋다.

④ 곤달비(Narrow-head ragwort)

국화과 다년초 식물로 곤두레, 참곤달취(영남), 곤데스리라 불리고 있으며, 잎과 꽃이 곰취를 많이 닮았다. 곰취보다 잎이 조금 작고, 잎 아래가 더 벌어진다. 다양한 비타민의 보고라는 사실이 널리 알려지면서 곰취 등과 함께 봄에 사랑받는 나물 중 하나인 곤달비는 깊은 산 습기가 많은 곳에서 잘 자라고, 고유의 은은한 향이 난다.

> **Tip ▶ 곰취와 곤달비 구별법**
>
> 곰취와 곤달비는 잎 가장자리의 톱니 모양과 전체적인 잎의 모양새가 매우 비슷해 언뜻 보면 구분하기가 쉽지 않다. 곰취는 잎과 줄기의 연결부분이 U자 모양에 가까우며, 줄기 양옆에 붉은 줄이 있고 홈이 파여 있으나, 곤달비는 잎과 줄기의 연결부분이 V자 모양에 가깝고 줄기는 홈이 없어 둥그렇다.

재료 및 특성

① 『동의보감』에 "꾸준히 섭취하면 몸이 따뜻해지고, 혈액이 원활하게 흐른다"라고 기록되어 있다.
② 연하고 맛이 순해서 곰취의 강한 향이 싫거나, 쓴맛을 싫어하는 분들이 많이 찾는 봄나물이다.
③ 산채이지만, 약용식물로 분류될 만큼 몸에 좋은 나물이다.
④ 두세 번 수확할 수 있어 여느 산나물에 비해 수확량이 많다.

성분 및 효능

① 베타카로틴과 비타민 C가 풍부하게 함유되어 암을 생성시키는 각종 유해물질을 없애주고, 암세포의 증식과 전이를 막아준다.
② 풍부한 항산화성분이 연골 손상을 막고, 관절 통증을 완화해 무릎 건강을 지켜주며, 기침, 가래, 천식 등의 기관지 질환에 도움을 준다.
③ 다량의 칼슘을 함유하고 있어 성장기 어린이나 골다공증이 있는 어르신들한테도 좋다.

활용요리

① 잎이 연하고, 쓴맛이나 까끌까끌한 맛이 없어 고기와 같이 생으로 쌈을 싸 먹는 것이 제일 좋다. 곤달비의 향긋한 향이 고기의 감칠맛을 더해줘 고기를 맛있게 먹을 수 있다.
② 호박잎처럼 살짝 쪄서 쌈으로 먹어도 좋고, 끓는 물에 데친 것은 갖은양념을 하여 나

물로 무쳐 먹으면 맛이 좋다.

③ 전으로 부쳐 먹어도 되고, 김밥에 깻잎 대신 넣으면 향과 식감이 좋다.

④ 장아찌, 김치, 묵나물을 만들어 먹으며, 송편의 재료로도 사용된다.

❺ 눈개승마(Kamchatka goatsbeard, 삼나물)

눈개승마는 전국 각지의 고산지역에서 자라는 다년생 초본식물이다. 생육환경은 낙엽이 많은 반그늘 혹은 음지에서 자생한다. 높이는 30~100cm이고, 잎은 길이가 3~10cm, 폭이 1~6cm로 광택이 나는 긴 잎자루를 가지고 있다. 2~3회 정도 깃털과 같은 모양으로 갈라지는 깃꼴겹잎으로, 끝이 뾰족하고 가장자리에 파고드는 모양의 톱니가 있다. 꽃은 흰색으로 피고, 길이는 10~30cm이며 부채꽃 모양으로 펼쳐지면서 위로 올라간다. 울릉도에서 많이 재배하고, 임산물 지리적표시(PGI)에 제5호로 등록되어 있다.

재료 및 특성

① 쇠고기, 두릅, 인삼 3가지 맛이 난다고 하여 삼나물이라고 부른다. 고기 맛이 나는 나물이라 다른 나물보다 가격이 비싸다.

② 눈산승마라고도 부르는데, 이른 봄 내린 눈을 뚫고 나와서 붙여진 이름이다.

③ 『동의보감』에 눈개승마는 몸속 독을 풀어주고, 기운을 돋워주는 효과가 있다고 기록되어 있다.

④ 새순은 붉은색을 띠고, 줄기가 굵을수록 맛있다.

⑤ 이른 봄부터 서너 번 잘라 먹을 수 있고, 해를 거듭할수록 뿌리 밑동이 커져 한 뿌리에서 올라오는 개체 수가 많다.

성분 및 효능

① 눈개승마잎에 함유된 사포닌, 베타카로틴 성분은 LDL 콜레스테롤의 체내 흡수를 억제하고, 세포의 손상을 막아주어 노화 · 암 예방에 좋다.

② 한의학에서는 지혈과 어혈 제거를 위해 사용하는 약용 산채이며, 사포닌 함량이 매우 높다. 사포닌 성분은 장융모(腸絨毛)가 커지는 것을 막아 비만을 예방한다.

③ 함유된 비타민 C · E의 항산화성분들은 체내의 활성산소를 제거하여 세포의 손상을 막는다.

④ 위산으로부터 위벽을 보호하는 비타민 U성분은 양배추에 많이 함유된 것으로 알려져 있는데 눈개승마나물도 이에 못지않다.

활용요리

① 어린순은 초무침, 된장무침, 김밥이나 제수용 나물, 잡채, 산적, 비빔밥, 육개장, 닭개장 등에 활용할 수 있다.

② 식초, 설탕, 간장, 생수를 동량으로 준비한 다음 다시마, 표고버섯과 청양고추, 감초를 넣고 끓여서 장아찌를 만든다.

③ 건나물은 삶아서 물기를 제거하고 들기름, 들깻가루, 재래간장으로 무침이나 볶음을 하면 고기 맛이 나면서 식감도 좋아 특별한 맛을 느낄 수 있다.

④ 쌉쌀한 맛과 향이 좋으며 숙회, 부침개 등은 봄철에만 맛볼 수 있는 귀한 산나물이다.

⑥ 다래순·다래

| 다래순 | 다래 | 다래에이드 |

다래나무는 열매, 어린순과 잎, 나무와 뿌리, 수액까지 식용이 가능한 식물이다. 최근에는 담장이나 관상수로서의 가치도 점차 인정받는 분위기이다.

생육환경은 산지의 숲이나 반 그늘진 곳에서 자란다. 높이는 2~5m 정도이고, 잎은 넓은 난형과 타원형으로 가장자리에 가늘고 날카로운 톱니가 있다. 꽃은 흰색으로 암수딴그루이며, 3~10송이가 아래를 향해 핀다.

1) 다래순(Daraesun)

다래나무의 어린순을 말하며, 달고 향긋한 맛이 있다. 4~5월에 어린순을 채취하여 나물로 먹는데, 봄에 먹는 다래순은 입맛을 돋운다. 해발 고지가 높고, 햇볕이 잘 드는 곳에서 자란다. 섭취는 토종 다래순만 가능하고 참다래(키위, 뉴질랜드)순은 털이 많고, 딱딱해서 먹지 못한다.

재료 및 특성

① 취나물과 같이 봄의 대표적인 나물로 잎 주변이 뾰족하고 길쭉한 모양이다.
② 강원특별자치도 인제나 정선에서 채취되는 것이 맛이 좋기로 유명하며, 쌉쌀한 특유의 맛이 있다.

③ 끓는 물에 살짝 데쳐 바람이 잘 통하는 곳에서 말려 건나물로 만들거나, 반건조해서 냉동보관하면 겨울에 제맛을 즐길 수 있다.

성분 및 효능

① 항산화, 뇌신경세포 보호 및 인지력 회복에 도움을 준다.
② 비타민과 식이섬유가 풍부하여 변비를 예방하고, 체중 감량에 도움을 준다.
③ 봄에 먹는 다래순은 혈당 조절 및 이상지질혈증 개선효과가 있다.
④ 다래순 묵나물은 만성간염이나 간경화증, 소갈증, 고혈압 등을 개선하는 데 도움이 된다.
⑤ 이른 봄에만 채취할 수 있는 다래나무 수액도 만성피로, 식욕 부진, 간기능 저하 등의 증상을 개선하는 데 효과가 있는 것으로 알려져 있다.
⑥ 비타민 C와 타닌이 풍부해서 쌓인 피로를 해소하고 불면증, 괴혈병에도 좋다.

활용요리

① 이른 봄에 올라온 5cm 미만의 순을 나물로 무쳐 먹는다. 두부와 같이 무치면 다래순에 부족한 단백질을 보완할 수 있다.
② 장아찌로 만들어 먹으면 1년 내내 먹을 수 있다.
③ 건다래순은 들기름 양념을 해서 볶아 먹기도 하고, 채소가 귀한 겨울에는 된장국을 끓여 먹으며 고추장, 된장, 부침가루, 달걀 등을 넣고 장떡을 부쳐 먹어도 좋다. 부드러운 식감과 진한 다래향은 건나물의 으뜸이다.

2) 다래(Hardy kiwi)

다래는 우리나라 각지의 산에서 자라는 낙엽 덩굴나무의 열매로 9~10월경에 맺어서 다 익으면 식용한다. 시판되는 키위, 즉 양 다래와 맛이 비슷하고, 전국 어디서나 흔히 볼 수 있다. 다래라는 명칭은 두 가지 설화가 있는데 열매가 달다고 하여 다래라는 설이 있고, 청산에 살고자 산속에 은거했던 옛 선비들의 마음을 달래주던 열매라 하여 다래라고 부르게 되었다는 설이 있다. 고려시대 민요로 전해지는 '청산별곡(靑山別曲)'에 등장한다. "살어리 살어리랏다 청산(靑山)애 살어리랏다 멀위(머위)랑 ᄃ래(다래)랑 먹고 청산(靑山)애 살어리랏다.” 최근에 각광받는 다래나무 수액에는 ‘액티니딘(Actinidin)’과 비타민 A · C · P, 각종 무기질이 함유되어 있다.

재료 및 특성

① 우리나라 자생종 과일로 ‘맛이 달다’라는 의미의 ‘달’에 명사를 만드는 접미사 ‘애’가 붙어서 이루어진 말로서 ‘달애’에서 ㄹ 받침이 내려 읽히면서 다래가 되었다고 한다.
② 다래는 우리나라 토종 열매이고, 참다래는 키위를 우리나라에서 재배하면서 붙여진 이름이다.
③ 표면에 털이 없어 매끈하고 껍질째 먹을 수 있는 과일로 평균 당도는 18브릭스(Brix), 무게는 16g 정도이다.
④ 처음에는 몹시 쓰고, 떫다가 서리를 맞고 나면 맛이 좋아진다. 일명 ‘등리(藤梨)’라고도 한다.

성분 및 효능

① 다래는 면역력을 높여주고, 노화를 예방하는 비타민 C가 레몬 · 사과보다 많아 영양학적으로 우수하다.
② 열매는 10월에 황록색으로 익는데 비타민, 유기산, 당분, 단백질, 인, 나트륨, 칼륨, 마그네슘, 칼슘, 철분, 카로틴, 비타민 C가 풍부하여 항암식품으로 인정받고 있다.
③ 햇볕에 말린 열매를 ‘미후도(獼猴桃)’라고 하여 입맛이 없고 소화가 안 될 때, 당뇨병과 황달 치료에 사용된다.
④ 『동의보감』에서는 “심한 갈증과 가슴이 답답하고 열이 나는 것을 멎게 하고 결석 치료와 장을 튼튼하게 하며 열기에 막힌 증상과 토하는 것을 치료한다”라고 기록되어 있다.

섭취 방법

① 생과일로도 먹고, 주스나 잼, 차로 만들어 먹는다.

② 강원특별자치도 농업기술원이 다래 토종 에이드를 제조하여 편의점 음료로 판매 중이다.

⑦ 두릅

참두릅　　　　　　　민두릅(개량두릅)　　　　　　눈꽃땅두릅

두릅이 『동의보감』에는 둘훕으로 기록되어 있고, 봄철을 대표하는 산채로 목말채·모두채라고도 한다. 독특한 향이 있어서 산나물로 먹으며 나무두릅, 가시 없는 민두릅, 땅두릅 등이 있다. 나무에 난 새순을 '참두릅'이라 하고, 여러해살이풀의 새순을 '땅두릅', 음나무의 새순을 '개두릅'이라고 한다.

1) 참두릅(Aralia elata)

두릅나무의 새순으로 독특한 향이 나는 산나물이다. 자연산 나무두릅은 채취량이 적어 가지를 잘라 비닐하우스 안에 꽂아 재배하기도 한다. 어린잎은 식용하고, 나무껍질과 뿌리는 약용한다. 주로 산기슭이나 골짜기에 서식하는데 가시가 많다. 우리나라에서는 강원특별자치도에서 많이 재배한다.

2) 민두릅(가시 없는)

민두릅은 야생 두릅보다 2배 이상 크면서도 향과 맛은 같다. 상품성이 좋아 비싼 가격에 판매되는데, 윗순 수확 후 10~15일 후에 다시 옆순을 2차로 수확할 수 있다. 여름에도 순을 채취해서 여름 두릅이라고도 한다. 수피는 차로도 이용되며 관절염, 당뇨병, 고혈압 등에 좋다.

3) 땅두릅(Aralia cordata var, 독활)

땅두릅은 4~5월에 돋아나는 새순을 땅을 파서 잘라낸 것이다. 작은 나무처럼 보이지만 풀이며, 밭에 심는다. 전체에 털이 있고, 바람이 불어도 움직이지 않는다는 뜻으로 '독활'이라고도 한다. 강원특별자치도 농업기술원에서 2009년 개발·등록하여 현재 춘천, 횡성 등 7개 시군에서 46ha 정도 재배되는 땅두릅 '백미향'이 있다. 재래종보다 줄기에 솜털이 적고, 향은 좋으며, 쌉싸름한 맛이 적다. 12월 하순~3월까지 수확해서 '눈꽃땅두릅' 브랜드로 소비자에게 좋은 호응을 얻고 있다. 최근(24년 2월)에는 미국 첫 수출길도 열렸다.

재료 및 특성

① 두릅순이 10~20cm쯤 자랐을 때가 가장 좋은 맛으로 사람들의 입맛을 사로잡는다.
② 참두릅은 맛과 식감이 상대적으로 부드러워서 먹기에는 가장 좋고, 땅두릅은 좀 질기지만 약성이 더 좋다.

성분 및 효능

① 양질의 사포닌 성분이 풍부해 혈당 및 혈중지질 수치를 떨어뜨린다.
② 다른 채소보다 단백질 함량이 높고, 비타민 A·C, 칼슘과 섬유질 함량도 높아 체중 감량에도 효과적이다.
③ '아랄로시드(araloside)'라는 성분이 함유되어 심혈관계 질환 예방 및 개선에 도움을 주고, 혈압조절에도 도움이 된다.
④ 스테로이드, 폴리아세틸렌 성분이 풍부해서 암세포 성장을 억제하고, 뇌 조직이 파괴되는 것을 막아서 수험생이나 치매 예방에 좋다.
⑤ 관절과 근육이 잘 뭉치는 사람에게 좋다고 알려져 있고, 풍을 예방하는 데 도움을 준다.

⑥ 지방, 당질, 섬유질, 인, 칼슘, 철분, 비타민 $B_1 \cdot B_2 \cdot C$와 사포닌 등이 함유되어 혈당 수치를 내리고, 혈중 지질수치를 낮춰주므로 당뇨병 · 신장병 · 위장병 등에 좋다.

활용요리

① 초고추장에 무치거나 찍어 먹는 두릅회, 파와 같이 부쳐낸 두릅전, 장아찌, 묵나물볶음 등으로 활용한다.
② 데쳐서 쇠고기와 같이 꿰어 두릅적을 만들거나 김치, 튀김, 샐러드로 만들어 먹는다.

⑧ 섬쑥부쟁이(Aster pseudoglehni, 부지깽이나물·울릉도 취나물)

건부지깽이나물

섬쑥부쟁이는 국화과에 속하는 여러해살이풀로 울릉도에서만 자생하는 식물이었지만 지금은 전국적으로 분포한다. 소문난 울릉도 특산물로 한 번 맛을 보면 그 맛을 절대 잊지 못한다는 부지깽이나물이다.

부지깽이는 섬쑥부쟁이를 부르는 울릉도 방언으로, 과거 울릉도 사람들의 배고픔을 느끼지 않게 해주는 '부지기아초(不知飢餓草)'라는 말에서 유래되었다고 한다. 겨울에도 푸른 잎을 유지하고, 3월부터는 새순을 먹는다. 새순이 나와도 채취하지 않고 그냥 두면 아래쪽 심이 가을철에는 막대처럼 단단해 부지깽이(fireplace poker)로 사용하면서 생긴 이름으로 전해진다. '산속의 보약'이라는 울릉도 부지깽이나물은 임산물 지리적표시(PGI)에 제8호로 등록되어 있다.

재료 및 특성

① 울릉도에서는 겨울 눈 속에서도 생육하여 사계절 채취가 가능하며 섬쑥부쟁이, 울릉도 취나물이라고도 한다.

② 식물명 앞에 섬이 붙으면 대체로 울릉도에서만 자생하는 고유식물로 추위에 강하며, 척박한 땅에서도 잘 자란다.

③ 호흡기가 약해서 기침이나 가래가 많은 태음인은 꾸준히 먹으면 효과가 있다. 그러나 소음인은 너무 많은 양을 먹지 않는 것이 좋다.

④ 전초에는 사포닌이 함유되어 있고, 뿌리에는 '프로사포게닌'이 함유되어 있다.

성분 및 효능

① 100g당 49kcal로 열량이 낮고, 포만감을 오래 유지시켜 준다.

② 사포닌과 플라보노이드 성분이 풍부해서 기침을 멈추게 하고, 인후염과 기관지염, 편도선염을 가라앉히는 효과가 있다.

③ 항산화물질인 플라보노이드, 베타카로틴 등의 성분이 활성산소를 제거해 준다.

④ 칼륨성분은 혈중 LDL 콜레스테롤 수치를 낮춰주고, 혈관 내 유해물질과 중성지방 배출을 도와 심혈관계 질환 예방에 도움을 준다.

⑤ 비타민 C가 풍부해 어깨 결림에서 오는 심한 통증, 야뇨, 코피, 해열, 뼈 건강, 피부질환에도 좋다.

활용요리

① 데쳐서 된장이나 고추장으로 무치는 나물, 부각, 밥, 된장국 등으로 많이 먹고 있다.

② 장아찌, 고등어조림, 튀김 등의 다양한 요리로 활용할 수 있다.

③ 약용으로 사용할 땐 말린 것 기준으로 한번에 10g에서 20g 정도 달여서 먹으면 좋다.

⑨ 산마늘(Wild garlic, 명이나물)

명이는 백합과에 속하는 다년초 식물로 산마늘, 맹이, 맹이풀, 망부추, 신선초라고도 불리며, 한의학에서는 각총(茖慈)·산총(山蔥)이라 부른다.

울릉도는 산나물 자생에 이상적인 기후로 내륙에서 볼 수 없었던 채소가 울릉도산 산마늘, 일명 명이나물이다. 산마늘은 마늘 향이 나고, 산에서 자생하는 마늘이라 산마늘이라고 하는데 울릉도의 대표적인 산나물이 되었다. 옛날부터 '신선초', '불로초'라고 불릴 만큼 영양이 풍부하고 몸에 좋은 성분들이 가득하다고 알려져 울릉도에서는 산마늘이라 하지 않고 명이나물이라고 한다. '명이나물'이라 부르게 된 설화는 두 가지가 있다. 먹으면 귀가 밝아진다고 '명이(明耳)'라고 불렀다는 설과 울릉도 주민들이 먹을 것이 없던 춘궁기(보릿고개)에 산마늘을 채취해 연명했다고 붙여진 이름이 '명이(命池)나물'라는 설이다.

울릉도에서 '맛의 방주(Ark of Taste)'에 등재한 뿔명이는 명이나물의 새순이며, 새순명이로 나물을 해 먹었다고 전해지고 있다.

Tip ▶ 홍천 명이(Hongcheon myeongi)

주변 높은 산과 해발 600~1,000m의 태백산맥을 근거지로 이루어진 홍천군 내면 지역에서 재배한 오대산 계통 명이다. 해발고도가 낮은 지역에서는 재배하기 어려운 홍천 명이는 잎의 폭이 좁고, 향이 진한 것이 특징이다. 이러한 모양의 차이는 큰 일교차와 기압차 등 자생지 환경에 적응하며 생긴 변화로 보인다. 임산물 지리적표시(PGI)에 강원특별자치도 홍천 명이(제46호)가 등록되어 있다.

재료 및 특성

① 울릉도 산마늘은 가공식품으로 많이 접하게 된다. 신선한 산마늘의 수요는 많지만, 섬 지역 특성상 장기 보관을 위해 주로 장아찌로 공급하는 것이다.

② 국내산 장아찌는 잎이 얇고 줄기가 부드러우며, 연한 갈색을 띠면서 끝이 둥근 원형이 지만, 중국산은 잎이 두껍고 줄기가 뻣뻣하며, 진한 갈색이고 끝이 각진 모양이다.

③ 명이나물은 단순한 유행이 아니라 산마늘의 항염증, 항균, 항바이러스 등 다양한 효능 들이 입증되어 앞으로도 꾸준한 소비가 예측된다.

④ 과거에는 울릉도 자연산 산마늘만 유통되었으나, 수요가 급증하여 지금은 재배를 많 이 하고 있다.

성분 및 효능

① 비타민 B와 미네랄 성분이 풍부하여 간 해독에 효과적이며, 인슐린 분비를 촉진시켜 혈당 조절에도 도움이 된다.

② 알리신의 항균작용으로 식중독 예방에 좋으며, 소화기능을 증진해 변비 예방에 도움 이 된다.

③ 비타민 A · C가 풍부하여 면역력 강화와 눈 건강에도 좋으며, 혈관질환 예방에도 도움 이 된다.

활용요리

① 장아찌는 특유의 마늘 향이 삼겹살, 오리고기, 생선 요리 등 어떤 재료와도 잘 어울린 다. 특히 돼지고기의 비타민 B_1 성분 흡수를 도와준다. 삼겹살 전문점 밑반찬으로 등 장하는 이유이기도 하다.

② 명이나물 김치를 담그면 새로운 별미로 즐길 수 있다.

⑩ 바디나물(Cow parsley, 전호)

　쌍떡잎식물 산형화목 미나리과의 여러해살이풀로 cow parsley로 불릴 정도로 소가 좋아한다. 생약에서는 '산아삼'이라고 하며, 일본에서는 '야마닌진(山人參)'이라는 이름으로 부르는데 산에서 자라는 인삼이라는 뜻이다.

　한의학에서는 뿌리를 전호(前胡)라는 약재로 사용하고, 다른 식물들이 사라지는 10월경에 싹이 난다. 지독한 한파만 아니면 1~2월 눈 속에서도 파릇파릇 돋아난다. 울릉도와 흑산도에서 군락지를 형성하여 지역의 특산물로 이른 봄 관광지에서 유명하다. 요즘은 전국 각지에서 소득 작목으로 재배하고 있으나, 씨앗으로 주로 번식하는 산야초라 발아율이 낮은 편이다.

재료 및 특성

① 깊은 산속 추운 곳에서의 봄 전령으로 계절의 변화를 느끼게 하는 대표적 산나물이다.

② 어린잎과 줄기는 식감이 부드러우며, 특유의 맛이 있다.

③ 당근이나 쑥갓 잎과 비슷하고 줄기는 보라색을 띠면서 미나리같이 생겼다.

④ 다른 봄나물과 달리 독특한 향이 있다. 참당귀와 미나리를 섞어 놓은 맛이라 호불호가 있긴 하지만, 입맛 없을 때 먹으면 좋다.

⑤ 눈 속에서도 채취하는 귀한 나물로 뿌리와 줄기, 잎 모두를 약용으로 사용한다.

성분 및 효능

① 『동의보감』에 호흡기 질환에 효과적이라고 기록되어 있어 전통 의학에서 갖는 의미가 크다.

② 해열 · 진해 · 거담 작용으로 감기, 기침, 천식 등에 효과가 있다.

③ 쿠마린(courmarin)과 플라보노이드(flavonoid) 성분이 함유되어 항암과 항염 작용을 한다.

활용요리

① 독특한 향이 있어 어린잎은 겉절이, 나물로 만들어 비빔밥 풍미를 더 하는 데 사용된다.

② 데쳐서 초무침 하면 미나리 향이 나는 게 맛이 아주 좋다.

③ 잎과 줄기로 장아찌, 묵나물을 만들어 먹는다.

⑪ 어수리(East Asin hogweed)

어수리 나물밥   어수리 냉면

　어수리(御水刺)는 조선시대 비운의 왕 '단종의 나물'로도 불린다. 영월에 유배 왔던 단종이 어수리나물을 즐겼는데 처음 맛을 보고 '정순왕후의 분향이 난다'라는 말을 했다고 한다. 정순왕후 송씨는 단종의 정비로 남편 단종이 강등되면서 관비가 되었고, 단종의 명복을 빌다가 사망하였으며, 그 능의 소나무는 동쪽으로 굽었다는 설화가 있어 화제가 되었다고 한다. 산과 들에서 자라고, 밭에서 재배도 하는 고급 나물로 독특한 향이 있다.

재료 및 특성

① '도깨비가 좋아하는 나물'로도 알려진 어수리는 경북 봉화의 방언으로 은어리, 영양과 청송에서는 '어너리'라 하는데 경상도식 발음에서 생겨난 사투리다. 지역에 따라 어느리 · 여느리 · 으너리 · 에누리 등으로 부른다.

② 햇볕이 적당히 드는 곳에서 생육하는 어수리는 떫은맛이 없어서 씹는 느낌과 맛이 산뜻하다.

③ 독특한 향과 각종 무기질, 비타민이 풍부해 비건(Vegan, 채식주의자)들에게 인기가 좋다.

④ 한의학에서 뿌리를 만주독활(滿洲獨活) · 우미독활(牛尾獨活)이라 하여 약재로 사용하는데, 성질은 따뜻하며 맛은 달고 맵다. 중풍 · 신경통 · 요통 · 두통 · 해혈 · 진정 · 진통 등의 약재로 사용한다.

성분 및 효능

① 『동의보감』에서 어수리는 피를 맑게 하는 식물로 당뇨 · 변비 · 기침 등에 효과가 있고, 뿌리는 삼(蔘)의 일종으로 중풍과 통증 치료의 약재로 사용했다는 기록이 있다.

② 뿌리에서 추출되는 기름은 항바이러스 효과가 있다고 알려져 있다.

③ 다른 산나물보다 식이섬유는 4.2배, 칼슘은 15.7배나 높아 인기가 좋은 산나물이다.

활용요리

① 봄에 채취한 어린순은 쌈채와 나물로 먹고, 겨울에는 묵나물, 장아찌로 먹는다.

② 어수리로 떡이나 장아찌를 만들면 귀한 음식이 된다. 어수리떡은 쫀득하고 잘 굳지 않아 자꾸 손이 간다.

⑫ 취(Chwi)

국화과에 속하는 풀 중 식용이 가능한 나물을 '취'라고 부르지만, 주로 '취나물'이라 많이 부른다. 전국의 산에서 자생하는 산채로 맛과 향이 뛰어나 널리 사랑받고 있으며, 봄철에 채취하는 참취가 맛과 향이 가장 좋다.

1) 참취(Rough aster)

건취나물

산지에서 높이 1~1.5m 정도로 자라는 여러해살이풀이다. 줄기는 비교적 곧게 자라는데 윗부분에서 가지를 쳐서 그 끝에 꽃송이가 달린다. 흰색 꽃이 늦여름에 피기 시작하여 가을까지 핀다. 잎이 크고 쓴맛이 적어 대표적인 묵나물 재료이다. 참취는 일차림(primary forest)에서는 서식하지 않고, 산불 등에 의해 훼손된 적이 있는 이차림(secondary forest)에 서식한다.

지하(地下)줄기로 겨울을 살다가 이른 봄에 넓적한 잎이 여러 개 돋아나는 참취는 취 가운데 으뜸으로 유용한 나물이란 뜻이다.

재료 및 특성

① 산나물의 대명사로 여겨질 만큼 가장 많이 애용되는 산채이다.
② 한여름에 잎이 다 성장하면 잎에 애벌레가 들어 있는 혹이 생긴 것을 볼 수 있다.
③ 잎이나 줄기에 억센 털이 있어서 거칠지만, 향긋한 향이 아주 일품이다.
④ 연중 수확량이 가장 많으며, 다양한 요리에 활용되고 있다.

성분 및 효능

① 생약명은 '동풍채(東風菜)', '산백채(山白菜)'로 두통 및 현기증 치료에 사용된다.

② 비타민 A, 칼륨성분이 체내 나트륨 배출을 도와 성인병 예방에 도움이 된다.

활용요리

① 어린잎과 줄기를 쌈이나 나물·튀김으로 주로 먹으며, 김치를 담가서 먹기도 한다.

② 꽃을 튀겨 먹기도 하며, 술을 담가서 약주로 마시기도 한다.

③ 즙을 내거나 달여서 마시고, 가루로 빻아 복용하기도 한다.

2) 곰취(Fischer ligulariata)

쌍떡잎식물 초롱꽃목 국화과의 여러해살이풀로 고원이나 깊은 산의 습지에서 생육하며, 뿌리줄기가 굵고 털이 없다. 잎은 길이가 9cm에 이르는 것이 있고, 하트 모양으로 톱니무늬가 있으며, 잎자루가 길다. 곰취라는 이름은 깊은 산속에 사는 곰이 좋아하는 나물이라는 뜻에서 유래된 것이며, '웅소(熊蔬)'라고도 한다. 어린잎을 나물로 먹는데, 독특한 향미(香味)가 있다. 곰취의 임산물 지리적표시(PGI)에 강원특별자치도 태백 곰취(제31호), 인제 곰취(제32호)가 등록되어 있다.

재료 및 특성

① 주로 어린잎을 식용하는데 쌉싸름한 맛이 특징으로 1m까지 자란다.

② 제철인 4~6월에 채취한 게 가장 맛이 있고, 영양소도 풍부하다.

③ 취나물 중에서 잎이 큰 편이며, 쌉싸름한 맛이 있다.

성분 및 효능

① 비타민, 미네랄, 항산화물질이 풍부하게 함유되어 면역체계를 강화하고, 감염병에 대한 저항력을 증진한다.

② 칼륨이 풍부하여 신장병이나 고혈압, 동맥경화, 춘곤증 등을 예방하는 데 효과가 있다.

③ 성질이 따뜻하여 혈액순환을 촉진하고, 신진대사를 활성화한다.

④ 베타카로틴과 폴리페놀 성분이 풍부하여 발암물질의 활성을 억제하는 효과가 있다.

⑤ 한의학에서는 가을에 뿌리줄기를 캐서 말린 것을 '호로칠(葫蘆七)'이라 하여 해수, 백일해, 천식, 요통, 관절통, 타박상 등에 처방한다.

활용요리

① 나물, 쌈, 장아찌 등으로 활용할 수 있는 고급 산나물이다.

② 삼겹살을 구우면 벤조피렌이라는 발암물질이 발생하는데 곰취로 싸서 먹으면 벤조피렌 흡수를 억제한다. 곰취를 그냥 먹으면 쓴맛이 강한데 돼지고기를 싸서 먹으면 쓴맛보다는 향긋한 단맛이 난다.

3) 단풍취(Maple-leaf Ainsliaea, 장이나물·괴발딱취·게발딱주)

쌍떡잎식물 초롱꽃목 국화과의 여러해살이풀로 고산지대 나무 밑이나 그늘진 곳에서 자생하며, 가장 흔하게 볼 수 있는 취나물이다. 4월 말~5월 초순이 채취의 최적기이다. 단풍잎과 흡사하게 생겼으며, 잎은 진한 초록색이고 6개의 톱니에 잔털이 많다. 단풍취는 다른 취나물보다 빨리 억세져서 금방 먹을 수 없게 된다. 조금 이른 시기에 채취하면 고급 산나물이 된다.

단풍취는 독특한 향이 있고, 지리산을 대표하는 산나물로 유사종으로 가야산에서 자생하는 가야단풍취가 있다.

재료 및 특성

① 가지가 없고 긴 갈색 털이 드문드문 나 있으며, 낮은 산에서 찾아볼 수 없는 맛나는 산나물이다.
② 키 큰 나무 밑에서도 잘 자라므로 화단이나 가로수의 지피식물로도 좋다.
③ 나뭇잎이 나와 햇빛을 가리기 전에 새잎이 돋아난다.

성분 및 효능

① 단백질이 함유되어 근육 형성에 도움이 되고, 항산화물질인 아피제닌(Apigenin)이 관절통·근육통 등의 염증 치료, 류머티즘 관절염, 숙취 해소에 좋은 나물로 유명하다.

② 칼륨이 다량 함유되어 체내 나트륨 배출을 도와 성인병 예방에 좋다.

③ 비타민 A · B · C와 칼륨 함량이 높아 활성산소 제거와 세포 손상 방지에 도움을 주어 노화 예방에 좋다.

④ 대표적인 알칼리성 산나물로 육류 섭취로 인한 인체의 산성화를 예방한다.

⑤ 혈액의 생성에 관여하는 것으로 알려진 엽록소와 변비를 예방해 주는 식이섬유가 풍부하다.

⑥ 암, 혈소판 응집 억제효과 등 다양한 기능성의 임산물로 최근 연구 결과가 밝혀지고 있다.

활용요리

① 어린잎은 데쳐서 나물이나 비빔밥에 넣어 먹으면 좋다.

② 장아찌나 묵나물로 만들어 두고 먹으면 1년 내내 단풍취 특유의 향과 맛을 즐길 수 있다.

4) 수리취(Deltoid synurus, 떡취·산우방)

차륜병

국화과 여러해살이풀로 개취, 떡을 해 먹는 취라고 떡취, 산에서 나는 우엉이라 하여 산우방(山牛蒡), 잎 뒷면이 흰색이라 흰 취라고도 불린다. 단오(음력 5월 5일)에는 다양한 음식을 만들어 먹었는데 수리취떡이 가장 대표적인 세시 음식이다. 40~100cm 정도 자라고, 잎의 길이는 10~20cm로, 표면에 꼬불꼬불한 털이 있으며 뒷면에는 백색 털이 촘촘히 있다. 잎끝에는 톱니가 있으며, 긴 타원형으로 끝이 뾰족하다.

재료 및 특성

① 전북 김제 지역에서 단옷날에 쌀가루와 수리취로 만들어 먹던 떡으로 단오떡, 수리떡, 수리취 절편, 애엽병, 차륜녕이라고도 한다.
② 수레바퀴 모양 떡살을 익힌 반죽에 찍어서 먹는데 모든 일이 잘 굴러간다는 의미를 담아 차륜병(車輪餠)이라고 한다. 단옷날은 수릿날이라고도 하는데, 수리는 우리말의 수레를 뜻한다.
③ 전국의 높은 산 정상에서 초원까지 광범위한 지역에 자생하고 있다.
④ 최근에 항암성분 등의 기능이 밝혀지면서 만두, 국수 등 다양한 가공품의 재료로 사용되면서 소비가 늘고 있다.
⑤ 작은 잎이 큰 잎보다 맛이 좋으며, 줄기는 버리고 잎만 사용한다.

성분 및 효능

① 함유된 비타민 B는 알코올을 분해해 숙취 해소에 도움이 되고, 꾸준히 섭취하면 간기능 개선에 도움이 된다.
② LDL 콜레스테롤 축적을 억제해 고혈압이나 동맥경화 등의 혈관질환 예방에 도움이 된다.
③ 베타카로틴 성분이 풍부해서 시력 저하, 안구 건조증 등 눈 건강 개선에 도움이 된다.
④ 각종 비타민, 칼륨, 인이 풍부하게 함유되어 면역력을 증진해 준다.

활용요리

① 이른 봄에 여린 잎을 따서 무침, 묵나물 볶음으로 해서 먹기도 한다.
② 멥쌀가루나 차좁쌀에 넣고 버무려 떡을 해 먹거나, 찹쌀가루에 삶은 수리취를 넣어서 인절미를 만들어 먹는다.

5) 미역취(Asian goldenrod, 돼지나물)

울릉도 미역취

국화과에 속하는 취나물의 일종으로 돼지나물이라고도 한다. 산과 들의 볕이 잘 드는 곳에서 자라고, 줄기는 곧게 서고 윗부분에서 가지가 갈라지며 짙은 자주색이고 잔털이 있으며 높이가 30~85cm이다. 줄기에서 나온 잎은 날개를 가진 잎자루가 있고, 긴 타원형의 바소꼴이다. 끝이 뾰족하고 표면에 털이 약간 있으며 가장자리에 톱니가 있다. 꽃이 필 때 뿌리에서 나온 잎은 없어진다. 미역취는 나물 맛이 미역 맛과 비슷하고, 대가 나오기 전의 잎자루가 축 늘어진 모습이 미역 같아서 미역취라는 이름이 붙여졌다고 한다.

> **Tip** ▶ **울릉도 미역취(Ulleungdo miyeokchwi)**
>
> 울릉도에 많이 자생하는 산나물의 일종이다. 햇빛이 잘 들고, 양지바른 밭에서 자라며, 독특한 맛이 있다. 또한 잎이 크고 얇아서 조직이 부드럽다. 21종 이상의 향미성분도 함유되어 울릉도 미역취만의 독특한 향을 가지고 있다. 임산물 지리적표시(PGI)에 제6호로 등록되어 있다.

재료 및 특성

① 햇빛이 잘 드는 밭에서부터 해발 1,000m의 고지대까지 널리 분포한다.

② 메역취(goldenrod)라고도 하며, 식물체에 사포닌이 함유되어 있다.

③ 최근에는 관상용으로서의 가치를 인정받아 화단(花壇) 및 꽃꽂이 장식으로도 개발되고 있다.

성분 및 효능

① 한의학에서는 일지황화(一枝黃花)라는 약재로 사용하는데, 감기로 인한 두통과 인후염, 편도선염에 효과가 있고, 황달과 타박상에도 사용되며, 종기 초기에 즙액을 붙인다.
② 약효가 뛰어나 진통, 건위, 폐렴, 황달 및 항암치료 약재로 이용되고 있다.

활용요리

건미역취나물, 미역취쌈밥, 미역취된장국 등을 끓여 먹으면 맛이 있다.

⑬ 홑잎나물(Single-leafed greens)

화살나무의 새순이 홑잎나물로 맛이 담백하고, 몸에도 무척 좋은 나물이다. 나물이 부드러워서 아주 살짝만 데쳐 참기름과 소금 간만으로도 훌륭한 반찬이 되지만, 워낙 잎이 작은 나물이라 채취하는 데 시간이 많이 소요된다. 화살나무의 다른 이름으로는 참빗나무로 불리며, 전국의 산야에 자생하면서 3m 전후로 자란다. 특히 가을이면 붉게 물드는 단풍이 보기 좋아서 근래에는 조경수로 각광받고 있다. 열매는 10월에 적색으로 익으며, 껍질이 벌어지면 주홍색의 씨앗이 나온다.

재료 및 특성

① 꽃은 5월에 피고 황록색이다. 여린 새순이지만 삶아도 나물이 많이 줄지 않는다.

② 수피(樹皮)는 회색 또는 회갈색으로 가지에 코르크질의 날개가 2~3줄로 되어 있다.

③ 줄기에 붙어 있는 날개의 생김새가 특이하여 귀신을 쏘는 화살이란 뜻의 귀전우(鬼箭羽), 또는 신전목(神箭木)이라고도 부른다.

④ 산나물 중에서도 항산화력이 가장 뛰어난 산속에 숨은 천연 강장제로 명성이 높다.

성분 및 효능

① 유방암·위암 등의 암 예방에 도움을 주고, 인슐린 분비를 촉진해 혈당 관리에 도움이 된다.

② 혈액순환과 어혈을 풀어주는 데 도움이 되고, 생리불순과 수족 냉증에 좋다.

활용요리

① 생으로 무치거나 데쳐서 갖은양념(된장, 고춧가루, 재래간장, 참기름, 깨소금)으로 무쳐서 먹으면 봄철 입맛을 돋워주는 최고의 선물이 된다.

② 어린잎을 쌀과 섞어서 나물밥을 해 먹기도 하지만, 약간 쌉싸름한 맛이 난다. 그 맛을 싫어하시는 분이나 어린이들에게는 살짝 데쳐놓은 홑잎나물을 다져서 양념하여 밥에 섞어주어도 좋다.

| 과일류 |

① 감·단감·곶감

풋감   대봉감   곶감

곶감   단감   홍시

인류가 직접 감나무를 개량·식용화한 것은 기원전 3~4천 년경이다. 감나무과 과일은 열대 과일이 많지만, 감은 온대지방에까지 적응해 서식한다. 서구권에서는 많이 소비되지 않는다. 열대성의 검은 감과 털감, 골드애플 등이 동아시아의 감보다 맛이 훨씬 떨어지기도 하고, 특히 유럽에는 알맹이가 훨씬 작은 고욤나무밖에 없다. 미국에서는 미국 감나무(Diospyros virginiana)가 있긴 하지만 역시 알맹이가 작다.

디오스피린(diospyrin)이라는 타닌성분이 떫은맛을 내는데, 이 성분을 많이 섭취하면 변비를 일으키기도 한다.

형태에 따라 풋감, 고래감, 베개감, 쇠불이감, 종지감 등 다양한 종으로 분류되는 제주

재래감(Jeju Native Persimmon)이 '맛의 방주(Ark of Taste)'에 등재되어 있다.

1) 감(Persimmon)

감나무의 열매로 한자로는 시(柿)라고 한다. 감나무는 온도에 민감해 의외로 재배조건이 까다로워 가능 지역이 좁은 편이다. 단감보다 떫은 감이 추위에 더 강한 편이다. 감의 임산물 지리적표시(PGI)에 경남 하동군 악양면 대봉감과 전남 영암 대봉감, 경북 청도 반시가 등록되어 있다. 고종시(Kojongsi Persimmon of The Wanju County)는 고종 임금에게 진상해 극찬을 받았다는 토종감으로 '맛의 방주(Ark of Taste)'에 등재되어 있다. 고랭지 산비탈에서 자라며, 크기가 작고 씨가 거의 없다.

재료 및 특성

① 감의 종류는 크게 단감과 떫은 감 두 가지다. 단감은 바로 먹어도 씹히는 맛이 있어 맛이 있고, 땡감은 홍시나 연시, 곶감으로 만들어 먹는다.
② 홍시는 전통적으로 나무에서 익히거나, 가을에 항아리에 넣어 두면 떫은맛이 제거되면서 말랑하게 된다.
③ 연시는 인위적으로 익혀 홍시처럼 부드럽게 만든 것을 말한다.
④ 경북 청도의 특산품인 반시는 씨가 없다. 그 감을 적절하게 말리는 감말랭이와 감으로 만든 와인도 있다.
⑤ 땡감은 소금물이나 빈 술통 등에 담가서 떫은맛을 빼낼 수 있다. 이 과정을 '침(沈) 담근다'라고 하여 침감이라고 하며, 충북 영동군과 경북 산간지역에서는 '삭쿤다'라고 한다.

성분 및 효능

① 비타민 A가 풍부해서 눈 건강에 좋다. 또한 타닌성분은 알코올 흡수를 더디게 하고, 위의 열독 제거에도 좋아서 숙취 해소에 좋다.
② 니코틴 성분을 배출시켜 흡연 후에 먹으면 좋다.
③ 감을 1년 이상 숙성·발효시킨 감식초를 복용하면 피로 회복과 체질 개선에 도움이 된다.

활용요리

① 가을에 수확한 단감과 여러 가지 햇과일이 쌀가루와 조화를 이루어 맛이 좋은 '신과병(新果餅)'이 있다.

② 감 가루를 넣은 '석탄병(惜呑餅)'은 차마 삼키기 아까울 정도로 맛이 있다고 해서 붙여진 이름이다.

③ 잘 익은 홍시나 연시는 셔벗 형태로 고급 한식당 후식으로 많이 제공된다.

④ 다양한 샐러드 소스로 활용할 수 있다.

2) 단감(A sweet persimmon)

단감의 최대 생산지는 진영과 맞닿아 있는 창원이다. 창원은 그 당시 지리적으로 폐쇄되어 의창구 북면에서 많이 생산되는 단감을 옆 동네 진영으로 가져가서 판매하여 진영이 단감으로 유명해지게 되었다. 임산물 지리적표시(PGI)에 경남 김해시 진영 단감(제88호)이 등록되어 있다.

재료 및 특성

① 가을 풍경에 꼭 등장할 정도로 가을을 대표하는 과일이다.

② 나무에서 떫은맛이 없어지는 감으로 씹히는 맛이 일품이다.

성분 및 효능

① 단감은 비타민 C 함량이 레몬보다 1.5배 더 많고, 사과보다 10배나 많아서 단감 반 개 정도만 먹어도 성인 기준 하루 비타민 C 섭취량으로 충분하다.

② 항암효과가 뛰어나다.

3) 곶감(Dried persimmons)

곶감은 어떤 감으로 만드는가에 따라 맛 차이가 있다. 단감이 아닌 땡감으로 만드는

데 크게 두 종류로 구분한다. 동양종이면서 일본종으로 알려진 푸유(Fuyu) 곶감과 하치야 (Hachiya) 곶감이다. 푸유 곶감은 토마토처럼 둥글고, 단단하면서 달콤하다. 껍질도 먹을 수 있고 연한 오렌지색에서 짙은 빨강, 오렌지색까지 다양하다. 하치야 곶감은 길쭉한 도토리 모양으로 껍질은 먹지 않고, 떫은맛이 있어 단맛이 날 때까지 완전히 숙성되어야 섭취할 수 있다. 잘 익었을 때 선명한 오렌지색이나 불그스름한 오렌지색이 나며, 살구 맛과 다른 과일 향이 약간 나는 독특한 맛이 있다. 임산물 지리적표시(PGI)에 충북 영동 곶감, 경북 상주 곶감, 경남 산청·함양 곶감이다.

재료 및 특성

① 상주 둥시감으로 만든 곶감은 옛날부터 유명하다. 상주는 일교차가 크고, 서늘한 가을 바람과 높은 일조량으로 곶감을 생산하기에 좋은 조건이다.
② 겨울철 간식인 곶감은 쫄깃한 식감과 달콤한 맛이 매혹적이다.
③ 저장성이 좋아 장기간 저장할 수 있는 가공식품으로 '건시'라고도 한다.

성분 및 효능

① 곶감은 음주로 인해 부족해질 수 있는 엽산의 함유량이 많고, 에너지 효율이 좋은 과당과 비타민 C도 풍부해 애주가들한테 매우 좋다.
② 호두와 같이 먹으면 맛이 좋을 뿐 아니라, LDL 콜레스테롤 수치도 낮아진다.
③ 곶감의 당분은 과당, 포도당 등 천연복합당으로 바닥난 체력을 빨리 회복시켜 준다.
④ 곶감 겉면에 묻은 흰 가루는 포도당 등 영양소가 농축된 것이다. 100g당 비타민 C 함유량이 사과의 8배 정도로 많아 꾸준히 섭취하면 모세혈관이 튼튼해지며, 면역력도 증진된다.

부작용

① 감 속에 많이 함유된 타닌성분이 지방질과 작용해 변을 굳게 해서 설사에는 도움이 되지만, 과잉 섭취 시 변비가 생길 수 있다.

② 타닌성분은 체내에 철분과 결합하는 성질이 있어 빈혈이 있다면 피하는 것이 좋다.

활용요리

① 겨울에 수정과를 만들 때는 곶감 양을 넉넉히 넣고 곶감이 풀어져 국물이 탁해져도 진하게 먹길 권한다. 꼭지 부분에 있는 흰 실 같은 심줄은 변비를 일으킬 수 있으므로 제거하고 먹는 게 좋다.

② 스무디, 샐러드 및 디저트를 포함한 다양한 용도로 즐기는 영양가 있는 과일이다.

2 대추(Jujube)

대추 고임

대추나무의 열매로 '조(棗)' 또는 '목밀(木蜜)'이라고도 한다. 표면은 적갈색이고 타원형이며 길이 1.5~2.5cm에 달하며 빨갛게 익으면 단맛이 있다. 과실은 생식할 뿐 아니라 수확한 후 푹 말려 건과(乾果)로서 과자·요리 및 약용으로 활용된다. 가공품 꿀대추는 중국, 일본, 유럽에서도 호평을 받고 있다. 대추처럼 속담에 자주 등장하는 음식 재료도 드물다. '대추 보고 안 먹으면 늙는다', '대추씨처럼 단단하다', '양반에게 아침 대추 1개는 해장', '대추는 부부 화합의 묘약' 등 하나같이 대추가 강장음식 재료란 뜻을 담고 있다.

대추의 임산물 지리적표시(PGI)에 충북 보은, 경북 경산, 경남 밀양 대추가 등록되어 있다.

재료 및 특성

① 과당을 많이 함유해서 강한 단맛과 신맛이 조화를 이루며, 당분이 많은 과일이라 100g(생과 기준 8~10개) 정도만 먹어도 100kcal 정도가 되고, 건조 시 270~300kcal 정도 되어 다이어트 시 유의해야 한다.

② 조율이시(棗栗梨柿, 대추·밤·배·감)의 첫 번째 자리를 차지할 만큼 관혼상제에서 빠져서는 안 되는 중요한 열매이다.

③ 노화의 주범인 활성산소가 생성하지 못하도록 억제하는 플라보노이드 성분도 풍부하다.

④ 대추는 혈기(血氣)를 보강하고, 갱년기 질환의 약재로도 사용된다.

⑤ 생대추와 마른 대추는 비타민 C 등의 함량에 다소 차이가 날 뿐 효능은 비슷하다.

성분 및 효능

① 숙면에 도움을 주는 '사포닌'과 '플라보노이드' 성분이 풍부하여 심신을 안정시키고, 숙면을 유도하는 효과가 있어 천연 수면제라고도 한다.

② 뇌와 신경계 등을 진정시키는 효과가 있어 불안하거나, 우울할 때 먹으면 좋다.

③ 비타민 C를 포함한 항산화성분이 풍부해서 피부 노화와 염증, 주름, 색소침착을 예방하는 효과가 있다.

④ 칼슘과 인, 철분이 풍부한 과일로 뼈를 튼튼하게 해 골다공증의 위험을 낮춰주는 효과가 있다.

⑤ 혈액, 침 등의 체액이 부족한 경우 체액을 증가시키는 효과가 있다.

활용요리

① 물에 불린 건대추 5알을 생강 1/4조각과 같이 달여서 대추차로 복용하면 좋다.

② 대추는 가공하여 술, 디저트, 식초, 죽 등으로도 활용한다.

③ 대추잼이나 대추고를 만들어 요리나 떡을 만들 때 사용하면 좋다.

| 근채류 |

① 도라지(Balloon flower, platycodon)

도라지 정과

도라지는 전염병의 통로인 폐 경락을 지키는 수문장 역할을 한다. 도라지 줄기에서 나오는 유액이 점액 역할을 하면서 기관지나 폐로 유입되는 미세먼지 등 이물질과 독소를 흡착한 뒤 녹여 몸 밖으로 내보내는 역할을 한다.

도라지는 인삼처럼 사포닌을 함유해 면역력을 증진하고, 도라지 고유의 대식세포 항균성을 강화해서 염증치료에 효과적이다. 한방의 고전『금궤요략』에도 "감기에 걸려 목이 아프거나, 가래가 많고 기침이 나면 감길탕 처방이 최선의 치료"라고 했다.

재료 및 특성

① 전국의 산에서 서식하며, 재배하기도 한다. 보통 2년 이상 묵어야 뿌리채소로 먹을 수 있고 봄·가을에 뿌리를 채취한다.

② 맛은 맵고 쓰다. 가래를 삭이고 기침을 멈추게 하며 폐기(肺氣)를 잘 통하게 하여 고름을 빼낸다.

③ 흰색 꽃이 피는 것은 백도라지, 꽃이 겹으로 되어 있는 것은 겹도라지, 흰색 꽃이 피는 겹도라지를 흰겹도라지라고 한다.

④ 도라지는 거름기 없는 곳에 옮겨 심으면 강한 자생력으로 20년도 넘게 성장해 약도라

지가 된다. 극한 환경이 약도라지를 만드는 셈이다.

⑤ 기관지 보호제로 사용되는 용각산의 주성분이 도라지이며, 한방 고유의 처방인 감길탕을 응용해 만든 것이다. 감길탕은 감초와 길경으로 만들어지며, 기관지염과 편도염을 치료하는 데 사용된다.

성분 및 효능

① 약리 실험에서 진정 · 진통 · 해열 · 혈압 강하 · 소염 · 위액 분비 억제 · 항궤양 작용 등이 밝혀졌다.

② 가래가 있으면서 기침이 나고 숨이 찬 데, 가슴 · 목 아픈 데, 목 쉰 데, 옹종(癰腫) 등에 좋다.

③ 도라지의 사포닌(saponin) 성분이 기관지 분비를 항진시켜 가래를 삭인다. 기관지염, 기관지 확장증, 인후염 등에도 사용한다.

활용요리

① 생채로 먹거나 볶아서 나물로 먹는다.

② 도라지로 만든 잡채, 산적, 청, 초무침, 도라지 · 불고기 파니니 등으로 활용한다.

③ 도라지 8g과 살구씨 12g을 물 300cc에 달여 복용하거나, 도라지 정과를 복용하면 기침, 가래, 인후통 등을 이겨내는 데 도움이 된다.

② 더덕(Codonopsis lanceolata)

산 더덕

더덕 덩굴

더덕장아찌

초롱꽃목 초롱꽃과에 속하는 관속식물로 뿌리는 곤봉 모양으로 굵게 나오며 덩굴 지어 자란다. 초기에는 3개의 잎으로 발아하며, 4~5년은 되어야 5개의 잎이 된다. 더덕에는 액이 많고, 뿌리 속에 물을 지닌 것도 있다. 줄기를 자르면 흰 즙이 나오는데 그 즙이 양의 젖 같다고 해서 '양유'라고도 한다. 흰 즙이 나오는 식물은 모유가 부족한 산모에게 좋다. 강원특별자치도 횡성 더덕은 산 더덕과 똑같은 더덕을 생산한다는 집념으로 재배에 성공한 전국 최고 품질의 더덕으로 임산물 지리적표시(PGI) 제22호에 등록되어 있다.

> **Tip ▶ 더덕순(Deodeok new green shoots)**
>
> 더덕은 뿌리만이 아니라 4~5월의 어린순도 훌륭한 나물이 된다. 어린잎과 더덕 덩굴의 부드러운 끝부분을 채취하여 초무침을 하면 더덕의 향과 과일의 향이 함께 조화된 맛이 난다. 고기를 먹을 때도 더덕순을 생으로 같이 싸서 먹으면 더덕의 은은한 향을 느낄 수 있다. 고라니, 노루 등의 산짐승이 제일 좋아하는 새순이며, 생산량이 많지 않아 일부 고급식당이나 호텔에서만 소비되고, 생산자가 직접 판매하고 있다.

재료 및 특성

① 더덕은 우리나라 각처의 숲속에서 자라는 다년생 덩굴식물이다.
② 잎은 짧은 가지 끝에서 4장의 잎이 서로 뭉쳐 있는 것 같으며, 긴 타원형으로 길이는 3~10cm, 폭은 1.5~4cm 정도
③ 점액질이 있는 찬 성질로 소화력이 떨어지지 않게 불로 굽거나, 고추의 매운 양기를 보강해서 먹는 것이다.
④ 쉽게 구할 수 있는 밭 더덕과는 달리 산 더덕은 산삼과 같은 효능을 발휘한다.
⑤ 사삼(沙蔘)이라고 불리며, 좋은 더덕은 산삼과도 바꾸지 않는다고 한다.

성분 및 효능

① 칼슘, 비타민, 사포닌이 풍부해서 기침이나 가래 등 기관지 건강에 좋다. 겨울만 되면 감기 증상, 기침, 가래가 심한 사람들은 산 더덕을 꾸준히 먹으면 증상을 완화하는 데 도움이 된다.

② 이눌린과 플라보노이드 성분이 함유되어 혈당을 조절하여 당뇨병 예방에 도움을 준다.

③ 풍부한 사포닌 영양성분이 체내 활성산소 제거 및 염증 억제에 도움을 주어 여드름이
　나 피부 염증을 예방하는 데 좋다.

활용요리

① 껍질을 제거한 뒤 믹서기에 우유 · 꿀을 함께 넣고 갈아서 마신다.

② 고추장 양념에 껍질 제거한 산 더덕을 얇게 썰고, 양파도 얇게 채 썰어 무침을 하고 구
　이로도 활용한다.

③ 마(Chinese yam)

장마

둥근 마

산약

　마는 여러해살이 덩굴성 식물로 '산에서 나는 장어'라고 불린다. 가을에 잎이 져도 뿌리
는 살아 이듬해 새 줄기를 올린다. 참마 · 산우 · 서(徐) · 서여(薯蕷)라 부르고, 한약재로 사
용될 때는 산약(山藥)이라고 한다.

　재배지에 따라 크기와 모양, 색깔이 다양한데 주로 장마, 단마, 둥근 마로 분류할 수 있
다. 참마, 산마 등 몇 가지가 더 있으나, 외관 등을 제외하면 맛이나 성질이 거의 비슷하
다. 경북 안동 지방은 오래전부터 마 재배를 많이 하였는데 땅에 모래가 적당히 섞여 있
어 마 재배지로는 최적지이다. 현재 전국 마 생산량의 70%를 차지하고 있다.

Tip 둥근 마(Airpotato yam, 열매 마·하늘 마)

외떡잎식물 백합목 마과의 여러해살이 덩굴식물로 산과 들에서 자란다. 오이처럼 줄기에 주렁주렁 달려서 '하늘 마', '우주 마', '애플마'라고도 부른다. 우리나라에서 재배를 시작한 지는 오래되지 않았지만, 재배가 쉽고 영양이 풍부해 주목을 받고 있다. 병충해가 거의 생기지 않고, 농약도 필요 없는 무농약 재배를 하며, 열대성 작물로 더위에 강하고, 추위에는 약하지만 서리가 내리기 전까지 여러 차례 수확을 할 수 있다. 껍질에는 폴리페놀 성분이 많이 함유되어 항산화작용을 하는 것으로 알려져 있다. 고구마처럼 15℃ 이상의 온도에서 신문지로 싸서 종이상자에 보관하는 것이 좋다.

재료 및 특성

① 단마는 장마보다 수분이 적어 죽으로 활용하기 좋다. 반면 장마는 수분이 많고 조직이 연해서 얇게 썰어 생채로 활용한다.

② 마는 생으로 먹었을 때 영양소를 최대로 섭취할 수 있다. 익히면 뮤신 등 영양소가 파괴되니, 우유와 꿀을 넣어 갈아서 마시면 좋다.

③ 마가 비싼 이유는 재배 면적이 적어 산출량이 적은 것도 있지만, 채취하는 노동 비용이 많이 들기 때문이다.

④ 강판에 갈 때는 마가 거무스름하게 변하는데 이는 폴리페놀의 산화로 발생하는 현상으로 마 표면에 묽은 식초를 바르면 산화 현상을 방지할 수 있다.

성분 및 효능

① 미끈거리는 점액질인 '뮤신(mucin)' 성분이 풍부해 위를 보호하는 효과가 탁월하다.

② 소화를 촉진하는 아밀라아제 효소가 풍부하며, 인슐린 분비를 촉진해 당뇨병 예방에도 좋다.

③ 비타민 B_1 · B_{12}, C와 칼륨, 인 등의 무기질 함량이 높아 숙취와 변비 등에 효과적이다.

활용요리

① 마밥, 검은콩마죽, 된장소스 마구이, 마전, 청국장 소스 마조림, 마찜, 마김치, 장아찌 등으로 활용할 수 있다.

② 마의 앙금에 녹두 녹말과 갈분을 섞어 끓여 서여죽으로 먹거나, 갈아서 끓여 산약죽으로 먹기도 한다.

③ 갈거나 잘게 썰어서 달걀말이, 부침개 등으로 해 먹는다.

④ 얇게 썰어 물에 담가 녹말을 제거하고 튀기면 감자칩과 비슷하다.

⑤ 절에서 스님들이 발우 공양하는 사찰식 피자는 피자치즈 대신 마를 갈아서 토핑한다.

⑥ 일본에서는 매우 대중적인 채소로 갈아서(토로로) 밥이나 국수 위에 얹거나, 미소시루에 넣어 먹기도 한다. 깎아서 그냥도 먹고, 잘라서 김에 싸서도 먹는다.

⑦ 오코노미야키와 타코야키 반죽에도 마를 갈아 넣어 익으면 끈적이는 식감은 거의 없어지고 반죽이 쫄깃해진다.

| 채소류 |

1 죽순(Bamboo shoot)

맹종죽순정과   분죽

죽순은 대나무의 땅속줄기 마디에서 돋는 어린싹으로 우리 몸에 좋은 채소이다. 대나무가 될 준비를 모두 마치고 땅속에서 대기하다가, 생장 조건이 맞으면 순식간 솟구친다. 전날 저녁에 아무것도 없던 땅 여기저기서 죽순이 불쑥 고개를 내민다. 한 시간에 2~3cm, 하루 한 뼘 넘게 쑥쑥 자란다. 그 속도가 너무 빨라서 5월 한 달밖에 채취할 수 없다고 한다. 『동의보감』에 "죽순은 성질이 차고 맛이 달며, 빈혈과 갈증을 없애주고, 체액을 원활하게 하고 기운을 동하게 한다"라고 기록되어 있다. 옛날부터 고급 음식 재료로 각광받아 온 죽순은 부드러운 감촉과 아삭거리고 담백한 맛이 일품이다. 국내에서 재배 또는 자생하는 대표적인 대나무로는 왕대(왕죽)와 솜대(분죽), 죽순대(맹종죽) 등이 있다.

1) 담양 죽순(Damyang bamboo shoot)

담양 지역은 오염원이 없는 청정한 자연환경과 배수성이 좋은 토질, 온난한 기후 등 대나무 생육에 알맞은 지리적 특성으로 옛날부터 품질 좋은 대나무와 죽순이 생산되고 있다. 봄이 되면 전남 담양은 죽순이 한창이다.

죽순의 한 종류인 '맹종죽'은 4월 중순에서 5월 중순까지 대숲 여기저기서 나오지만 담양에서는 생산량이 많지 않다. 5월 중순부터 6월 중순까지는 '분죽'이 나와 '우후죽순'을 실감케 한다. 분죽은 가늘고 길며 식감은 아삭하다. 담양의 대표적인 분죽은 씹는 맛과 감칠맛이 뛰어나 소비자의 사랑을 받고 있으며, 임산물 지리적표시(PGI) 제36호로 등록되어 있다.

2) 거제 맹종죽순(Geoje Maengjong bamboo shoot)

맹종죽순은 대나무 중 가장 굵은 종으로 80% 이상이 경남 거제시 하청지역에서 생산되고 있다. 단맛을 내며 식이섬유가 풍부하고, 겉껍질에 보랏빛 갈색이 돌며, 씹는 맛이 좋다. 잎의 크기는 왕대나 솜대보다 작으며, 생산량 대부분이 통조림으로 가공하여 유통되고 있다. 임산물 지리적표시(PGI) 제30호로 등록되어 있다.

재료 및 특성

① 아스파라긴산, 발린, 글루탐산 등 아미노산이 당류, 유기산 등과 만나 빚어내는 감칠맛이 있고, 무미(無味)한 듯 담백하다.
② 우리나라에 자생하는 대나무는 70여 종이다. 이 중 맹종죽과 분죽, 왕죽만 식용이 가능하다.

③ '솜대'라고도 하는 분죽은 맹종죽보다 작지만, 맛이 순하고 쫀득해서 죽순 중 최고로 손꼽는다.

④ 죽순은 '아침에 채취하면 저녁에 먹어야 한다'는 말이 있을 만큼 선도가 중요하다. 쓴 맛을 내는 '호모젠티신산(homogentisic acid)' 성분은 채취하는 순간부터 증가한다.

⑤ 갓 채취한 죽순은 날로도 먹지만, 대부분 데쳐 먹는 이유는 '티로신(tyrosine)' 성분의 아 린 맛을 제거하기 위해서다. 티로신 성분은 물에 녹아 나오며, 쌀뜨물에 있는 녹말과 같이 침전된다.

성분 및 효능

① 식이섬유 함량이 23.3%나 함유되어 변비와 숙변 제거, 대장암 예방에 효과가 있다.

② 단백질과 비타민 B, 무기질이 풍부하다.

③ 칼륨 함량이 높아 체내 나트륨을 배출하고, 단백질(티로신, 글루타민산, 콜린)과 비타민 B와 C가 풍부해서 피로 회복에 좋다.

④ 대나무 수액이 고로쇠 수액보다 10배 좋다는 말도 있어 죽순이 채취되는 시기에는 죽 순과 대나무 수액을 약처럼 먹는 고혈압, 중풍 환자도 있다.

활용요리

① 대나무의 고장 전남 담양에 가면 죽순회, 죽계탕, 죽순 된장찌개, 죽순전, 대통밥, 댓 잎술 등을 맛볼 수 있다. 죽계탕은 죽순을 넣은 삼계탕이다.

② 『증보산림경제』, 『임원경제지』에는 죽순장아찌, 죽순정과, 죽순찜, 죽순채, 죽순나물 등의 다양한 죽순 조리법이 수록돼 있다.

③ 죽순은 양념이 강하지 않으면서 특유의 씹는 맛을 살리는 것이 좋아 들깻가루에 무치 듯 볶아 먹으면 좋다.

| 버섯류 |

① 능이버섯(Neungi mushroom)

능이백숙

사마귀버섯목 굴뚝버섯과의 능이버섯은 식용 버섯으로 건조하면 향이 매우 진해서 향이(香茸, 향버섯)라고도 부른다. 능이의 한자어 의미는 나무에 서식하는 버섯이나 실제 능이는 땅에서 자란다. 능이버섯 조리법은 『조선왕조실록』이나 귀족, 양반들의 문집(文集)은 물론이고 『동의보감』, 『임원경제지』, 『증보산림경제』, 『음식디미방』, 『규합총서』 같은 음식 조리서에도 전혀 등장하지 않는다. 본래 이름은 '웅이(熊茸)'이며 방언으로는 능이(能耳)라고 한다고 19세기 중엽의 문헌인 이규경(李圭景)의 『오주연문장전산고(五洲衍文長箋散稿)』에 처음 기록되었는데, 능(能)도 곰이라는 뜻이 있으므로 결국 우리말로 버섯이 한자식으로 웅이 또는 능이로 불리다가 능이로 정착한 듯하다. 여기에도 웅이(능이)는 먹을 수 있는 버섯이라고만 등장하지 요즘 홍보하는 고급 음식 재료의 대명사로 사용되었다는 말은 어디에도 없다.

재료 및 특성

① 참나무 뿌리에 기생하며, 육질과 향이 좋아 매우 선호하는 버섯이다.
② 티베트산 능이버섯이 유명한데 수입 물량이 많아서 생각보다 가격이 저렴하다.
③ 야생에서 매우 구하기 힘든 버섯이다. 생장 환경의 토질, 습도, 온도 등 자랄 수 있는 조건이 까다로워 인공적으로 재배하는 것은 불가능하다.

④ 서식지 특성이 어렵게 분포돼 있고, 가을철 활엽수 낙엽과 비슷하게 생겼기 때문에 채
   집 난이도가 까다로운 편이다.

⑤ 20cm까지 크게 자라며, 땅속에 균사들이 생존해 있어 매년 같은 시기에 동일 장소로
   찾아가면 발견할 수 있다.

⑥ 추석을 전후하여 채집하기 시작하는데, 늦으면 벌레가 많이 생겨 먹기 불편하다.

성분 및 효능

① 버섯에는 레티안(Lentian) 성분이 함유되어 있지만, 능이버섯의 레티안 성분이 최고로
   손꼽힌다. 레티안 성분은 암세포의 증식을 억제해 주는 항암제의 주요 성분이다.

② 함유된 니아신, 베타글루칸 성분은 혈중 LDL 콜레스테롤 수치를 낮춰 심근경색·동
   맥경화 등의 혈관질환을 예방하는 데 도움이 된다.

③ 다량의 비타민을 함유하고 있고, 영양가치와 약용가치가 인정되어 기능성 식품으로
   인정받고 있다.

④ 유리아미노산이 23종 함유되어 있고, 지방산 10종과 미량 금속원소 13종이 함유되어
   있으며, 그 외 유리당, 균당이 함유되어 있다.

⑤ 자연산 능이버섯은 암 예방과 기관지 천식, 감기에 효능이 있으며, 그 맛은 담백하고
   뒷맛이 깨끗하다.

활용요리

① 향과 맛을 제대로 즐기려면 생능이버섯을 소금물에 데친 뒤 찢어서 한 번 더 살짝 데
   치는 것(능이버섯회)이 좋다.

② 대부분 탕이나 국의 형태로 먹는다. 끓이면 검은빛 국물이 나오는데 향이 강해서 소량
   만 넣어도 국물에 깊게 배어든다.

③ 채취하면 바로 건조시키고, 요리할 때 데쳐서 사용한다. 데친 물은 취사하는 밥이나
   전골, 튀김, 볶음 나물 등 다양한 요리에 활용한다.

② 노루궁뎅이버섯(Hericium erubaceus)

노루궁뎅이버섯을 중국에서는 원숭이 머리 같다고 하여, '후두고'로 부르며 4대 진미 중 하나로 손꼽고 있다. 일본에서는 산에서 수행하는 승려라는 뜻을 가진 '야마부시타케(ヤマブシタケ)'로 부르고 있다.

민주름버섯목에 속하며, 목재 부후균 식용 버섯으로, 톱밥을 이용한 인공 재배가 대량으로 이루어지고 있어 저렴하게 구입할 수 있다. 하지만 자연산 노루궁뎅이 버섯은 개체 수가 적고 눈에 잘 띄지 않아 산삼보다 더 귀한 것으로 알려져 있으며, 귀한 만큼 야생버섯은 일반인들은 구경하기도 쉽지 않다.

재료 및 특성

① 흰 백색이 건조하면 담황색으로 변하는데, 물에 불려서 데쳐 먹거나 차로 우려서 먹기도 한다.
② 독성이 없어 생으로 먹을 수 있는 버섯이다.

성분 및 효능

① 베타글루칸을 비롯한 식이섬유와 비타민 C, 필수 아미노산 등이 풍부하게 함유되어 활성산소를 억제하고 면역력을 높여준다.
② 베타카로틴이 풍부해 암세포의 증식을 억제할 뿐만 아니라 치매 예방에도 도움이 되는

것으로 알려졌다.

③ '헤리세논'과 '에리나신' 성분이 함유되어 신경세포를 증진해서 알츠하이머 치매 예방에 도움을 주며, 뉴런(neuron)의 합성을 촉진해 알레르기와 아토피 예방에도 좋다.

④ 옛날부터 산삼보다 귀한 버섯으로 여겨졌으며, 항산화 효과가 뛰어나 각종 성인병 예방에 좋다.

⑤ 미량 원소 11종과 게르마늄 등이 풍부하게 함유되어 항염, 항균, 소화 촉진, 위 점막 보호, 면역력 증진에도 도움이 된다.

⑥ 함유된 '에리나신' 성분은 '카파 오피오이드 수용체'를 억제하여, 간질과 뇌졸중뿐만 아니라 뇌와 척추 외상이 있을 때 신경을 보호해 주는 경련 진정제 효능이 있는 것으로 밝혀졌다.

활용요리

① 신경쇠약이나 신체 허약자는 건노루궁뎅이버섯 150g을 닭과 같이 삶아 먹기도 한다.

② 국이나 찌개, 볶음, 탕 요리 등에 사용해도 좋고, 샤부샤부나 나물로 무쳐 먹어도 좋다. 고기와 같이 굽거나, 생즙으로 갈아 먹을 수 있다.

③ 송이버섯(Pine mushoom)

송이버섯밥

송이(松耳)는 주름버섯목 송이과에 속하는 버섯으로 소나무와 잣나무가 공생하며, 소나무의 낙엽이 쌓인 곳에서 자생한다. 갓의 지름은 8~10cm 정도이고, 자루는 원통 모양이며 흰색이다. 대부분 자연에서 채취하고, 식용 버섯 중 가장 고급 버섯으로 손꼽히며, 서양의 송로버섯(트러플)과 비교되는 버섯이다.

일 능이, 이 표고, 삼 송이라 하여 우리나라에서 능이버섯을 가장 높게 손꼽았다는 말도 있지만, 이는 잘못된 설화이다. 송이버섯은 『삼국사기』에 신라 성덕왕에게 진상했다고 기록돼 있고, 조선시대에도 영조가 "송이, 새끼 꿩, 고추장, 생전복은 네 가지 별미라, 이것들 덕분에 잘 먹었다"라고 하며 좋아하던 음식이었을 정도로 삼국시대부터 조선시대까지 왕에게 진상하던 귀한 버섯이다. 송이버섯의 임산물 지리적표시(PGI)에 강원특별자치도 양양, 경북 봉화·영덕·울진 송이가 각각 등록되었다.

재료 및 특성

① 한반도·일본·중국 등 동아시아의 일부 지방에서만 서식하고, 현재까지 재배는 할 수 없다.
② 태백산맥을 기준으로 경북·강원특별자치도 등지에서 서식하며, 특히 경북은 전국 송이버섯 생산량의 70~90% 이상을 차지한다.
③ 송이버섯이 잘 자라기 위한 조건은 소나무, 지표 온도, 강수량, 토질 등이다.
④ 『음식디미방』에는 만두, 대구 껍질 느르미, 잡채 등 다양한 반가요리에 송이버섯을 사용한 조리법이 수록되어 있다.
⑤ 허가 없이 채취하다가는 5년 이하의 징역이나 5천만 원 이하의 벌금형을 받을 수 있다.
⑥ 식감 자체는 생각보다 평범하다. 새송이버섯을 썰어서 입에 넣었을 때 씹히는 느낌을 생각하면 된다. 갓 부분은 평범한 버섯의 식감이다.
⑦ 송이버섯의 강렬한 솔잎 향은 다른 버섯과 비교할 수 없을 정도로 매우 좋다.

성분 및 효능

① 알파글루칸(α-glucan)과 베타글루칸(β-glucan) 등의 항암작용을 돕는 성분이 함유되어 악성종양 세포를 억제하는 것으로 밝혀졌다.

② 비타민과 미네랄 등의 다양한 성분들이 면역력을 높여 각종 질병으로부터 우리 몸을 보호할 수 있다.

③ 불용성 섬유질은 위에서 소화되지 않고, 장으로 들어가 박테리아의 먹이가 되어 장 건강을 돕는다.

④ LDL 콜레스테롤 수치를 낮춰 고혈압이나 당뇨 등의 성인병을 예방하는 효과가 있다.

⑤ 비타민과 무기질이 풍부해 피부 세포 재생을 도와 피부를 맑고 건강하게 해준다.

활용요리

① 탕, 볶음 등에 송이를 조금만 넣어도 솔잎 향을 느낄 수 있다. 약한 불에 살짝 구워서 소금장에 찍어 먹으면 송이버섯의 식감과 향을 효과적으로 즐길 수 있다.

② 구이나 찌개, 송이버섯밥, 쇠고기산적 등에 넣기도 한다. 열에 약해서 가능한 다른 재료보다 늦게 넣는 것이 좋다.

③ 일본 고급 '오마카세' 초밥집에서 송이버섯을 살짝 구워서 초밥으로 만들기도 한다. 밑국물을 내려면 적당히 감칠맛을 더해줄 수 있는 재료와 조합하는 것이 좋다. 맑은국이 일반적이며 모시조개, 가쓰오부시와 음식 궁합이 매우 좋으며, 다시마 국물에 송이를 끓여내는 것도 순수한 송이버섯의 향을 즐기는 데 좋다.

④ 표고버섯(Shiitake mushroom)

낙엽 버섯과에 속하는 버섯이다. 아시아의 대표적인 버섯으로 전 세계에서 가장 많이 재배되고 즐겨 먹는 버섯 중의 하나이다.

씹는 맛이 일품인 표고버섯은 살짝 익혀서 버섯만 먹어도 좋다. 갓이 너무 피지 않고 색이 선명하며 주름지지 않은 것이 좋으며, 옛날부터 임금님께 진상(進上)하는 고급 버섯이다. 소나무 숲이 아닌 참나무, 밤나무, 떡갈나무 등 흔하고 다양한 활엽수림에서 서식하며, 조선시대에도 이미 인공 재배가 가능해서 송이버섯보다는 흔했다고 한다. 전남 장흥, 충남 부여 · 청양 표고버섯이 임산물 지리적표시(PGI)에 등록되어 있다.

재료 및 특성

① 배지(培地)에 접종 생산이 가능하여 재배되는 지역이 많다.
② 향과 맛이 좋아 생으로도 식용 가능하고, 천연 조미료로 많이 사용된다.
③ 단단한 식감은 고기 맛과 비슷하다.
④ 여러 영양성분을 함유하고 있는데, 그 성분 중 특히 항암물질과 혈압상승 억제물질 등이 함유되어 건강기능식품으로도 각광받고 있다.
⑤ 항암물질인 '렌티난(lentinan)'이 함유되어 2004년 FDA에서 말린 표고버섯을 10대 항암식품으로 선정하였다.

성분 및 효능

① 암에 대한 저항력이나 암의 증식을 억제하는 면역력을 강하게 하는 작용이 있다.
② 섬유소를 다량 함유하여 대장암과 변비를 예방하고, 혈중 LDL 콜레스테롤 수치를 낮춰 동맥경화를 예방한다.

활용요리

볶음, 구이, 탕, 모둠전, 부침개 등으로 이용한다.

| 열매류 |

① 도토리[Acorn, 상수리, 상실(像實)]

| 도토리 | 참나무 | 도토리전병 |
| 상수리 | 상수리나무 | 도토리묵무침 |

　도토리는 '참나무'에서 열린다. '참나무'란 이름이 특정한 식물이 있는 것이 아니라, 도토리가 달리는 나무들이다. 갈참, 졸참, 굴참, 신갈, 떡갈나무, 상수리나무의 6가지 나무의 총칭이 '참나무'인 것과 같은 이치이다.

　조선시대 선조 임금 덕택에 양반 이름을 얻은 나무도 있다. 바로 상수리나무이다. 피란 중 먹을 게 없자 산중에 흔한 상수리로 묵을 쒀서 올린 덕분이다. 열매가 '임금님 수라상까지 오른 나무'라는 뜻에서 상수리나무라 하고, 도토리가 달리는 나무는 그냥 참나무(갈참, 졸참)라고도 한다. 상수리나무의 열매는 둥근 모양이고, 참나무의 열매는 긴 타원형이다. 상수리나무는 표고버섯을 재배하는 원목이다.

도토리떡(Fagaceae)

열매가 길고 타원형인 도토리만을 사용하는 도토리떡은 '맛의 방주(Ark of Taste)'에 등재되어 있다. 주요 생산지역이라기보다는 충남 예산군 고덕면의 한 농가에서만 명맥을 이어오고 있다.

재료 및 특성

① 인간 최초의 주식 중 하나이다. 신석기시대에 농사는 시작되었지만, 식량 자급자족이 되지 않은 탓에 주식으로 이용되었다.

② 쓴맛과 떫은맛의 타닌성분이 함유되어 그대로 먹을 수는 없었다. 토기에 도토리와 물을 채워 넣어 타닌성분을 제거한 다음, 가루로 만들어 딱딱한 빵을 만들어 먹곤 했다.

③ 유물로는 서울 강동구의 암사동 선사유적지에서 도토리가 발견되었고, 창녕군의 신석기시대 비봉리 유적에서는 도토리 저장고가 발견되었다.

④ 한반도를 제외하면 도토리로 요리해서 먹은 나라는 의외로 찾기 힘들다.

성분 및 효능

① 도토리 속에 함유된 '아콘산(aconic acid, Aconsaure)'은 체내 중금속 및 유해물질을 배출시킨다.

② 피로 회복, 숙취 제거에 탁월한 효과가 있다.

활용요리

① 남한에서는 보통 도토리묵으로 만들어 먹고, 북한에서는 도토리로 술과 떡을 만들기도 한다.

② 도토리묵무침, 묵밥, 도토리떡 등으로 활용한다.

③ 다른 견과류처럼 구운 것을 '넛 크래커(nut cracker)'로 까서 먹으면 호두와 아몬드의 중간 정도 맛이 난다. 간식거리로 꽤 괜찮다.

② 산초·천초

산초장아찌

산초는 무환자나무목 운향과 초피나무속 낙엽관목의 열매로, 초피나무속(Zanthoxylum)에 속하는 초피와 거의 비슷해 헷갈리기 쉬운데, 자세히 보면 구분이 된다. 산초는 약간 옅은 매운맛이 나고, 초피는 입이 마비될 정도의 강렬한 맛이 난다.

1) 산초(Chinese pepper)

산초는 우리나라 산야에서 주로 자생하는 낙엽 활엽관목의 열매이다. 나무 높이는 3m 정도인데 갈라진 가지에 가시가 있다. 추위에 강하며 건조한 곳, 습한 곳 가리지 않고 생육한다. 주로 가을 초순에 꽃을 피우고, 사찰에서는 장아찌를 많이 만들고, 기름을 만들어 식용 또는 약용한다. 산초의 매운맛은 껍질에서 나오고, 씨앗으로 착유한 산초기름에는 매운맛이 없다.

재료 및 특성

① 4~5월에 새로 돋은 싹을 채취하여 이용하고 푸른 열매는 5월 하순에서 6월 상순에 채취한다. 건조용의 수확은 7월 중·하순이다.
② 산초의 매운맛은 잎·열매·나무껍질에 함유되어 있으며, 과실주에는 열매뿐만 아니라 잎이나 껍질도 이용된다.
③ 어린잎과 열매는 향신료로 식용한다.
④ 산초나무의 열매는 분디 또는 산초라고 부른다.

성분 및 효능

① 산초에 함유된 '산쇼올(sanshol)' 성분은 매운맛을 내고 강력한 살균, 해독작용이 있다.

② 설사 완화와 기생충 특히, 회충 구제에 효과적이다.

③ 폐와 기관지 보호에 탁월한 산초의 열매는 폐를 보호해 기침, 천식, 가래 등을 완화하고 특히, 흡연으로 인해 기관지가 나빠진 경우 탁월한 효능이 있다.

④ 자궁경부암, 대장암, 췌장암 등에 항암작용을 한다고 알려져 있다.

⑤ 건위제로 사용되며, 장운동을 활발하게 하여 변비에 탁월한 효과가 있다.

⑥ 성질이 뜨거워 속을 따뜻하게 하고, 소화를 잘되게 하는 등 약리작용이 있다.

⑦ 눈이 피로하거나 충혈되었을 때 산초의 열매를 섭취하면 눈이 맑아지며, 꾸준하게 복용하면 시력을 보호할 수 있다.

⑧ 각종 피부염에 좋고, 이뇨작용을 하여 체내 노폐물을 배출시켜 혈액순환에 매우 좋다.

활용요리

① 우리 콩으로 옛 방식대로 만든 두부를 산초기름으로 노릇하게 구운 두부구이는 별미다.

② 산초 풋열매로 산초진액, 산초연잎꿀절임, 산초열매담금주 등을 만들 수 있다.

③ 건조된 열매껍질로 산초차, 고기 삶을 때, 생선 비린내를 제거할 때, 매운 음식에 국물을 낼 때 등에 활용할 수 있다.

④ 산초 풋열매나 우려낸 찻물로 라면, 김치찌개, 매운맛 음식, 고기 먹을 때 등에 사용하면 맛이 좋다.

2) 천초(Akane, 초피·제피)

서기 1670년경의 책으로 추측되는 『음식디미방』에는 요리에 고추를 사용하지 않고, 고추 대신에 매운맛을 내는 천초, 산초, 후추, 겨자와 파를 사용했고, 마늘보다 생강을 더 많이 사용했다고 기록되어 있는데, 이는 고추가 유입되어 일반화되기 이전이기 때문일 것이다.

『동의보감』에는 초피나무의 열매를 '천초'라고 하는데, 성질이 뜨겁고 맛은 매우며 독성이 조금 있다고 기록되어 있다. 천초는 초피나무의 열매로 오뉴월에 꽃을 피우고, 약재로 많이 사용된다. 주로 남부지방과 중부지방 해안지대에서 열매를 채취할 수 있으며, 사람 키 정도의 높이까지 자라는데 가시가 있다.

초피를 중국에서는 화자오(花椒)라고 부르는데 중국, 티베트, 네팔, 인도 요리에 사용되는 향신료이다. 중국의 쓰촨요리에서 얼얼한 매운맛(마라)을 내며, 쓰촨 페퍼(Sichuan pepper), 산자오(산초)라고도 부른다. 산초와 달리 기름을 낼 수 없어 다른 종류의 기름에 초피를 넣어 끓여서 사용한다.

재료 및 특성

① 잎은 단단하면서 미끈거리고, 잎 사이에서 팥알만 한 크기로 둥글게 자라며 그 껍질은 적자색이다. 음력 8월 정도에 열매를 채취해서 그늘에 말리는데 촉초, 파초, 한초라고 부르기도 한다.

② 맵고 알싸한 향은 미꾸라지뿐 아니라 물고기의 비린내를 제거해 주는 양념으로 사용하고 있다. 일부 지역에서는 '고초(苦椒)'라고도 부른다.

③ 산초와 혼동되는 경우가 많은데 완전히 다른 식물이다. 초피나무는 음나무와 같이 나무에 가시가 많아 채취에 어려움을 겪는데 최근에는 접목기법의 발달로 가시 없는 초피(민초피) 묘목이 시중에 많이 유통되고 있다.

성분 및 효능

① 비타민 C와 토코페롤 함유량이 많아 외부로부터 피부를 보호하고 치주염 개선, 항염, 항균 효과가 뛰어나 피부의 염증을 완화해 준다.

② 하이페로사이드와 퀘르시트린(quercitrin)이라는 활성성분을 함유하여 세포를 손상시키고 공격하는 활성산소를 제거하여 항산화 효과를 볼 수 있다.

③ 초피나무의 따뜻한 성질은 신장과 위의 움직임을 활발하게 하여 소화가 되지 않아 더 부룩한 증세를 없애준다.

④ 한습(寒濕)이 경맥에 침범하여 기혈순환에 장애가 생기는 각기병이나 습탁이 정체되어 나타나는 설사, 습을 말리고 가려움증을 없애는 치료를 한다.

⑤ 열매의 껍질에 있는 '게라니올', '리모넨' 등의 성분이 치통 등의 부분마취에 사용하면 통증이 사라지는 효과가 있다.

⑥ 두통이나 불면증이 있다면 열매껍질을 베개 속에 넣어 베고 자면 두통과 불면증 치료에 효과가 있다.

활용요리

① 경상도에서는 '제피'라고 불리는데 천초껍질을 갈아서 주로 추어탕, 배추김치, 겉절이, 된장찌개 등에도 사용한다.

② 어린순을 채취하여 된장찌개에 넣으면 맛과 향이 아주 좋다.

① 음나무·음나무순

가시 없는 음나무(민음나무)　　　　　　음나무순

두릅나무과에 속하는 낙엽 활엽수로 줄기에 가시가 많고 한곳에 운집하지 않고 드문드문 하나씩 자생한다. 몸집이 매우 크게 자라서 둘레가 4m를 넘는 것도 있다. 엄나무라고도 하고, 개두릅나무라고도 한다. 통 속껍질이나 뿌리를 이용하여 술을 담그거나 약재로 사용한다. 한의학에서는 관절염에 탁월한 효과가 있어 한방재료로 많이 사용된다.

1) 음나무(Carster aralia)

음나무는 빨리 자라면서도 수명이 긴 식물이다. 한반도, 러시아, 일본 등지에 분포한다. 나뭇가지는 불규칙하게 세로로 갈라지는데 5~9개까지 손바닥 모양으로 벌어진다. 가시가 있는 음나무와 가시가 없는 민음나무로 크게 나뉜다.

(1) 음나무(가시가 있는)

재료 및 특성

① 음나무 껍질을 '해동피'라고 한다. 나무에 가시가 많아 해동목(海桐木), 자추목(刺秋木)

이라고 불렀다.

② 산삼나무라고 불릴 정도로 맛과 효능이 탁월하다.

③ 귀신나무라고 불리며, 귀신을 쫓아내기 위해 마을 입구나 대문 옆에 심기도 했다.

④ 한방에서는 관절염, 종기, 암, 피부병 등 염증질환 치료에 탁월한 효과가 있고, 신경통에도 좋으며, 만성간염, 간장질환에도 효과가 크다.

⑤ 손으로 만지기 어려울 정도로 가시가 많고 날카롭고 억세며 껍질, 순, 뿌리, 목재 등 버릴 것이 하나도 없다.

(2) 민음나무(가시가 없는)

재료 및 특성

① 인삼보다 사포닌 성분이 16배 더 많이 함유되어 있어 산삼나무라는 별명을 갖고 있다.

② 향과 새순 생산량이 가시 음나무보다 2.5배 정도 많아 새로운 재배 농가 소득원으로 부상하고 있다.

③ 가시가 없어 관리가 쉽고, 내한성이 좋아 재배하기 쉬운 작물이다.

성분 및 효능

① 한의학에서는 소염작용이 뛰어나 관절염, 종기, 암, 피부병 등 염증질환에 탁월한 효과가 있고 만성 신경통, 만성 간염 같은 간장질환에도 좋다고 말한다.

② 함유된 사포닌 성분이 진해, 거담작용을 한다.

활용요리

나무줄기는 작게 잘라서 말리면 약재로 사용된다. 삼계탕을 끓일 때 넣는 약재 중의 하나이다.

2) 음나무순(Carster aralia shoot, 엉개나물·개두릅)

영동지역에서는 옛날부터 음나무의 새순을 개두릅이라고 해서 식용한다. 엄나무순이지만 두릅과 닮았다고 해서 개두릅이라 부른다. 봄철 별미 중 하나인 음나무순은 향과 쌉쌀한 맛이 제일 강하며, 약효가 좋아 옛날부터 최고의 약재로 사용되었다. 음나무순 채취기간은 일 년에 봄 3주간이다. 그때 채취한 게 식감도 좋고, 맛도 좋다. 개두릅으로 유명한 강릉은 밭과 초지(初地)가 대부분 개두릅 재배에 적합한 곳으로 알려져 있다. 임산물 지리적 표시(PGI) 제41호로 등록되어 있다.

재료 및 특성

① 나무가 커서 하우스 재배가 어렵고, 4월 초순에 잠깐 채취할 수 있어 귀한 산나물이다.
② 강릉 개두릅은 인삼보다 더 강한 향이 나서 처음에는 거부감을 느끼는 사람도 있지만, 은근한 중독성이 있어 자주 섭취하면 고소함을 즐길 수 있다.
③ 첫맛은 쌉쌀하나 씹을수록 단맛이 느껴져 이른 봄 입맛을 돋우는 기호식품으로 많이 알려져 있다.

성분 및 효능

① 비타민 C · E, 무기질, 사포닌 성분이 풍부해서 면역력 증진과 피부미용에 도움이 된다.
② 섬유질이 많아 혈당 상승을 낮추고, 인슐린 분비를 촉진하여 당뇨병 예방 및 개선에 도움을 준다.
③ 함유된 루틴은 체내 활성산소를 억제하여 정상적인 세포가 산화되는 것을 방지해 노화를 늦춰주고, 성인병 예방에 좋다.
④ 칼슘, 망간, 인과 같은 미네랄이 풍부하여 치아와 뼈를 튼튼하게 하며, 갱년기 여성들의 골다공증 예방에도 좋다.
⑤ 만성간염이나 간장질환 개선 및 치료에 효능이 있어 간경화나 간암에도 도움을 준다.
⑥ 어혈을 제거하는 효과가 있어 류머티즘 관절염으로 저림증이 있는 분들이 즐겨 먹으면 도움이 된다.

활용요리

① 연한 순을 데쳐서 무침, 숙회를 만들거나 튀김, 물김치, 전 등을 부쳐 먹을 수 있다. 두릅보다 쓴맛이 강해 데친 후 찬물에 1시간 정도 담가 두었다 먹는 게 좋다.

② 나른한 봄날의 입맛을 돋워주는 장아찌를 담글 수 있다.

③ 잎을 말려 묵나물로도 즐길 수 있는 우리 식탁의 보약이다.

견과류

① 밤(Chestnut)

율란

밤나무의 열매로 9~10월에 지름 2.5~4cm의 짙은 갈색으로 익는다. 율자(栗子)라고도 한다.

우리나라에서 재배하는 품종은 재래종 가운데 우량종과 일본밤을 개량한 품종으로 서양밤보다 육질이 단단하고 단맛이 좋아 우수한 품종으로 꼽힌다. 주로 중·남부지방에서 생산하며, 8월 하순~10월 중순에 수확한다.

밤의 임산물 지리적표시(PGI)에 충북 충주밤과 충남 공주시 정안밤, 청양군의 청양밤이 각각 등록되어 있다.

재료 및 특성

① 생밤에는 알코올 분해효소가 있어 숙취 해소에 효과가 있다.

② 밤의 비타민 B₁ 함량은 쌀의 4배 이상이며, 다른 과일에 비해 탄수화물 함량이 높아 빈 속에 술을 마실 때 포만감을 느끼게 한다.

③ 먹기 편하고 뒷맛이 깔끔해 옛날부터 주안상(酒案床)에 자주 올랐다.

④ 탄수화물, 단백질, 지방, 비타민, 무기질 등 5대 영양소가 골고루 함유된 완전식품이다.

성분 및 효능

① 당분에는 위장기능을 강화하는 효소가 함유되어 있으며, 성인병 예방과 신장 보호에 도 효과가 있다.

② 밤 속의 단백질이나 불포화지방산은 간을 보호한다.

활용요리

① 꿀·설탕에 조리거나 가루를 내어 죽·이유식을 만들어 먹고 통조림·술·차 등으로 가공해서 먹는다.

② 각종 과자와 빵, 떡 등의 재료로 사용된다.

③ 밤 가루에 계핏가루, 꿀로 율란을 만들어 디저트로 먹는다.

② 잣(Pine nut)

| 잣송이 | 잣나무 | 피잣 |

잣나무의 열매로 높이 20m 정도 되는 가늘고 긴 잣나무 꼭대기에 솔방울 같은 단단한 송이에 열려서 사람이 나무를 타고 올라가 장대로 채취해야 한다. 잣송이의 비늘을 열면 딱딱한 갈색 껍질에 싸인 피잣이 나온다. 피잣의 껍질을 벗기면 황잣이라 한다. 황잣을 뜨거운 물에 넣어 비벼서 속껍질까지 벗기면 뽀얀 백잣이 된다.

한의학에서는 '해송자(海松子)'라는 이름의 약재로 불린다. 맛은 고소하고, 성질은 따뜻해 퇴행성 관절염 등 각종 노화 증상에 사용된다. 몸을 보하는 효능이 뛰어나 병후 기력 회복에 좋은 자양강장제로 분류된다. 임산물 지리적표시(PGI)에 경기도 가평잣(제25호), 강원특별자치도 홍천잣(제26호)이 등록되어 있다.

재료 및 특성

① 시중에 유통되는 잣의 종류로는 국내산 잣인 가평·평창 잣, 중국산 잣, 커클랜드 유기농 잣 등이 있고, 우리나라 잣은 세계적으로 명성이 높다.

② 잣에는 다른 견과류에는 없는 '피놀렌산(Pinolenic acid)'이라는 고유의 불포화지방산이 함유되어 혈중 LDL 콜레스테롤 조절에 도움이 된다.

③ 잣기름인 피놀레산은 식물성 지방으로, 중성지방을 녹이는 효과가 있어 매일 10g 정도를 공복에 먹으면 효과적으로 뱃살을 제거할 수 있다.

④ 잣의 불포화지방산이 산패해 과산화지질이 되면 오히려 건강에 나빠서 백잣 대신 껍질을 벗기지 않은 피잣을 먹는 사람도 많다. 피잣의 피막은 항산화성분이 풍부해서 산화되는 것을 막아준다.

성분 및 효능

① 잣 속의 비타민 E는 호두의 12배, 비타민 K는 호두의 18배, 철분은 호두의 2배를 함유하고 있어 피부와 모발에 좋은 '이너뷰티 견과류'이다.

② 칼륨성분이 풍부하게 함유되어 불필요한 체내 나트륨을 배출해 혈압을 낮추어 심혈관 건강을 지키는 데 좋다.

③ 구리, 마그네슘, 아연, 망간, 비타민 K, 오메가-3 지방산 등이 풍부하게 함유되어 건강한 삶을 유지하게 한다.

④ 어지러울 때, 기운이 없을 때, 손발이 저릴 때 잣을 꾸준하게 섭취하면 도움이 된다.

활용요리

① 부드럽게 쑤면 씹을수록 잣의 깊은 맛을 느낄 수 있는 잣죽, 영양죽 등이다.

② 간식으로 먹어도 좋지만, 쌍화탕을 끓여 잣을 띄워 먹으면 고소한 잣 향이 입안에 맴돌면서 기분이 좋아진다.

③ 콩국수, 두부 잣국수 등 면 요리에 활용하면 좋고, 잣 소스를 활용한 냉채, 고소한 잣의 향과 쫄깃한 식감의 느타리버섯나물무침, 마른반찬 볶음, 샐러드, 파스타 등에 넣으면 고소하고 맛있는 요리가 된다.

④ 두텁떡, 구름떡 등이나 약식, 퓨전 떡을 만들 때 많이 넣어서 만들기도 하지만 요리, 전통차의 고명으로도 많이 사용한다.

③ 호두(Walnut)

호두는 과육 안에 단단한 껍데기가 있고, 그 안에 있는 핵을 먹는다. 흔히 호두를 '심장 건강의 파수꾼'이라 한다. 그만큼 심장과 혈액순환에 좋다는 뜻이다. 특히 호두가 심장 건강에 좋은 것은 함유된 불포화지방산이 세포 내 노폐물이 배출되도록 돕고, 콜레스테롤이 혈관에 쌓이는 것을 막아주어 고지혈증, 고혈압, 협심증, 심근경색 등의 심혈관계 질환을 예방하기 때문이다. 또한 뇌 건강에도 좋아 꾸준히 먹으면 건강은 물론 일상생활의 활력에도 도움이 되는 훌륭한 견과류이다.

1) 천안 호두(Cheonan walnut)

천안 호두는 고려 충렬왕 16년(1290년) 유청신 선생이 원나라 사신으로 갔다가 열매와 묘목을 가져와 광덕면에 심으면서 재배가 시작되었다. 천안 광덕 호두는 껍질이 얇고, 품질이 좋아 천안 호두로 유명하다. 이는 천안 호두과자 덕분이기도 하다. 무기질, 유리아미노산, 단백질과 지방 등의 영양성분이 풍부하고, 고소한 맛이 다른 지역의 호두보다 더 좋다. 임산물 지리적표시(PGI) 제18호로 등록되어 있다.

2) 무주 호두(Muju walnut)

우리나라에서 호두 생산량이 가장 많은 곳은 전북특별자치도 무주이다. 무주군의 호두는 중요한 향토자원으로 『조선왕조실록』에서 호두 재배의 최적지로 무주현을 언급하고 있다. 무주군은 소백산맥의 동북단에 위치하며, 전체 면적의 81.8%가 평균 해발 400~600m 내외의 산악지대로 호두의 알이 균일하고, 내용물이 충실하여 최고의 호두로 인정받고 있다. 맛 또한 매우 고소하고 담백한 맛이 인정되었다. 임산물 지리적표시(PGI) 제49호로 등록되어 있다.

3) 김천 호두(Gimcheon walnut)

김천 호두는 역사적으로 『세종실록지리지』에 호두에 대한 기록이 있고, 『여지도서』에도 경상도 개령현의 '진공품(進貢品)'에 호두가 기록돼 있다. 김천 지역 곳곳에는 80~100년 이상 된 호두나무가 생육하고 있다.

김천의 호두 생산량은 연간 약 323톤으로 국내 생산량의 약 32%를 차지하고 있다. 임산물 지리적표시(PGI) 제59호로 등록되어 있다.

재료 및 특성

① 호두의 품종은 전 세계에 50여 종이 있는 것으로 알려져 있으나, 국내에서는 10여 종의 호두나무를 재배하고 있다.

② 칼슘, 아연, 철, 단백질 등의 다양한 영양소를 듬뿍 함유한 영양의 보고로 알려져 있다.

③ 필수지방산 '리놀레산'과 '리놀렌산'의 하루 섭취량을 호두 한 줌(약 28g)으로 간단히 섭취할 수 있다.

④ 불포화지방산이 풍부한 식사를 꾸준히 하면 더 많은 지방 산화를 일으켜 포화지방산 섭취로 인한 신진대사 부작용을 보완할 수 있다.

⑤ 호두 1개, 땅콩 10개, 아몬드 10개는 각각 45kcal의 열량을 내고, 호두 7알을 먹으면 밥 한 공기(300kcal) 정도에 해당하는 열량을 섭취하게 된다.

성분 및 효능

① 풍부한 불포화지방산은 LDL 콜레스테롤 수치를 낮춰주고, HDL(고밀도 지질 단백질) 콜레스테롤 수치를 상승시켜 심장 건강 증진과 심혈관질환 예방에 도움을 준다.

② '브레인푸드'라고도 불리는 호두는 뇌기능을 개선하고, 인지기능 저하를 방지하는 식품으로 알려져 있다.

③ 섭취하면 살이 찐다는 선입견과 달리, 호두를 일정량 꾸준히 섭취하는 사람들은 체중 증가 없이 보다 건강한 생활을 하는 것으로 나타났다.

활용요리

① 호두만 따로 먹기보다는 다른 음식이나 반찬에 섞어 먹는 것이 좋다.

② 떠먹는 요구르트 위에 얹어 먹거나, 샐러드 위에 뿌려 먹는다.

③ 멸치를 볶을 때 잣이나 호두를 섞어주면 영양적 균형이 좋고, 멸치만 볶았을 때보다 맛도 더 좋다.

CHAPTER 3

들

CHAPTER 3

들

---

① 밀쌀(Wheat rice, 밀의 겉껍질을 벗겨낸 쌀)

앉은뱅이통밀 사프란 리조토

밀쌀은 통밀을 도정한 곡물로 낱알보다 가루형태가 더 익숙해서 '밀쌀' 혹은 '밀밥'이라는 단어는 우리에게 매우 낯설다. '밀쌀'은 통밀 껍질의 일부를 벗겨내고 쌀과 섞어 밥을 지을 수 있도록 가공한 것을 말한다. 밀의 낱알에는 깊은 골이 있어 쌀이나 보리처럼 일정한 깊이로 깎기가 쉽지 않고, 깎더라도 속이 부드러워 그 모양이 유지되기 어려운 특성 때문에 제분(製粉)해서 주로 판매하는 것이다.

우리나라의 재배종인 앉은뱅이 밀은 기원전 300년 전부터 재배한 토종 밀로 다른 밀보다 키가 작아 앉은뱅이 밀로 부르며, '맛의 방주(Ark of Taste)'에 등재되어 있다. '국제 슬로푸드 맛의 방주'는 소멸 위기에 처한 음식문화 유산을 복원하고 사라지지 않게 보호·육성하는 세계적인 사업이다. 1996년 이탈리아 북부 피에몬테주의 주도 투린(Turin)에서 처음 시작하여 1997년 방주의 과학위원회(The scientific commission of the Ark)가 구성되어 표준화된 산업식품이 지구촌을 장악하면서 설 자리를 잃어가고 있는 향토 음식, 전통적 산물, 장인(匠人) 생산물에 관심을 높이는 게 목적이다. 1996년 방주 설립 이후 161개국 6,110여 종(2024년 4월 기준)이 등재되어 성장하고 있다. 우리나라는 제주 푸른 콩을 비롯하여 112종이 등재되었다.

Tip ▶ 밀싹(Wheatgrass)

밀싹

밀 씨앗에서 싹을 내어 기른 채소이다. 재배 모판에 흙을 깔고 물에 불린 통밀을 심은 뒤 물을 주면 자란다. 착즙기로 녹즙을 짜 주스로 마시기도 하고 부추, 양파 등 다른 채소와 양념에 버무려 무침으로 먹거나, 반죽물에 넣어 전으로 부쳐 먹는다. 고양이가 먹는 채소 가운데 하나이다. 『동의보감』에는 "갑자기 나는 열을 풀어주고, 황달로 눈이 노랗게 된 것을 치료한다"라고 기록되어 있다. 주요 영양성분으로는 통밀과 비교하면 단백질, 섬유소, 칼슘, 엽산 등이 23배 이상 많이 함유되어 있다.

재료 및 특성

① 국산 밀이 수입 밀보다 글루텐 함량과 밀 알레르기를 일으키는 '오메가−5' 글리아딘 함량이 낮다.

② 글루텐 함량이 낮아 쉽게 바스러지고 점성이 적지만, 지방 함량과 열량이 낮다.

③ 우리 밀은 안전하면서도 톡톡 터지는 독특한 식감이 좋고, 영양소도 매우 풍부하다.

④ 특유의 고소한 맛과 씹을수록 빵처럼 고소해지는 맛도 일품이다.

⑤ 다른 잡곡에 비해 가격이 저렴하고, 물에 오래 불리지 않아도 식감이 거칠지 않다.

성분 및 효능

① 함유된 '토코페롤(비타민 E)'은 혈액의 응고를 방지하고 혈전, 암의 원인이 되는 산화작용을 억제함으로써 성인병을 예방한다.

② 우리 밀은 인체의 면역기능을 증진하고, 노화를 예방하는 데 도움이 된다.

③ 밀의 속껍질인 밀기울에 함유된 '아라비노자일란(Arabinoxylan)'은 면역력 증강에 도움을 주고, 항염증에 효과적이다.

④ 활성성분인 '옥타코사놀(Octacosanol)'이 스트레스 호르몬인 '코티코스테론(corticoster-one)'을 감소시키고, 스트레스로 교란된 수면을 정상화하는 효과가 있다.

활용요리

국산 밀로 만든 밀밥과 밀가루로 만든 다양한 음식들이 우리 식탁에 자주 오르면 좋을 것 같다.

② 메밀(Buckwheat)

메밀은 어려웠던 옛날을 회상하게 한다. 지금은 건강식품으로 각광받지만, 옛날에는 기근이 심할 때 먹었던 구황작물이다. 메밀로 만든 대표적인 음식으로 경기도 향토 음식인 메밀 칼싹두기가 있다. 메밀가루와 밀가루를 섞어 반죽한 다음, 칼로 싹둑싹둑 잘라 멸치 우린 국물에 김치를 썰어 넣고 끓인 칼국수인데 길이가 들쭉날쭉하고 국물이 구수하다.

메밀은 고 이효석 작가의 『메밀꽃 필 무렵』의 배경인 강원특별자치도 봉평을 떠오르게 하지만, 국내 최대 메밀 주산지는 제주특별자치도이다. 가공이 원활하지 않아 제주산 메밀의 상당량은 강원특별자치도에서 가공된 뒤 유통되는 실정이다. 서해 최북단 백령도의 주요 특산품도 메밀이다. 재배 농가와 재배 면적이 줄어서 안타까운 실정이지만, 주변 인천 지역에는 백령도 메밀로 만든 황해도식 냉면 전문점이 성업 중인 곳이 많다.

봉평메밀(Bongpyeong Buckwheat)은 '맛의 방주(Ark of Taste)'에 등재되어 있다.

재료 및 특성

① 척박한 토양에서도 잘 자라고, 생육 기간이 짧은데다 병충해에도 강해 옛날에는 흉년이 들면 나라에서 재배를 장려하던 곡물이었다.

② 수분 13.5%, 당질 66%, 단백질 13.8%, 지방 4% 정도이며, 곡류에 부족하기 쉬운 '트립토판', '트레오닌', '라이신' 등이 많이 함유되어 있다.

③ '프로타민'과 같은 끈기 있는 단백질이 부족해서 면으로 만들려면 밀가루를 섞어 찬물로 반죽해야 잘 만들어진다.

④ 냉면이나 막국수의 주재료인 메밀은 뇌 열을 내려주며, 두뇌의 기혈순환을 도와서 베개 속에 메밀을 넣어 숙면을 유도하기도 한다.

성분 및 효능

① 효소인 아밀라아제 · 말타아제 함량이 높아 소화가 잘되며, 혈관의 저항성을 강화해 주는 '루틴(rutin)' 성분이 모세혈관을 강화해 뇌졸중을 예방한다.

② 메밀에 함유된 필수아미노산 및 비타민은 비만을 예방하고, 피부 미용에 탁월한 효과가 있다.

③ 함유된 플라보노이드 성분이 손상된 간세포의 재생을 촉진하고, 간의 해독기능을 강화한다.

④ 겉껍질 함량이 높을수록 면발은 거칠어 맛은 떨어지지만, 메밀의 섭취 효과는 높아진다.

활용요리

① 콧등치기국수는 멸치와 다시마 등으로 밑 국물을 만들고, 메밀면을 넣어 김치를 얹는
다. 얼큰한 맛이 일품인 콧등치기국수는 굵은 메밀면을 후루룩 빨아들일 때 면의 끄트
머리가 콧등을 친다고 해서 붙여졌다.

② 제주 지역에서는 메밀로 떡과 묵을 만들었으며, 최근에는 메밀칼국수, 빙떡, 메밀오메
기떡, 메밀뼈국 등의 향토 음식 재료로 사용되고 있다.

③ 메밀가루 3 : 타피오카 전분 1 : 밀가루 1 비율로 피자 반죽을 만든다.

③ 옥수수(Corn)

말린 옥수수

쫀득한 맛이 좋은 여름철 대표 간식으로 비타민, 미네랄 등이 풍부하다. 옥수수 한 개
에는 약 10g의 수용성 식이섬유가 함유되어 있는데 키위 5개, 복숭아 7개에 해당하는 양
이나, 필수아미노산인 '라이신'과 '트립토판'이 적게 함유되어 있다. 식사 대용으로 섭취한
다면 부족한 영양소를 보충할 수 있는 우유, 달걀, 육류 등의 단백질 식품과 같이 섭취하
길 권유한다. 강원특별자치도 홍천·정선 찰옥수수, 충북 괴산 찰옥수수는 농산물 지리
적표시(PGI)에 등록되었고, 무안 꼬마 찰옥수수(Muan Baby Con), 노란 찰옥수수(Gangwon

Yellow Corn), 팥줄배기(Patjulbaegi Con) 옥수수가 맛의 방주(Ark of Taste)'에 등재되어 있다. 최근에는 생으로도 먹을 수 있는 초당 옥수수가 선풍적인 인기를 끌고 있다. 옥수수 품종의 하나로 맛은 일반 찰옥수수보다 달고 구수하다.

재료 및 특성

① 소화율은 높지 않아서 가루를 내어 먹거나, 차로 마셔도 좋다. 말린 옥수수는 심장에 좋은 것으로 알려져 있다.

② 삶거나 구워 먹으면 소화율은 30%가량이며, 가루를 내어 먹으면 80%로 높아진다.

③ 신경조직을 젊게 하는 레시틴, 피부 노화를 예방하는 비타민 E 등의 성분이 함유되어 있다.

④ 글리세믹 지수(GI)가 높고, 식이섬유 함량이 높으므로 당뇨 환자, 소화기능이 떨어진 사람은 과다 섭취를 피해야 한다.

⑤ 주성분은 수분 64%, 당질 29%, 단백질 5%, 지방 1.2%이다. 식이섬유가 풍부해 포만감이 오래 간다.

성분 및 효능

① 『본초강목』에는 "옥수수차는 위장을 돕고, 담석으로 고통이 있을 때 푹 달여 자주 마시면 좋다"라고 기록되어 있다.

② 옥수수수염은 '옥촉수(玉蜀鬚)'라고 하여 옛날부터 한약재로 사용되었다. 차로 끓여 마시면 이뇨효과가 좋고 혈압 강하, 담즙 분비 촉진을 돕는다.

③ 옥수수 씨눈에 함유된 불포화지방산은 혈중 LDL 콜레스테롤을 배출시킨다.

④ 옥수수기름은 비타민 E와 레시틴 등이 함유돼 있어 피부 건조와 습진, 노화 예방 등에 좋다.

⑤ 옥수수에서 추출한 '베타시토스테롤(beta-sitosterol)' 성분은 잇몸을 튼튼하게 하고, 충치를 예방한다.

활용요리

① 초당 옥수수 샐러드, 옥수수솥밥, 수프, 버터구이 등이다.

② 올챙이국수는 옥수숫가루로 만든다. 국수라고 부르지만 만드는 방법은 묵요리와 같다. 강원특별자치도 정선 지방에서는 속풀이용 음식으로 먹었다고 한다. 올챙이처럼 생긴 면 위에 잘게 썬 묵은김치와 고추, 파, 김가루가 고명으로 올라간다.

| 두류 |

① 녹두·숙주나물

| 통녹두 | 깐 녹두 | 숙주나물 |

콩과의 한해살이풀로 원산지는 인도다. 이것이 중국을 거쳐 우리나라에 유입되어 청동기시대부터 재배했기에 역사가 오래된 곡물이다. 묵으로 만든 게 녹두묵(청포묵)인데 탕평채의 주재료이다. 탕평채는 '묵청포'를 달리 이르는 말로 조선 영조 때 탕평책을 논하는 자리의 음식상에 처음 올랐다는 데서 유래한다.

1) 녹두(Mung beans)

안두(安豆) · 길두(吉豆)라고도 하며, 따뜻한 기후의 양토(壤土)에서 잘 자란다. 꽃은 노란 색으로 8월이면 잎겨드랑이에 몇 개씩 모여서 피지만, 3~4쌍만이 열매를 맺는다. 길이는 5~6cm이고 한 꼬투리에 10~15개의 종자가 들어 있다. 종자는 녹색이 많으나, 노란색, 녹색을 띤 갈색, 검은빛을 띤 갈색도 있다. 전주비빔밥의 고명으로 사용하는 황포묵은 원래는 황녹두로 만들었으나, 지금은 청녹두가루에 치자물을 들여 사용한다. 황녹두(Yellow Mung Beans)는 노랑 녹두로 불리며, 크기와 형태는 청녹두보다 약간 크고 주머니도 길다. 2016년 슬로 푸드 선정 '맛의 방주(Ark of Taste)'에 등재되었다.

재료 및 특성

① 녹말 53~54%, 단백질 25~26%로 영양가가 높고 향미(香味)가 좋다.

② 녹두는 워낙 빨라 자라 1년에 두 번을 수확할 수 있다. 봄 녹두의 경우 4월 중순에서 하순, 가을 녹두는 6월 하순에서 7월 중순에 씨를 뿌린다. 익으면 꼬투리가 벌어져 종자가 튀기 쉬우므로 익는 대로 몇 번에 나누어서 수확한다.

③ 녹두팥(연두채)과 비슷하며, 콩이나 팥보다 생육기간이 짧으므로 보리를 수확한 뒤 씨를 뿌려도 된다.

④ 조선시대에는 귀한 옷감을 세탁할 때, 얼굴이 하얘지기 바라는 여성들이 세수할 때 사용하였다.

성분 및 효능

① 민간요법에서는 피부병을 치료하는 데 사용하고, 해열 · 해독작용을 한다.

② 혈관을 이완시켜 혈압을 낮추는 데 도움이 되는 '아르기닌(arginine)' 함량이 풍부하여 심혈관계 질환을 예방한다.

③ 철분, 칼슘, 마그네슘 등의 중요한 미네랄을 공급하여 우리 몸에 꼭 필요한 폴리페놀, 비타민 C · E 등이 항산화작용을 하여, 면역체계를 강화하는 데 도움이 된다.

④ 식이섬유와 칼륨, 철분, 비타민 B_1, 칼슘 등이 풍부해서 장내 노폐물과 유해물질 배설

을 촉진하여 암이나 동맥경화, 당뇨병 예방에 좋다.

활용요리

① 녹두로는 녹두빈대떡, 녹두죽, 녹두삼계탕, 녹두 닭죽 등의 다양한 요리와 신과병, 배피떡, 녹두찰편, 흑미찰시루떡 등 녹두 고물을 활용한 다양한 떡을 만들 수 있다.
② 녹말로는 어만두, 숭어채 등을 만든다.

2) 숙주나물(Green bean sprouts)

녹두를 시루에 담아 물을 주어 싹을 낸 나물을 굳이 숙주나물이라고 부르는 것은 조선시대 문신인 신숙주를 비하하는 의미로 알려졌다. 신숙주의 후손들인 고령 신씨와 계유정난 때 도움을 받은 가문들은 숙주나물을 녹두나물이라 부르고, 며느리나 배우자에게 녹두나물로 부르도록 가르쳤다고 한다. 이들이 시장에 가서 녹두나물을 달라고 하면 가게에서 못 알아들었다거나, 집안에서 숙주나물이라고 하다가 어르신들한테 혼났다는 이야기도 전해진다.

재료 및 특성

① 가격이 매우 저렴하여 단체급식의 식단에서 쉽게 볼 수 있고, 제사 상차림에도 올라간다.
② 줄기가 굵고 아삭아삭한 덕분에 국수나 밥 위에 올려 생으로 먹기 좋은 나물이다.
③ 라면에 넣어 먹을 때 국물이 맑아지는 효과를 볼 수 있다.
④ 빨리 상하므로 취급에 주의해야 한다.

성분 및 효능

① 무기질과 비타민을 다량 함유해서 숙취 해소에 도움이 되는 나물이다.
② 고열과 고혈압 강하에 도움이 된다.

보관법

숙주나물은 구매하면 바로 통에 넣고 숙주가 잠길 정도로 찬물을 넣은 다음, 밀봉해서 냉장고에 보관하는 것이다. 이렇게 해놓고 물을 하루에 한 번 정도 바꿔주면 며칠은 더 보관할 수 있다.

활용요리

① 데쳐서 나물로 무쳐 먹거나, 육개장처럼 푹 끓이는 탕 재료로 사용된다.
② 라멘, 쌀국수, 팟타이 같은 면 요리에 곁들이거나, 볶음요리 재료로 많이 사용한다.
③ 평안도식 만두를 빚을 때는 속재료에 삶은 숙주를 넣는다.

② 콩

서리태 부석태 장단콩

『삼국유사』, 『신농잡기』에 콩이 기록된 것을 보면 콩이 식용으로 재배된 역사는 매우 오래되었다. 중국에서는 4000년 전부터 재배되었고, 우리나라에서는 삼국시대 초기(BC 1세기 초)부터 재배되었다는 기록이 있다. 이렇게 콩은 오래전부터 우리의 식생활에 많이 사용되었다.

1) 흰콩(White bean)

메주를 만드는 데 사용하는 노란 콩으로 모양, 색에 따라 흰콩, 백태라고도 하며, 된장과 두부를 만들 때 주로 사용된다. 단백질과 수분이 풍부해 쌀에 넣어 밥을 지어 먹기도 하고, 콩장을 만들어도 좋다. 백태는 단백질과 라이신(리신, lysine) 함량은 풍부하나, 메티오닌(methionine) 함량이 적고 쌀에는 단백질 필수아미노산, 라이신 함량이 적고 메티오닌 함량이 풍부해서 백태를 섞어 밥을 지어 먹으면 영양적으로 매우 좋은 식단이 된다.

(1) 영주 부석태(Yeongju buseoktae)

소백산 자락 청정지역인 경북 영주시 부석면에서 재배하는 전통 콩이자 명품 콩이다. 일반 콩의 2배 이상의 크기로 국내에서 생산되는 콩 품종 중 콩알의 크기가 가장 굵은 콩이다. 농촌진흥청 국립식량과학원과 함께 만든 부석태는 전국에서 처음으로 토종 재래품종으로 등록하였다. 부석태는 된장, 청국장 등 전통 발효식품에 적합해서 재배 면적이 점차 증가하고 있다.

재료 및 특성

① 부석태로 만든 된장, 청국장이 일반 콩으로 만든 된장, 청국장보다 식감과 맛이 더 좋아 소비자들의 재구매율이 높다.
② 콩 작목이 품종보호로 등록된 것은 지방자치단체 중에서 영주 '부석태 1호'가 처음이다. 품종보호등록이란 신품종 육성자의 권리를 법적으로 보장해 주는 지적 소유권이다.

(2) 파주 장단콩(Paje Jangdan soybean)

민통선 청정자연을 품은 콩으로 장단이란 콩의 품종을 말하는 것이 아니라 장단 지역의 콩이란 뜻이다. 지금은 파주시 장단면이란 지명으로 그 이름을 유지하고 있지만, 한국전쟁 당시에는 경기도 장단군이었다. 장단콩이란 이름이 생긴 것은 일제 강점기인 1913년에 장단 지역에서 수집한 재래종 콩에서 '장단백목(Soybean Jangdanbakmok)'이라는 장려 품종을 선발하였는데, 한반도 최초의 콩 보급 품종이다. 1973년 교잡육종법에 의해 폐기되면서 장단백목이 유명무실해지자 지역 고유의 재래콩인 역사성과 고유성을 알리기 위해 파주 농업기술센터에서 맛의 방주(Ark of Taste)에 등재하였다.

재료 및 특성

① 현재는 '장단백목'이 재배되지 않고 대원, 태광, 황금 등 수확성이나 품질에서 더 좋은 품종이 보급되었다.
② 1990년 초 지역 경제 활성화 정책의 하나로 파주시에서 장단콩 브랜드 육성사업의 일환으로 1997년부터 임진각 광장에서 장단콩 축제를 개최한다.

(3) 인제 콩(Inje kong)

인제 콩은 고단백 식품으로 우리 식단에 영양을 더한다. 콩의 주요 생육기간인 7~8월에는 평균기온이 23.4°C이고, 생육 후기인 8~10월에는 인제 지역 일교차가 평균 12.6°C로 높은 지역이다. 이런 기후적 특성으로 인제지역에서는 단백질 함량이 높으며, 꼬투리 결실이 좋은 콩이 생산되고 있다. 농산물 지리적표시(PGI) 제78호로 등록되었다.

재료 및 특성

① 인제 콩에는 '이소플라본(isoflavone)'의 함량이 100g당 155mg으로 타 지역산 콩보다 월등히 많은 것으로 조사되었다.
② 식이섬유는 일반 콩에 25% 정도가 함유되어 있는데 인제 콩에는 33%가 함유되어 있다.

성분 및 효능

① 단백질 함량이 높아 포만감이 생겨 식사량이 줄어 비만 예방에도 좋다.
② 장운동을 활성화해 변비 예방에도 탁월한 효과가 있다.
③ 신진대사를 원활하게 해 얼굴 혈색을 좋게 한다. 마늘과 같이 삶아 먹으면 기침을 멎게 하는 데 효과적이다.

2) 검은콩(Black soybean)

블랙푸드의 대명사로 꼽히는 검은콩은 우리 몸에 좋은 안토시아닌 색소를 많이 함유하고 있어 시력 회복과 항암작용을 한다.

(1) 서리태(Green flesh black bean)

식물 껍질은 검은색이고 속은 파란색의 콩이다. 작물의 생육기간이 길어서 10월경에 서리를 맞은 뒤에나 수확할 수 있으며, 서리를 맞아가며 자란다고 하여 서리태라는 이름이 붙여졌다. 식물성 단백질과 지방이 매우 풍부하고, 신체의 각종 대사에 꼭 필요한 비타민 B군과 니아신(niacin) 성분이 풍부하다. 노화 예방에 좋은 '블랙푸드(black food)'의 대표적인 두류이다.

활용요리

① 서리태는 노폐물을 배출시키는 이뇨 효과가 좋아 부종이 있을 때 약으로 사용되어 '약콩'이라 부르기도 한다.

② 식초콩이다. 서리태가 잠길 만큼 식초를 붓고 밀봉해 일주일 정도 두었다가 식초는 샐러드드레싱 등 요리에 사용하고 서리태는 매일 3, 4알씩 먹으면 뱃살 제거에 도움이 된다. 식초는 감식초나 현미식초 등 건강 식초를 사용하면 더욱 효과적이다.

(2) 쥐눈이콩(Rhunchosia nulubilis, 서목태)

다른 검은콩보다 알맹이가 훨씬 작은 쥐눈이콩은 검은콩의 일종으로 쥐의 눈알같이 생겼다고 해서 이름이 붙여졌다. 서목태(鼠目太)라고도 한다. 서리태보다 알갱이가 훨씬 작다.

재료 및 특성

① 탄수화물(41.2%), 단백질(38.9%), 지질(6.9%) 등과 비타민, 다량의 무기질을 함유하고 있다.

② 알갱이는 작지만, 영양성분이 풍부해서 꾸준히 섭취하면 뼈가 튼튼해지고, 피부가 고

와져서 젊음을 유지하는 데 도움을 주는 것으로 알려져 있다.

성분 및 효능

① 가용성 식이섬유가 포도당의 흡수 속도를 조절해 당뇨 예방에도 도움을 준다.

② 안토시아닌과 함께 비타민 A가 다량 함유되어 야맹증에 좋다.

③ 해독력이 뛰어나서 체내에서 파괴된 인체조직을 빨리 회복시켜 주고, 독성을 풀어주는 역할을 한다.

④ 뇌 발달을 도와 어르신들의 치매 예방과 성장기 어린이, 수험생들이 섭취하면 좋은 콩이다.

활용요리

① 된장을 만들고, 콩나물을 기르는 데 사용된다.

② 볶은 서목태는 간식으로 그냥 섭취도 하고, 물 2ℓ 정도에 서목태를 두 주먹 정도 넣고 5분 정도 끓여 차로 마셔도 좋다.

③ 팥

| 적두 | 검은팥 | 이팥 |

우리 조상들은 액운을 몰아내기 위해 꽤 철학적이지만 합리적이기도 한 방편(方便)을 써 왔는데 그게 바로 팥으로 만든 음식이다. 그중 대표적인 게 팥죽인데 우리 역사에서 매

우 중요한 음식으로 기록되어 있다. 팥의 붉은색은 잡귀를 몰아내는 주술적 역할을 했는데 중국 고사에서부터 유래한다. 공공(共工)이라는 남자가 동짓날에 죽은 아들이 악질 원귀가 돼 마을 사람들을 괴롭히자 그는 아들이 생전에 싫어했던 팥죽을 동짓날 쑤어 원귀를 쫓았다고 한다. 이후로 팥죽은 '가신(家神)'에 올리고 가족과 함께 먹는 음식으로 전해졌다.

1) 적두(Red bean)

고려시대 이색(1328~1396)의 『목은집』과 이제현(1287~1367)의 『익재집』에 동짓날 팥죽을 먹는다는 내용의 시가 있는 것으로 보면 700여 년 전에도 대중적인 풍습이었다고 볼 수 있다. 오늘날 집들이나 개업 날 '팥시루떡'을 돌리거나, 아이의 백일상에 '수수팥떡'을 올리는 것도 액운을 쫓아내기 위한 주문이다. 특히, 팥죽이나 팥떡은 혼자 먹는 법이 없었다. 가족 혹은 이웃과 나눠 먹는 바탕에는 너의 불행이 나의 쾌락이 아니라, 주변 사람들이 무탈해야 내가 행복하다는 착한 인류애가 깔려 있었다.

재료 및 특성

① 팥에 풍부한 비타민 B_1이 신진대사를 활성화하고, 이뇨작용으로 혈관을 깨끗하게 한다.
② 열을 내리는 효과가 있어, 모유가 분비되지 않을 때 팥물을 먹게 한다.
③ 동지가 음력 11월 1~10일에 들면 '애동지', 11~20일은 '중동지', 21~30일을 '노동지'로 구분한다.
④ 우리 조상들은 팥의 빨간색이 사악한 기운을 물리치는 힘이 있다고 믿었다.
⑤ 애동지 때는 팥죽 대신 팥떡을 먹는다. 아기가 있는 집에서는 축귀(逐鬼) 음식인 팥죽을 먹으면 아기에게 탈이 난다고 여겼기 때문이다. 따라서 팥죽 대신 팥시루떡을 해 먹는 풍습이 지금까지 이어지고 있다.
⑥ 주성분은 탄수화물(68.4%), 단백질(19.3%)이며 각종 무기질, 비타민과 사포닌 등을 함유하고 있다.

성분 및 효능

① 사포닌 성분이 이뇨작용을 하고, 피부와 모공의 오염물질을 없애주며 아토피 피부염, 기미 제거, 피부미용에 사용되었다.
② 팥은 쌀의 10배, 바나나의 4배 이상의 칼륨을 함유하고 있어, 나트륨 배출로 부기를 빼주고, 혈압상승을 억제하는 데 도움이 된다.

보관법

팥에는 영양이 풍부해 벌레가 쉽게 생기기 때문에 햇빛이 잘 드는 곳에서 바짝 말려 서늘한 장소에 보관하는 게 좋다. 여름에는 밀폐용기에 담아 냉장고에 보관하는 것이 좋다.

활용요리

① 팥밥, 단팥죽, 팥칼국수, 호박범벅 등을 만들 수 있다.
② 팥시루떡, 단팥빵, 팥빙수, 팥라떼, 양갱, 호두과자, 오메기떡, 수수부꾸미, 수수망개떡, 팥아이스크림, 팥티라미수, 팥차 등의 떡과 디저트로 활용할 수 있다.

2) 이팥(A poor-grade red bean, 예팥)

우리가 지켜야 할 토종 팥이지만, 수확이 적고 재배가 까다로워 점점 사라져 가는 추세이다. 검붉은색으로 알이 납작하고 길며, 품질이 낮다. 팥장을 만드는 팥이다.

> **Tip** ▶ **팥장(Patjang)**
>
> 팥장은 "붉은팥(예팥)을 쓴다"라고 『조선무쌍신식요리제법』에 기록되어 있고, 『증보산림경제』에도 팥장과 팥고추장을 소개하고 있다. 『규합총서』에는 우리나라의 전통 장으로 밀가루로 정월에 메주를 쑤어 말려 소금물을 부어 담그며, 토종 예팥을 넣어 발효시켜서 그 맛과 풍미가 독특하다. 메주는 모양이 도넛 형태로 둥글고, 가운데 구멍을 내 바람이 잘 통하는 서늘한 곳에 두고 띄운다고 기록되어 있다. 조선 후기에 많이 만들어진 장으로 일반 된장과는 달리 쌈 채소나 익힌 채소를 찍어 먹는 전용 막장으로 콩 농사가 흉년일 때 개발된 장이지만, 풍년이 되어도 계속 담가 먹으면서 진화해 왔다. 충남 홍성 홍주 발효식품의 팥장은 맛의 방주(Ark of Taste) 제69호로 등록되어 있다.

재료 및 특성

① 선조들이 약용으로 사용하였으며, 항산화 효과가 매우 크다.

② 크기가 작고 길쭉한 모양이다.

③ 맛 자체도 일반 팥에 비해 달지 않아 차로 우려 마셨을 때 더 깔끔한 맛과 고소한 풍미를 느낄 수 있다. 종일 우려내도 맛이 변하지 않는다.

④ 일반 팥보다 비타민 B_1과 칼륨이 풍부하게 함유되어 있다.

3) 검은팥(Black small red bean)

껍질 색이 검은 팥으로 검정팥, 흑두(黑豆), 흑소두(黑小豆)로도 부른다. 붉은팥보다 껍질이 얇아 벗기기 쉬운 검은팥을 거피팥으로 부르기도 한다. 거피한 팥은 흰색으로, 떡고물이나 개피떡에 넣는 소를 만들 때 사용한다.

재료 및 특성

① 붉은팥보다 고소하고, 단맛이 더 있는 검은팥은 고급 팥으로 분류된다.

② 비타민 B_1(티아민)이 풍부해서 심혈관계 질환을 예방하는 데 아주 좋다.

③ 해독작용이 좋은 두류로 성질은 차며, 칼륨이 풍부하여 부종과 어혈을 제거한다.

④ 사포닌 성분과 '안토시아닌(anthocyanin)'의 검은 색소가 함유되어 있는데, 두 물질은 강력한 항산화물질이다.

⑤ 식이섬유가 풍부하여 혈당 상승 속도를 늦춰준다.

| 채소류(엽채류) |

① 고들빼기(Sowthistle-leaved hawksbeard)

　고들빼기는 우리나라 나물문화의 중심에 있다. 유라시아 대륙 동부 쪽에서 자생하는 식물로 만주 지역부터 한반도까지 분포되어 있다.

　『동의보감』에서는 "인삼과 상응하며 성질이 차고, 강한 쓴맛을 내므로 심장의 열을 내리는 데 탁월하다"라고 기록되어 있다. 한글명 고들빼기는 19세기 초에 맛이 쓴 풀로 번역되는 한자 '고채(苦菜)'에 대해 '고돌비'로 기록된 적이 있고, 20세기 초에 들어서 기재된 '고들 빼이'란 표기에서 유래한다. 만주 지역에서는 한자로 '고돌채(苦葵菜)'라고 표기하는데, '아주 쓴(苦) 뿌리(英) 나물(菜)'이라는 의미다.

재료 및 특성

① 특유의 쓴맛이 입맛을 돋워주고, 더위를 이기는 데 도움이 된다.
② 여러해살이풀로 잎이나 줄기를 자르면 쓴맛이 강한 흰 즙이 나온다.
③ 쓴맛을 제거하기 위해 물에 오래 담가두어도 식물체가 여전히 고들고들하다.

성분 및 효능

① 주성분은 '이눌린(inulin)'으로 매우 쓴맛이 나는데, 천연 인슐린이라고 불리며, 혈당 조

절에 도움을 주는 성분이다.

② 락투카리움, 락투신, 게르마니컴, 락투카롤, 히오스치아민 등의 특수성분들이 최면(催眠)·진통·진정 효과가 있어 심신을 안정시키는 데 도움이 된다.

③ 사포닌과 베타카로틴이 다량 함유되어 발암물질을 억제하고, 체내 독소를 배출한다. 건위작용으로 식욕을 돋우는 효능이 있으며 감기로 인한 열, 편도선염, 인후염에도 좋다.

④ 비타민, 칼륨 등은 활성산소를 제거해 노화를 예방한다.

활용요리

고들빼기된장무침, 전, 김치, 장아찌 등에 활용한다.

② 갓(Leaf mustard)

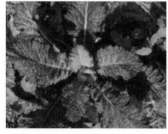
토종갓

돌산갓

돌산갓김치

갓(mustard leaf)은 쌍떡잎식물 양귀비목 겨자과(십자화과)의 한해살이풀이다. 한자로는 '개채(芥菜)' 또는 '신채(辛菜)'라고도 한다. 냉면이나 냉채에 넣어 맵고 상큼한 맛을 내는 노란 겨자가 바로 이 갓의 씨앗으로 만들어진다. 서양에서는 '머스터드(Mustard)'라 불리며 향신료로 사용된다. 갓은 동·서양 음식에 다양하게 이용된다. 배추와 흑겨자의 자연 교잡종이며, 톡 쏘는 매운맛이 특색인 채소로 그냥 먹기도 하지만 갓김치로 많이 담가 먹는다. 보통 많이 재배하는 종류는 돌산갓과 김장의 양념으로 사용하는 청갓, 홍갓, 얼청갓이다. 봄·가을 두 번 재배가 가능하지만, 대개 가을에 재배한다.

Tip ▶ 여수 돌산갓(Yeosu Dolsan mustard)

전남 여수시 돌산읍 돌산(突山) 세구지 마을에서 재배하기 시작하여 1980년대부터 돌산 전 지역에서 재배
가 이루어진다. 종자의 특성상 휴작 없이 일 년에 3~4번 수확한다. 지구온난화로 겨울이 짧아지면서 노지
월동재배가 늘어나는 추세로 겨울에도 돌산 지역의 어느 밭 가장자리에서는 갓이 자라고 있다. 여수 돌산
갓은 농산물 지리적표시(PGI) 67호, 여수 돌산갓김치는 제68호로 등록되었다.

재료 및 특성

① 갓은 봄에 파종하면 60일, 여름에는 45~50일 만에 수확한다. 늦가을에 씨앗을 뿌리면
월동을 하고, 이른 봄에 수확하는데, 90~120일 정도 소요된다.

② 한반도에서는 오래전부터 갓이 자생되어 김치나 나물로 먹어왔다.

성분 및 효능

① 매운맛을 내는 시니그린이 풍부하게 함유되어 '알릴이소티오시아네이트(allylisothiocy-
anate)'라는 성분을 생성시켜 대장의 염증을 완화하고, 위장질환을 예방한다.

② 풍부한 식이섬유가 소화 촉진에 도움을 준다.

③ 비타민 C · E, 카로티노이드 등을 함유해서 면역체계를 강화하고, 피부 건강에 도움이
된다.

④ 칼륨을 함유하고 있어, 혈압을 조절하는 데 도움을 준다.

활용요리

갓김치는 최소한의 양념이 맛을 더 잘 살릴 수 있다. 맛있게 담그려고 찹쌀풀을 쑤어 넣
고 과일, 양파 등을 갈아 넣는 게 오히려 잡균의 증식을 가져와 맛이 좋지 않을 수 있다.

③ 깻잎·들깨·들기름

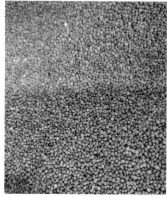

깻잎은 옛날부터 인도, 한국, 중국 등의 아시아 지역에서 재배됐으나, 식용은 우리나라가 거의 유일하다. 흔히 참깻잎과 들깻잎으로 구분되는데 분류학상 둘은 완전히 다른 종으로 우리가 일반적으로 먹는 것은 들깻잎이다. 참깻잎은 긴 타원형에 끝이 뾰족하게 생겼으며, 잎이 억세고 두꺼워 식용하지 않고, 한방에서 약재로 주로 사용된다.

1) 깻잎(Perilla leaf)

'식탁 위의 명약'이라 불릴 정도로 영양이 풍부한 깻잎은 향긋하고 부드러운 식감으로 여름철 입맛을 돋워준다. 보통 채소밭의 한 모퉁이에서 재배되고, 길가 쪽 몇 고랑에 심어서 가축들에 의한 작물의 피해를 예방하기도 한다. 충남 금산 추부깻잎은 30여 년의 재배역사와 산과 물이 잘 어우러진 청정지역에서 재배되어 향이 진하고 독특하며, 잎이 두꺼워 품질이 좋다. 전국 깻잎 면적의 총 42%를 점유하고 있으며, 2006년 GAP(Good Agricultural Practices, 농산물우수관리제도) 재배를 시작으로 농산물 지리적표시(PGI) 제76호로 등록하고, 전국 엽채류 중 최초로 금산 추부깻잎 특구로 지정되어 깨끗하고 믿을 수 있는 우수한 품질의 깻잎을 생산하고 있다.

Tip ▶ 자소엽(Perilla frutescens)

자소엽(차조기)

차조기, 차즈기, 소엽(蘇葉), 자채(紫菜), 적소(赤蘇)라고도 한다. 깻잎과 비슷하나, 전체에 자줏빛이 돌고 향이 진하다. 최근 대학에서 자소엽 추출물에서 인지력 개선 및 치매 예방 효과에 대한 논문을 여러 저널에 게재하면서 천연 치매치료제로 효과가 입증되었다. 어린잎을 쌈으로 먹고, 송송 썰어 비빔밥에 넣기도 한다. 간장이나 된장에 박아 장아찌로 담그기도 하고, 튀김이나 부각도 만든다. 열매는 익기 전에 꽃차례를 따서 장아찌를 담그거나 튀김을 한다.

재료 및 특성

① 비타민 C가 풍부하고, 광지역성 작물이라 전국에서 재배된다.

② '페릴라케톤(perillaketone)', '페릴알데하이드(perillaldehyde)' 등의 방향성분이 함유되어 독특한 향을 지니고 있다.

③ 쌈으로 사랑받는 채소로 깻잎의 정유성분이 고기의 누린내, 생선의 비린내를 제거한다.

성분 및 효능

① 시금치보다 2배 이상의 철분을 함유해 빈혈 예방 및 아이들 성장 발육에도 매우 좋다.

② 깻잎에 함유된 풍부한 엽록소는 상처를 치료하고, 혈액을 맑게 한다.

③ 함유된 정유(essential oil)성분은 생선회와 같이 먹으면 식중독을 예방한다.

④ 철분, 칼륨 등 무기질이 풍부한 대표적 알칼리성 채소로 삼겹살 기름을 중화할 뿐만 아니라 해독작용을 하고, 신진대사를 원활하게 한다.

손질법

① 깻잎의 잔털에 이물질이 부착되기 쉬우므로 한 장씩 표면을 중심으로 물에 담가 꼼꼼하게 씻는 것이 중요하다.

② 잔류한 농약성분을 제거하기 위해서는 물 1ℓ 기준 녹차 30g을 넣어 상온에서 30분간 우린 물에 깻잎을 5분간 담그고, 흐르는 물에 씻어내면 농약성분을 효과적으로 제거할 수 있다.

활용요리

① 깻잎쌈이나 깻잎부각, 김치, 조림, 장아찌 등 다양한 밑반찬으로 활용되며, 우리의 밥상에서 빠질 수 없는 채소이다.

② 밀폐용기에 차곡차곡 담아 소주를 적당히 붓고 서늘한 곳에 2~3주 정도 둔 뒤 깻잎만 꼭 짜 걸러내면 깻잎 술이 된다. 연로하신 부모님께 약술로 담가드리면 좋다.

2) 들깨(Perilla seeds)

자소(紫蘇)·일본 자소라고도 한다. 인도의 고지(高地)와 중국 중남부 등이 원산지이며, 한반도에는 통일신라시대에 참깨와 같이 들깨를 재배한 기록이 있는 것으로 보아 옛날부터 전국적으로 재배된 것으로 추측된다. 낮은 지대의 인가 근처에서 야생으로 잘 자란다. 『향약집성방』에는 '임자(荏子)' 또는 '수임자(水荏子)'라는 이름으로 기록되어 있다.

성분 및 특성

① 종자를 볶아서 가루로 만들어 양념으로 사용하기도 하고, 기름을 짜서 요리에 사용한다.

② 일반적 성분은 수분이 17.8%, 단백질 18.5%, 섬유질 28%, 비타민 B_2가 0.11%, 니코틴산 3.1%이다. 지방은 약 40%로 주로 올레인산(oleic acid), 리놀레산(linoleic acid), 소량의 팔미트산이 함유되어 있다.

활용요리

① 들깨와 흰 쌀을 물에 불려 맷돌에 갈아서 쑨 들깨죽은 어르신 식단이나 병후 회복식으로 사용된다.

② 조선시대 궁중음식의 탕요리에는 양념으로 거의 사용되었다. 1901년의 궁중음식 『의궤(儀軌)』에는 임자수탕이라는 호화로운 들깻국이 나온다.

3) 들기름(Perilla oil)

체중 감량에 기름은 적(敵)이지만, 부담없이 활용할 수 있는 것이 국산 들기름이다. 올리브유에 함유된 오메가-3, 불포화지방산이 들깨로 만든 들기름에도 풍부하다. 불포화지방산 함량이 높은 들기름은 산화가 잘 되어 냉장고에 보관하고, 채유(菜油) 이후 한 달 이내에 사용하는 것이 좋다.

④ 냉이(Shepherd's purse)

물냉이

세계 각국에 널리 분포하는 배춧과의 두해살이풀로 지역에 따라 나생이 · 나숭개 · 난생이라고도 부른다. 단백질 함량이 높고, 각종 비타민과 무기질이 많아 떨어진 기력을 회복하는 데 도움을 준다.

초봄 눈이 녹은 후 양지바른 언덕이나 공터에 흔하게 생육하는 냉이는 이른 봄을 대표하는 들나물로 독이 없고, 고유의 단맛과 향이 좋아 계절 식재료로 즐겨 먹는다.

맛의 방주(Ark of Taste)에 등재된 느쟁이냉이(Neun-jaeng-i-naeng-i)는 강원도 철원 지역 해발 800m 이상에서 자라는 냉이로 눈 속에 덮여 겨울을 나고 4월경에 수확한다.

> **Tip** **물냉이(Watercress)**
>
> 물냉이는 흐르는 찬물에서 자란다는 뜻으로, 자연이 만들어낸 가장 아름다운 녹색 식물 가운데 하나이다. 주로 생으로 먹지만, 수프에서 샐러드에 이르기까지 모든 음식에 상큼함과 다채로움을 더해 준다. 샐러드는 회향(fennel)과 발사믹 식초로만 맛을 내어도 훌륭한 맛이 난다. 일반적으로 물이 깨끗하고 맑을수록 야생 물냉이의 맛도 좋다. 유럽과 아시아가 원산지이다.

재료 및 특성

① 쌉쌀한 맛과 은은한 흙내가 특징인 채소류로 이른 봄 3월 잎이 시들기 전에 뿌리째 캔다. 가을에도 캐 먹을 수 있다.

② 야생에서 채취한 냉이가 시설재배한 냉이보다 향과 맛이 훨씬 좋다.

③ 냉이는 추운 겨울을 견디다가 딱딱한 땅속을 비집고 나오는 강인한 생명력을 지니고 있다.

④ 거친 땅에서도 잘 자라는 황무지 식물로 5~6월에 꽃이 피고, 씨앗을 맺는다. 약재로는 제채(薺菜)라고 부른다.

⑤ 일반냉이, 황새냉이, 미나리냉이, 크레송(물냉이, 워터크레스) 등으로 종류가 다양하며, 고추냉이 또한 냉이과의 채소이다.

⑥ 겨울에 추울수록 뿌리에서 나는 특유의 향이 더 강해진다.

성분 및 효능

① 냉이의 단백질 함량은 100g당 4.70g으로 높은 편이다.

② 칼슘, 칼륨, 철 등 무기질도 많아 지혈과 산후 출혈 등에 처방하는 약재로도 사용된다.

③ 잎에는 베타카로틴 성분이 풍부해 망막과 신경을 보호하며 안구 노화 방지에도 도움이 되고, 뿌리에는 콜린 성분이 함유되어 간경화, 간염 등 간 질환 예방에 도움을 준다.

④ 비타민 A와 B_1 · C가 풍부해 원기를 돋우고, 피로 회복 및 춘곤증 예방에 좋다.

⑤ 청명(淸明)효능이 있어서 눈이 피로하고, 충혈되고, 안구건조증이 있을 때 먹으면 좋다.

활용요리

① 냉이된장국은 조개나 마른 새우를 넣고 고추장이나 된장을 풀어서 끓인다. 이른 봄에 캔 냉이로 국을 끓일 때는 겨우내 영양소를 저장한 뿌리를 넣고 끓여야 제맛이 난다.

② 잎과 줄기, 뿌리까지 모두 먹을 수 있어 무침, 국, 찌개, 전 등 다양한 요리에 사용할 수 있다.

③ 나물류는 흔히 고추장으로 무치지만, 냉이는 된장과 잣을 다져 같이 무쳐도 잘 어울린다. 냉이튀김, 돼지고기를 넣은 냉이만두로 즐겨도 좋다.

④ 냉이김치와 장아찌 등으로 활용할 수 있고, 반죽에 섞어서 전을 지지거나 튀겨도 된다.

⑤ 곱창전골에 냉이를 넣으면 곱창의 불쾌한 냄새를 제거할 수 있다.

⑤ 배추(Chinese cabbage)

해남 겨울배추

배추는 우리에게 일 년 내내 필요한 채소로 중국 화북에서 한반도로 전파되었고, 고려시대 때부터 재배된 것으로 추정된다. 김치의 주재료인 배추는 무, 고추, 마늘과 같이 4대 채소 중의 하나로 영양소는 가득하지만, 겨울의 추위를 이겨낼 수 없어 수확한 채소를 오래도록 먹기 위해 소금에 절여 저장했는데 이렇게 개발된 음식이 바로 김치다. 이후 조선시대 중엽 고추가 유입되면서 우리가 매일 먹는 김치의 모습이 완성됐다. 재배시기에 따라 봄·여름·가을·겨울 배추로 구분하고 재배기간, 지역, 결구(잎이 여러 겹으로 겹쳐서 속이 드는 모양), 형태 등에 따라 분류되는 약 7가지 품종이 국내에서 재배되고 있다.

Tip ▶ 해남 겨울배추(Haenam winter baechu)

여러 종류의 배추 중에 농산물 지리적표시(PGI) 제11호에 등록된 '해남 겨울배추'가 있다. 겨울철 배추 시장의 약 80%를 점유하는 해남의 대표적 농작물로 여름배추와는 달리 풍·흉년의 차이가 없어 소비자들에게 안정적인 공급이 가능하다. 병해충이 없는 가을에 재배되어 농약을 거의 사용하지 않으며, 겨울을 이겨내기 위해 활발한 당 대사를 함으로써 당도가 높아 맛이 좋다. 또한 황토에서 재배되어 조직이 치밀하고 결구가 완벽하여 하우스 배추나 봄배추로 담근 김치보다 양이 많고 시간이 지나도 물러지지 않는다.

Tip ▶ 담양 토종배추(Damyang native cabbage)·구억배추(Gueok cabbage)

줄기가 얇고 가늘어 속이 거의 차지 않아 어린순은 봄동으로도 먹을 수 있는 담양 토종배추와 제주도 서귀포시 구억면에서 발굴된 전통 배추로 은은한 갓맛이 나는 구억배추가 '맛의 방주(Ark of Taste)'에 등재되어 있다.

재료 및 특성

① 봄·여름 배추는 싱겁고, 섬유질이 연해 저장기간이 짧다. 가을·겨울 배추는 단단하여 저장성이 좋아 김장에 많이 사용된다. 김장용 배추는 3개월 이상 노지에서 키워 섬유질이 적당하고 식감이 좋으며, 저장하기에도 좋다.
② 배추의 수분 함량은 95%로 매우 높은 편이다. 열량이 낮아 체중 감량에 좋고, 이뇨작용을 촉진해 불필요한 체내 노폐물을 배출하는 데 도움을 준다.
③ 고기나 생선구이 등을 먹을 때 배추를 같이 먹으면 장 건강에 좋지만, 대장에 질환이 있는 사람은 익혀서 먹는 것이 좋다.
④ 배추는 줄기가 하얀 채소라고 하여 '백채(白菜)'라고 불렀다.

성분 및 효능

① 식이섬유가 풍부해서 장 건강에 도움이 되고, 각종 암 예방에도 탁월한 효과가 있다.

② 배추의 풍부한 비타민 C는 신진대사와 혈액순환을 촉진함으로써 피로 유발물질인 젖산 분비를 억제해 만성 피로 해소와 기력 회복에 큰 도움을 준다.

③ 배추에는 칼슘, 칼륨, 인 등 다양한 종류의 무기질과 '글로코시놀레이트(glucosinolate)', '시니그린(sinigrin)' 성분이 다량 함유되어 대장암, 위암 등 각종 암 예방에도 탁월한 효과를 보인다.

④ 수분을 비롯해 칼슘과 칼륨, 비타민, 무기질 등의 영양소가 풍부한 배추는 푸른 잎 부분에 베타카로틴이 다량 함유되어 면역력 강화, 폐·기관지 보호에 효과가 있다.

활용요리

① 김치 외에도 국, 샐러드, 부침이나 볶음 등 다양한 용도로 활용되고 있다.

② 고기와 같이 쌈을 싸 먹으면 배추 특유의 단맛을 느낄 수 있다.

③ 충청도와 경상북도 지역에서는 배추로 전을 부쳐 먹기도 한다.

⑥ 머위·머윗대

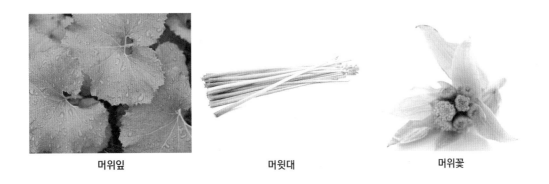

머위잎   머윗대   머위꽃

머위는 집 주변이나 산지의 응달진 빈터에 무리 지어 자란다. 꽃줄기가 먼저 올라와 피며, 꽃이 진 후 잎이 나기 시작한다. 꽃은 암수딴그루로 피는데 수꽃은 황백색, 암꽃은 흰색이다. 곰취와도 비슷하게 생겼는데 곰취는 잎에 광택이 없으며, 가장자리의 톱니가 곰취보다 밋밋하다. 꽃 생김새는 두 식물이 완전히 다르다.

1) 머위(Betterbur)

국화과의 여러해살이풀로 자생조건에 크게 구애받지 않아 전국의 들이나 밭에서 쉽게 자생한다. 눈 속에서도 꽃이 피는 머위는 '겨울꽃'으로 불리며, 어린잎과 잎자루를 나물로 먹는데 머위 잎에는 각종 비타민과 미네랄이 풍부한 알칼리성 채소로 어린 꽃도 먹을 수 있다. 위액 분비를 촉진하고, 간기능을 강화하는 머위를 술 마신 뒤 힘들어하는 남편의 속풀이를 위해 준비하면 좋다. 지역 방언으로 머구, 머우라고도 하고, 한의학에서는 '봉두채(蜂斗菜)'라고 부른다.

재료 및 특성

① 다소 쌉쌀하고 향긋한 풍미가 있어 연할 때는 구운 돼지고기와 같이 쌈으로도 먹는다.
② 잎이 다 자라면 질겨지므로 데쳐서 말리거나, 냉동 보관한다.
③ 특유의 쓴맛으로 곰취, 씀바귀와 같이 봄철 입맛을 돋워주는 나물이다.
④ 주로 어린잎이나 뿌리로 머위차를 끓여서 감기 예방 및 치료제로 사용했다. 천식, 기관지염에도 효과가 있어 진하게 달여 마시면 쓴맛은 강하지만, 효능은 매우 좋다.
⑤ 곰들도 꽤 좋아하는 식물이어서 겨울잠에서 깨면 가장 먼저 먹는 식물이 머위라고 한다.

성분 및 효능

① 머위의 폴리페놀과 베타카로틴 등 항산화성분이 풍부해 혈중 LDL 콜레스테롤 수치와 중성지방 수치를 낮춰주는 데 도움이 된다.
② 풍부한 칼륨성분은 나트륨과 노폐물을 배출해 혈액순환과 혈관 건강에 도움이 된다.
③ 철분과 엽산도 풍부하게 함유되어 있어 어지럼증이나 빈혈 예방에 도움이 된다.
④ 폴리페놀은 활성산소를 제거해 암세포의 생성과 전이를 억제하며, 통증을 완화해 주는 효능이 있다.
⑤ 비타민 A는 눈에 영양을 공급하며, 망막에 존재하는 단백질인 '로돕신(rhodopsin)'의 재생을 촉진해서 눈 건강에 도움이 된다.
⑥ 베타카로틴은 흡수되는 과정에 비타민 A로 전환되어 백내장이나 안구 질환을 예방하

는 데 좋은 채소로 알려져 있다.

활용요리

① 무침, 볶음, 장아찌, 튀김 등으로 요리하며, 잎은 삶아서 아린 맛을 제거한 뒤 쌈으로 싸 먹으면 좋다. 무침은 된장이나 고추장에 무쳐 먹는 것이 선호되며, 잎도 깻잎보다 연해서 장아찌로 해 먹어도 맛있다.

② 흑염소탕에도 넣으면 좋다.

③ 잎이 크거나 줄기가 억센 것은 데쳐서 말린 후 건나물로 만들어 먹는다.

2) 머윗대(Betterbur stems)

머위의 줄기로 8~9월의 제철 먹거리이다. 봄철에는 머위를 먹고 그 이후에는 머윗대를 먹기 시작하여 가을까지 먹을 수 있다. 머윗대는 겉껍질인 섬유질을 제거해야 하며, 큰 것이 더 잘 벗겨진다. 굵은 머윗대는 길이로 2~3등분해서 먹기 좋게 잘라준다.

재료 및 특성

① 비타민과 칼슘, 철, 인 등의 무기질이 풍부하다.

② 고기나 생선 요리의 곁들이 반찬으로도 잘 어울리며, 한정식집에서도 즐겨 먹을 수 있는 밥반찬이다.

③ 머윗대 식감은 아삭하면서 부드럽고, 영양소도 풍부해서 아이들에게도 좋은 반찬이 된다.

성분 및 효능

① 비타민 A · C · E, 폴리페놀과 같은 항산화성분이 풍부해 활성산소를 제거하고 세포손상을 억제하여 암, 심장병, 당뇨병과 같은 만성질환을 예방해 준다.

② 비타민 A가 풍부해 눈의 시력을 유지해 주고, 야맹증을 예방하는 데 도움이 된다.

③ 골다공증을 예방하는 칼슘과 빈혈을 예방하는 철분이 풍부해 뼈 건강에 도움을 준다.

④ 다량 함유한 항산화성분은 체내에서 활성산소를 제거해 세균과 바이러스로부터 몸을 보호해 준다.

⑤ 비타민 $B_1 \cdot B_2 \cdot B_3$가 풍부해 에너지대사를 촉진해서 피로 회복에 도움이 되며, 세포 대사를 활성화하는 데 도움이 된다.

활용요리

① 머윗대, 들깨볶음, 찜, 탕, 장아찌, 조림 등을 만들 수 있다.

② 나물무침은 비빔밥으로 즐기거나, 샐러드에 넣으면 상큼한 맛을 더할 수 있다.

⑦ 미나리(Water dropwort)

청도 한재 미나리

돌미나리

미나리삼겹살

미나리의 생약명은 '수근(水芹)' 또는 '수영(水英)'이라 부른다. 달큰하면서도 맵고 서늘한 성질을 가지고 있는데, 각종 비타민과 무기질, 섬유질이 풍부하여 해독과 혈액을 정화하는 알칼리성 식품이다. 『동의보감』에서도 "미나리는 갈증을 풀어주고 머리를 맑게 해주며, 주독을 제거할 뿐 아니라 대소장(大小腸)을 잘 통하게 하고 황달, 부인병, 음주 후의 두통이나 구토에 효과적이며, 김치로 담가 먹거나 삶아서 혹은 날로 먹으면 좋다"라고 기록되어 있다.

Tip ▶ **청도 한재 미나리(Cheongdo Hanjae water dropwort)**

경북 청도 한재 계곡에서 재배하는 한재 미나리가 유명하다. 물이 풍부하고 일조량이 많으며, 일교차가 크기 때문에 미나리를 키울 수 있는 천혜의 조건을 갖추고, 겨우내 시설 하우스에서 지하수로 재배한다. 2월 말부터 5월까지가 제철이다. 한재 미나리는 봄에 단 한 번 수확하는 데 줄기 끝이 유난히 붉다. 품종의 특징이 아니라 재배 환경에서 오는 것이다.

한재 계곡 주변에 미나리가 본격적으로 재배된 시기는 1980년 이후로 한두 농가가 미나리 재배로 소득이 오르자 마을 전체로 확대되어 이제는 한재 계곡 주변 전체가 미나리 재배지역이다. 청도 한재 미나리는 농산물 지리적표시(PGI) 제69호로 등록되어 있다.

Tip ▶ **돌미나리**

돌미나리는 밭에서 자라는 야생 미나리를 말한다. 일반 미나리와 영양적으로 큰 차이는 없지만, 향이 진하고 혈압 강하에 좋은 기능성 채소이다. 돌미나리에 함유된 비타민은 숙취 해소에 도움을 주며, 한의학에서는 간의 독을 풀어주는 약재로 유명하다.

재료 및 특성

① 일반 미나리는 짧고 줄기가 굵은 것이 맛이 달고 연하다. 밭미나리는 길쭉하면서 납작하게 땅에 붙은 미나리가 맛있다.

② 봄철 황사로 인한 중금속 해독, 숙취 해소에 미나리가 아주 좋다.

③ 비타민과 칼슘이 풍부하고, 입맛이 없을 때 식욕을 돋운다.

④ 미나리가 현대인들에게 건강 채소로 각광받는 것은 무엇보다 독소 해독 및 중금속 정화작용 때문이다. 복맑은탕에 미나리를 넣는 것도 복어의 독을 중화시키기 위한 우리 음식 조리법의 지혜다.

성분 및 효능

① 비타민 A · B_1 · B_2 · C가 다량으로 함유된 알칼리성 식품으로 혈액의 산성화를 막아준다.

② 단백질, 철분, 칼슘, 인 등 무기질과 섬유질이 풍부해서 혈액을 정화하고, 갈증을 없애며 열을 내려준다.

③ 성질이 차가워서 염증을 가라앉혀 급성간염과 술로 인한 간경화에 효과가 있고, 오줌을 잘 나오게 하여 간의 부하를 줄여주므로 신장·방광염으로 고생하는 사람들한테도 도움이 된다.

④ 섬유질이 풍부해서 장 운동을 촉진해 변비 예방에 좋고, 열량이 거의 없어 체중 조절에 도움이 된다.

활용요리

① 생미나리는 홍어, 가오리(간자미), 서대, 주꾸미 등의 무침에는 필수재료이고, 막걸리식초와 버무리면 특별한 맛이 난다.

② 버섯전골, 생선 매운탕, 해물찜, 두부전골, 생선찌개 등을 조리할 때 미나리를 넣는 순간 맛이 개운해진다.

③ 육회비빔밥에 넣으면 감칠맛을 준다. 큼직한 놋그릇에 따뜻한 밥과 살짝 데친 미나리 송송 썰어 넣고, 고추장·참기름으로 비벼 먹으면 입안에서 고기가 사르르 녹는다.

④ 미나리강회는 초고추장에 찍어 술안주나 반찬으로 먹는다. 사찰에서 만드는 미나리강회는 고기 대신 느타리버섯과 씨를 뺀 대추 등을 사용하는데 부드럽고 향이 상큼하다. 궁중에선 족두리 모양으로 감고, 보통 서민 가정에선 상투 모양으로 감았다.

⑧ 시래기(Dried radish greens)

무청 시래기

시래기는 '무청이나 배춧잎을 말린 것'을 뜻한다. 푸른 무청을 새끼 등으로 엮어 겨우내 말린 것으로 먹거리가 부족했던 겨울철, 각종 영양소를 섭취할 수 있는 조상들의 지혜가 담긴 소중한 먹거리이다.

오늘날에도 최고의 건강식품으로 일컫는 시래기는 특유의 구수함과 식감으로 나물, 국, 조림, 찌개 등 다양한 음식의 재료로 사용되고 있다.

Tip ▶ 펀치볼 시래기(양구시래기)

강원특별자치도 양구군 해안면 펀치볼 마을은 지대 자체가 높고, 일교차가 큰 고산 분지로 이곳에서 생산되는 시래기는 다른 지역에서 말린 시래기보다 더 부드럽고 맛이 좋아 많은 농가에서 시래기를 생산한다. 차가운 아침 서리를 맞고, 때로는 눈을 맞으며, 추운 겨울 얼었다 녹기를 반복하면서 자연 건조한다. 무를 생산하기 위해 무청이 아니라 시래기를 위한 무청을 재배하여 부드럽고, 영양성분이 잘 보존되어 있다. 펀치볼 시래기는 '양구시래기'라는 이름으로 농산물 지리적표시(PGI) 제109호로 등록되어 있다.

재료 및 특성

① 푸른 무청을 새끼 등으로 엮어 겨우내 말려서 오래 푹 삶아 찬물에 우렸다가 여러 가지 반찬을 만들어 먹는다.

② 원산지는 지중해 연안으로 그 종류가 많고, 전 세계적으로 재배된다.

③ 동북아시아 사람들이 즐겨 먹고 특히, 우리나라 사람들이 가장 많이 먹는다.

성분 및 효능

① 일반 시래기는 가을철 무를 수확하고 잘라낸 무청을 겨우내 말린 것으로, 니아신(nicotinic acid), 단백질, 미네랄과 각종 비타민, 식이섬유가 풍부하다. 식이섬유는 장내에서 수분을 흡수하여 변비를 예방하고, 장내 노폐물 배출을 도와 대장암을 예방하는 효과가 있다.

② 철분이 풍부해 빈혈 예방에 좋으며, 칼슘이 풍부해서 뼈를 튼튼하게 하는 데 도움을 준다.

음식궁합

① 고등어는 단백질과 불포화지방산이 풍부해서 시래기에 부족한 영양소를 보충하고, 시래기는 고등어의 비린내를 제거해 준다.

② 들깻가루는 불포화지방산, 비타민 E와 F가 함유되어 조리 음식의 영양성분을 배가시키며, 고소한 맛과 영양을 더해 준다.

③ 된장은 시래기 특유의 냄새를 없애주고, 각종 무기질과 비타민을 보충해 주어 훨씬 더 맛있게 먹을 수 있게 한다.

활용요리

① 말린 시래기는 부드럽게 삶아 나물로 무치거나 볶아 먹는다. 들깻가루나 된장으로 양념한 뒤 다시마 물을 자작하게 부어 조려 먹어도 좋고, 고등어를 조릴 때 같이 넣어도 맛이 있다.

② 한국인의 전통음식인 시래기된장국, 된장무침, 등갈비조림, 쌈장, 밥 등으로 다양하게 활용된다. 시래기밥은 곤드레밥과 또 다른 구수한 맛이 난다.

⑨ 시금치(Spinach)

남해초   포항초

시금치는 명아줏과의 한해살이풀 또는 두해살이풀로 높이는 30~60cm로 뿌리는 굵고 붉으며, 잎은 어긋나고 세모진 달걀 모양이다. 아프가니스탄 주변의 중앙아시아에서 재배되기 시작하여 이란 지방을 중심으로 오랫동안 재배되었다. 내한성이 강해 서늘한 봄·가을과 겨울에 잘 자라며, 이때 수확한 시금치에는 비타민 C가 더욱 풍부하게 함유되어 있다.

Tip ▶ 포항 시금치(Pohang spinach)

포항 시금치는 포항 지역의 토착 재래종으로 '포항초'로 불리면서 명성을 얻게 되었는데, 1950년대에 수도권으로 대량 출하되면서 전국으로 널리 알려지게 되었다. 브랜드 시금치의 시초라고 할 수 있는 포항초는 일반 개량종 시금치보다 길이가 짧지만, 향과 맛은 훨씬 뛰어나다. 포항의 바닷바람이 적당한 염분을 제공해 맛을 더해주고, 뿌리 부분에 흙이 쌓이도록 모래땅을 덮어줘 뿌리가 길고 강하면서 빛깔도 붉은색을 띠는 것이 특징이다. 바닷바람의 영향으로 길게 자라지 못하고 뿌리를 중심으로 옆으로 퍼지면서 자라기 때문에 뿌리부터 줄기와 잎까지 영양분이 고르게 퍼져서 일반 시금치보다 당도가 높을 뿐 아니라 저장 기간도 길다. 포항 시금치는 농산물 지리적표시(PGI) 제96호로 등록되어 있다.

Tip ▶ 남해초(Namhae spinach)

포항초와 마찬가지로 재배되는 지역의 이름이 붙여져 '남해시금치'라고도 한다. 남해의 특산물은 마늘인데, 지형의 경사가 심하고 물이 부족해서 마늘을 재배하지 못하는 지역에서 주로 시금치를 재배해 왔다. 노지에서 바닷바람을 맞으며 자라므로 포기가 땅에 붙어 퍼지며, 잎의 수가 많고 길고 넓으며 꽃대가 늦게 올라오는 것이 특징이다.
단맛이 많고 칼슘과 비타민이 풍부하며, 일반 개량종 시금치보다 저장성이 뛰어나다.

재료 및 특성

① 동양종과 서양종으로 나뉘는데 동양종은 추위에 강해 가을과 겨울에 재배되어 겨울 시금치라고 부르며, 서양종은 봄과 여름에 재배되어 여름 시금치라고 한다. 겨울 시금치는 잎이 날렵하지만, 여름 시금치는 잎이 두껍고 둥글다.
② 서양에서는 주로 어린 시금치 잎을 샐러드용으로 사용한다.

성분 및 효능

① 시금치는 3대 영양소뿐 아니라 수분, 비타민, 무기질 등을 다량 함유한 완전식품이다.

② 시금치의 엽산은 뇌기능을 개선하여 치매 위험을 낮춰주며, 세포와 DNA 분열에 관여해 기형아 출생 위험을 낮춰주어 가임기 여성, 임산부에게 효과적인 채소이다.

③ 시금치의 붉은색 뿌리에는 인체에 해로운 요산을 분해하여 배출하는 구리와 망간이 다량 함유되어 있어 잎과 함께 섭취하는 것이 좋다.

고르는 법

용도에 따라 무침용 · 국거리용으로 구분할 수 있는데 무침용은 길이가 짧고 뿌리 부분이 선명한 붉은색을 띠는 것이 좋으며, 국거리용은 줄기가 연하고 길며 잎이 넓은 것이 좋다. 잎이 건조하거나 황갈색으로 변한 것은 질소의 함량이 낮아 신선도가 떨어지는 것이다.

활용요리

① 무침, 국을 끓여서 많이 먹으며, 샌드위치와 샐러드에도 활용된다.

② 죽, 겉절이, 잡채, 파스타, 김밥, 비빔밥 등으로 다양하게 활용한다.

⑩ 배초향(Korean mint, 곽향·방아잎·방아풀)

배초향은 전국 각지의 산과 들, 계곡의 습기 있는 곳에 자생하며 방아잎, 중개풀, 방아풀 등으로 불린다. 옛날부터 민가에서 봄부터 가을까지 어린잎을 식용해 왔다. 깻잎과 비슷하게 생겼으나 배초향이 깻잎보다 갸름하며 잎의 꼭지 부분이 보랏빛을 띠고 있어 쉽게 구분할 수 있다. 우리나라를 대표하는 토종 허브는 배초향이라고 할 수 있다.

요즘은 건강식품으로 반응이 좋고 맛도 향도 독특해 '한국의 고수'라고도 불린다. 배초향, 곽향은 생소해도 방아풀·방아잎이라는 식물명은 낯설지 않다.

다른 풀의 향을 다 밀어낼 정도로 향이 강해서 붙여진 이름이 '배초향(排草香)'이다. 죽어가는 사람도 살린다 해서 '원명초(延命草)'라는 이름으로도 꽤 유명하다.

재료 및 특성

① 들깻잎 향에 가까운 독특한 향이 있고, 늦여름에 자주색 꽃이 핀다. 경상도 사람들이 즐겨 먹는다.
② 생약명으로 곽향(藿香)이라 부르며, 건위제 등으로 사용한다.
③ 방아라고 부르는 식물의 잎으로 독특한 향이 나서 향신료로 사용되어 식욕을 돋우는 재료이다.

성분 및 효능

① 배초향에는 강력한 항산화물질 '로즈마린산(Rosmarinic acid)' 성분이 풍부하게 함유되어 우리 몸에 쌓여 있는 각종 유해물질들을 제거하고, 관련 질환을 예방한다.
② 한의학에서는 소화장애에 방아잎을 먹으면 소화를 촉진한다고 전해지며, 체중 감량할 때 부족한 비타민과 무기질을 보충할 수 있다.
③ 감기 예방과 개선으로 방아잎을 달여서 복용하면 열을 내려주며, 두통이 있는 감기에 특히 효과가 있다.
④ 히스타민의 분비를 막아주고, 강한 항염효과로 폐 염증을 억제해 폐 건강을 지키는 데 도움을 준다.
⑤ 활성산소를 제거하고, 신경세포가 손상되는 것을 막아 뇌세포 파괴를 방어해 준다.

활용요리

① 5~8월경 채취한 어린싹과 잎은 부드러워 누구든지 생으로 먹을 수 있다. 싱싱한 잎을 따서 상추에 한두 잎씩 얹어 먹으면 밥맛이 좋아져 잃었던 식욕이 되살아난다.

② 약간 억세진 잎도 살짝 데쳐 우려낸 다음 잘게 썰어서 비빔밥이나 잡채밥에 조금씩 향신채로 넣으면 그 독특한 향취에서 풍미를 느끼게 된다.

③ 쪄서 쌈밥에 올려 먹거나 나물 요리, 장어탕·매운탕·감자탕·추어탕 등에 넣어 잡내를 제거하는 향신채이다.

④ 전초에서 강한 향이 나므로 잘 말려서 차로 음용할 수 있으며, 생잎을 이용하여 생선 비린내를 제거하거나, 육류 요리 시 냄새를 없애는 데 사용할 수 있다.

⑤ 국, 된장국, 부침개, 나물, 무침 등으로 활용할 수 있다.

⑪ 방풍·갯방풍

갯방풍 재배   갯방풍

막을 방(防), 바람풍(風)을 쓰는 방풍(防風)이라는 이름은 풍질(風疾)을 막는다는 뜻에서 유래되었고, 갯방풍·갯기름나물·병풀나물과 진방풍·산방풍·목방풍이라고도 불린다. 민간요법에는 풍증을 치료하는 데 가장 필요한 약재로 알려져 있고, 바닷가 모래에서 잘 자라는 식물로 특유의 향과 쌉싸름하면서 달콤한 맛을 지닌 나물이다. 허준의『동의보감』에는 한약재로 "36가지 풍증을 치료하는 데 두루 쓴다". 허균의『도문대작』에는 "방풍죽은 강릉의 방풍으로 한 것이 제일 좋다"며, "그 단맛과 향이 3일이 지나도 없어지지 않는다."고 했다. 18세기의 『산림경제』와 『해동농서』, 『임원경제지』 등에도 방풍으로 기록되어 있다.

1) 방풍(Coastal hogfennel, 갯기름나물)

남부지역 바닷가의 토양이 좋은 곳에 주로 분포하는데, 바위 해안의 바위틈에서 자라는 식물로 뿌리는 한약재로 사용되며 식방풍(植防風)이라고 한다. 잎과 줄기(푸른 줄기)는 우리가 흔히 먹는 방풍나물은 갯기름나물이라고도 불린다. 잎이 두꺼우면서 3개로 갈라지고, 불규칙한 톱니 모양이며 잎과 뿌리에는 향이 있다. 가을부터 흰색의 꽃이 피며, 꽃이 진 후에는 꽃줄기가 고사한 채로 남아 있다.

재료 및 특성

① 여수 금오도는 우리나라 방풍나물의 최대 주산지로 90% 이상 생산된다. 온난한 기후와 강한 해풍으로 향이 진해서 맛이 좋다.

② 어린순은 식감이 좋고 향긋한 맛이 좋아 주로 나물로 먹고, 뿌리는 진통·발열·두통·신경마비 등을 완화하는 약재로 사용한다.

③ 칼륨이 매우 풍부하고 칼슘과 인, 철분 등의 무기질이 다량 함유되어 있다.

④ 4월에 어린순을 채취해서 식용하는 것이 가장 맛이 좋다.

성분 및 효능

① 비타민 B군과 베타카로틴이 풍부해 감기, 두통, 발한, 거담 등의 증세에 좋다.

② 단백질과 식이섬유가 풍부하고, 유기산과 임페라토린, 프소랄렌, 베르갑텐 등의 정유성분 또한 풍부하게 함유되어 있다. 특히 뿌리에는 쿠마린, 퓨세다놀, '움벨리페론(um-belliferone)' 등의 정유성분이 함유되어 항균작용을 하며, 염증 억제와 발한, 해열 증세에 도움이 된다.

③ 황사 등 미세먼지와 중금속 배출을 돕고 해독작용을 하며, 근육통에도 효과적이다.

④ 신경성 스트레스를 완화해 불면증과 피부질환 치료에 도움을 준다.

⑤ 우리 몸의 염증 매개체인 '사이토카인(cytokine)'을 억제하는 성분이 있어 염증 관련 질환에도 효과가 있다.

활용요리

① 방풍훈제오리볶음, 방풍들깻가루볶음, 방풍쑥전, 방풍죽, 무침, 튀김, 장아찌, 샐러드 등 다양한 요리로 활용할 수 있다.
② 말려서 묵나물을 만들어 먹거나, 말린 후 가루를 내어 반죽 등에 사용하고, 설탕에 절여 효소를 만들어 두고 사용하면 좋다.

2) 갯방풍(Glehnia littoralis, 해방풍)

바닷가에서 자란다고 해서 '해방풍(海防風)', '빈방풍', '해사삼'이라고도 한다. 국내 바닷가 모래땅에서 흔히 볼 수 있는 식물로 줄기(붉은 줄기)와 잎은 나물로 먹을 수 있고 뿌리는 말려 해열 · 진통제로 사용된다. 동해안에서만 자생하는 미나리과 식물로 독특한 향과 맛을 지닌 고급 나물이다. 뿌리는 사삼(沙蔘)을 닮은 약재다. 옛날에는 주로 약용 식물로 사용했으나, 지금은 특유의 쌉싸름한 맛이 있는 엽채류로 '맛의 방주(Ark of Taste)'에 등재되어 있다. 단단하고 향이 풍부하지만 식감은 부드럽고, 맛은 깔끔하다. 과거에는 흔한 식재료였으나 항구, 방파제, 해안도로 등의 산업화와 해수욕장이 개발되면서 보기가 힘들어졌다.

재료 및 특성

① 경북 울진에서 약용채소의 특화작목으로 육성하고 있으며, 기능성 채소로서의 소비 확대를 하고 있다.
② 갯방풍은 잎이 작고, 미나리 향이 나며, 씹을수록 단맛이 배어난다.
③ 한방에서 방풍과 효능이 같아 방풍 대용으로 사용하며 중풍, 신경안정, 해열 작용에 뿌리를 이용해 온 약용작물이다.
④ 4~5월에 잎과 줄기를 수확해 쌈과 나물로 먹고, 뿌리는 가을에 수확해 한약재로 사용

하고 있다.

성분 및 효능

① 중풍과 감기, 관절통 치료에도 효능이 있는 것으로 알려졌다. 갯방풍에 함유된 베타카로틴 성분은 눈 건강에 도움이 된다. 컴퓨터나 스마트폰의 사용으로 인한 시력 감퇴나 노안을 예방하고, 안구건조증 개선에도 도움이 된다.

② 방풍에는 '쿠마린(coumarin)' 성분이 풍부하게 함유되어 있으며 비타민, 미네랄 성분도 함유하고 있어 체내에 쌓여 있는 각종 중금속과 독소를 배출하는 작용을 한다.

③ 봄에 미세먼지와 황사로 인해 체내에 쌓이게 되는 각종 유해물질을 배출하는 데 도움이 된다.

④ 항바이러스 성분인 '헤스페리딘(Hesperidin)'이 함유되어 감기 예방에 도움이 되며, 기침과 가래를 가라앉히고, 노폐물 배출에 도움이 된다.

활용요리

① 갯방풍 잎은 쌈채소로 그냥 먹어도 되고, 장아찌나 나물로 무쳐 먹어도 특유의 은은한 향과 맛을 느낄 수 있다.

② 된장찌개에 듬뿍 넣으면 된장의 잡내를 제거해 주고, 나트륨 배출을 도와준다.

③ 갯방풍 버무리와 전도 입맛을 돋워준다.

④ 문어를 넣어 끓인 갯방풍죽은 치유 음식으로 분류된다.

⑫ 아욱(Curled mallow)

아욱은 잎이 부드럽고 장운동을 활발하게 하여 '부드럽다'라는 뜻의 불어에서 유래되었다. 열대 기후에 생육이 왕성해서 여름 기온이 높은 인도와 서부 아시아 및 유럽 지역에서 재배·보급되기 시작하였다.

중국에서는 '채소의 왕'이라고 불릴 정도로 영양소가 풍부한 채소이다. 특히 칼슘이 풍부해서 성장기 아이들 발육에 좋고, 식이섬유가 풍부해서 변비 해소에 효과적이다. 우리나라에서도 "가을철 아욱은 사립문을 닫고 먹는다"는 속담이 있을 정도로 맛과 영양소가 뛰어난 채소다. 시금치보다 칼슘, 인, 베타카로틴이 2배 이상 함유되어 있으며, 연한 것이 맛이 더 좋다.

재료 및 특성

① 씨앗인 '동규자'는 한의학에서는 이뇨작용에 도움을 주는 약재로 사용된다.

② 항산화물질인 '베타카로틴'이 풍부하게 함유되어 활성산소를 억제하고, 면역기능을 조절하여 우리 몸을 건강하게 해준다.

③ 찬 성질을 가진 엽채류로 몸에 열이 많고, 갈증을 많이 느끼는 사람에게 좋다.

④ 맛이 달고 독성이 없으며, 소화를 돕는 기능이 탁월하다.

⑤ 봄부터 가을까지 매일 베어도 계속 자라서 흉년에 대비할 수 있었다. 아욱이 주는 영양분도 풍부한데 잘 자라기까지 하니 먹거리가 부족한 시절에 효자 노릇을 했다.

⑥ 산모의 모유 분비를 촉진하고, 부기 제거에도 좋지만, 임산부는 유산할 위험이 있으므로 피하는 것이 좋다.

성분 및 효능

① 비타민 A는 베타카로틴의 전구물질로 우리의 눈 건강에 도움을 주는 성분으로 아욱 100g만 섭취해도 비타민 A 하루 권장량의 160.3% 이상이라고 한다.

② 채소지만 단백질과 칼슘 함량이 우수하다. 성장기 어린이나 어르신들은 채소를 통한 단백질 보충이 가능하다.

③ 어르신들이 소화가 잘 안 될 때 아욱죽을 드시면 속도 편하고, 영양소도 충분히 공급되어 기력 회복에 도움이 된다.

④ 풍부한 식이섬유는 장 건강은 물론 변비·숙변 제거에 도움을 준다.

⑤ 열로 인한 피부발진에 좋고, 과음 후에 먹으면 알코올 해독작용을 한다.

손질법

줄기가 아주 억센 것은 다듬어서 버리고 줄기를 윗부분에서 꺾어 얇은 껍질을 벗겨낸다. 잎이 연한 것은 그대로 사용하고, 잎이 크고 두꺼운 것은 소금 한 큰술을 넣은 물에 담가 푸른 물이 나오도록 치댄 후 찬물에 2~3번 헹구어 풋내와 쓴맛을 제거하고 사용한다.

활용요리

① 된장국, 나물 등의 재료로 사용되는데 어떻게 먹어도 가을 아욱은 맛있다.

② 찬 성질이라 아이들이 열이 나고 먹는 것을 힘들어 할 때 아욱죽을 먹이면 열을 내리는 데 도움이 된다.

⑬ 쑥(Mugwort)

쑥인절미   쑥갠떡

양지바른 곳에서 높이 1m 정도로 자라는 여러해살이풀로 전체가 거미줄 같은 털로 덮여 있고 땅속줄기가 옆으로 뻗으며 자란다. 어린순을 식용하고 성숙한 것은 약용한다. 척박한 환경에서도 이름처럼 쑥쑥 잘 자라고, 쉽게 구할 수 있어서 식용·약용으로 널리 사용된다. 약간 쓴 독특한 향과 맛이 나는데, 이른 봄에 수확한 어린 쑥 순이 향과 맛이 우수하다. 여름에서 가을까지 무성하게 자라지만 너무 억세고 향도 지나치게 강해서 음식으로 먹기는 적합하지 않다. 쑥의 농산물 지리적표시(PGI)에 인천광역시 강화 약쑥(제16호)과 전남 여수시 거문도의 쑥(제85호)이 등록되었다.

> **Tip** ▶ **제비쑥떡(Jaebissuktteok)**
>
> 제비쑥떡은 1000년의 역사를 지닌 떡으로 전남에서 즐겨 먹었다. 제비쑥은 일반 쑥처럼 흔하지 않아 밭두렁이나 논두렁에서 봄 내내 조금씩 뜯어 말린 것을 모아 설날에 떡을 해 먹는다. 일반 쑥떡보다 쫄깃하며 향도 좋아 맛이 있고, '맛의 방주(Ark of Taste)'에 등재되어 있다.

재료 및 특성

① 말려서 뜸을 뜨는 데 사용하기도 하고, 태워서 모기를 쫓는 데 사용하기도 하였다.

② 상처가 났을 때 쑥을 찧어 발라서 초기감염을 막는 민간요법도 있다.

③ 식물계의 완전체로, 한국인의 생활과 밀접한 식물이다.

④ 일본 히로시마에 원자폭탄이 떨어져 도시가 잿더미가 되었을 때도 쇠뜨기, 협죽도와 같이 쑥이 돋았다고 한다.

⑤ 쑥은 약용 가치가 있는 성분들이 다량 함유되어 있어 동서고금을 막론하고 약초로 널리 사용된다.

⑥ 초토화된 상황을 일컬어 '쑥밭' 혹은 '쑥대밭'이라고 하는데, 초토화된 곳에서 가장 먼저 나는 것이 쑥이기 때문이다.

활용요리

① 초봄에 어린순은 된장국을 끓이거나, 떡이나 차를 만들 수 있고, 다시마 국물에 도다리를 넣어 쑥국을 끓여 먹으면 봄철 특식이 된다.

② 쑥을 끓는 물에 살짝 데쳐 물기를 짠 후 잘게 썬 다음, 쌀 한 컵에 다진 쑥 한 큰술 정도 넣고 소금으로 살짝 간해서 밥을 짓는다.

③ 쑥을 믹서에 간 물이나, 밭쳐낸 물로 죽을 쑤어도 맛과 향을 모두 즐길 수 있다.

④ 쑥멸치전도 재미있는 요리다. 쑥을 듬성듬성 썰고, 잔멸치를 갈아 섞으면 아이들 간식으로도 좋고 맥주에 곁들이기에도 알맞다.

⑤ 쑥갠떡, 쑥인절미 등 떡에 넣어도 좋고, 쌀가루와 버무려 쑥버무리를 쪄 먹기도 한다.

| 근채류 |

① 무(Radish)

1) 천수무

천수무는 동치미 전용 무이다. 일반적인 무보다 크기가 조금 작고, 전북특별자치도 부안과 경기도 포천 지역에서 많이 재배한다. 천수 무를 동치미 무로 많이 사용하는 이유는 조직이 단단해서 아삭한 식감과 시원한 맛이 일품이기 때문이다.

재료 및 특성

① 천수무로 동치미를 담그면 무 자체가 잘 무르지 않아 저장성이 좋고, 오랫동안 신선하게 동치미를 먹을 수 있다.
② 단맛이 일반 무보다 더 좋아 익을수록 동치미 맛이 좋아진다.

성분 및 효능

① 천수무는 칼슘이 풍부하여 골다공증이 걱정되는 중·장년층이 뼈 건강관리를 위해 꾸준하게 섭취하면 좋고, 성장기 아이들에게도 좋은 채소이다.
② 항산화성분이 풍부해 노화 예방에 좋고, 숙취로 고생하는 분들이 간 건강을 위해 챙겨 먹으면 좋다.
③ 식이섬유가 풍부해서 배변 활동에 도움을 주고, 장 건강에도 좋은 채소로 알려져 있다.

2) 게걸무

| 게걸무꽃 | 게걸무 꼬투리 | 게걸무 |

게걸무는 토종 무의 일종이다. 줄기가 위로 뻗지 않고 옆으로 퍼진다. 일반 흰 무보다

수분 함량이 적어 더 단단하며, 매운맛도 더 강하다. 경기도 여주와 이천 등지에서만 재배되는 토종 무로 게걸스럽게 먹을 만큼 맛있다고 하여 게걸무라고 불리었다. 고려시대 때부터 우리 선조들이 즐겨 먹었던 무로 한의학에서는 '나복(羅葍)', 씨앗은 '나복자(羅葍子)'라고 한다. 나복자는 고려 『향약구급방』에 "천식에는 나복자 만한 게 없다"고 기록되어 있다. 5월이 되면 게걸무꽃이 본격적으로 피기 시작하는데 분홍색의 무꽃은 보기가 쉽지 않다. 2014년에 이천 게걸무가 '맛의 방주(Ark of Taste)'에 등재되었다.

재료 및 특성

① 일반 무보다 칼슘 3배, 칼륨 2배, 마그네슘 함량이 2배가량 높으며, 특히 피로 회복에 도움을 주는 티아민 성분이 10배 이상 높다.

② 일반 무에 비해 크기가 ⅓ 정도로 작고, 잔뿌리가 많으며 수분 함량이 낮다.

③ 3월에 종무를 심고, 6월에 씨를 수확해서 착유하고, 남은 씨앗은 8월에 심어 11월에 종무를 수확한다. 일반 무보다 모양이 뭉툭하고, 익을수록 단맛이 나는 무라서 수확 후 이듬해 5월까지 먹는다.

④ 게걸무 시래기는 일반 시래기보다 훨씬 부드러우면서 '베타카로틴' 함량이 약 30배 많다. 또한 비타민 C가 100g당 75mg으로 감귤보다 약 1.7배 더 풍부하게 함유되어 있고 칼슘도 우유 한 컵(200ml)의 칼슘 함유량보다 2.5배가량 많다.

⑤ 게걸무 씨앗을 압착해서 만든 생기름은 경기도지사 인증 G마크를 획득하여 출시되었는데 미세먼지와 각종 공해가 심해지는 요즘, 기관지와 비염에 탁월한 효능이 있다고 알려지면서 주목받고 있다.

성분 및 효능

① 게걸무에 함유된 '시니그린' 성분이 맵고 알싸한 맛을 낸다. 꾸준히 섭취하면 결장암을 예방할 수 있다.

② 게걸무 씨앗에 함유된 불포화지방산, 리놀레산, 알파-리놀렌산, 비타민 E, 아연, 철분 등은 기침을 유발하는 염증을 완화하고, 기관지 점막을 보호한다.

③ 한의학에서는 게걸무, 뿌리, 무청의 효능이 '나복자'의 효능과 비슷하다고 말한다.

일반 무와 게걸무의 성분 비교 (단위 : 100g)

구분	일반 무	게걸무
단백질	1.0g	2.3g
칼슘	26mg	42mg
칼륨	257mg	426mg

출처 : 농촌진흥청 국립농업과학원

활용요리

게걸무로 만든 김치, 말랭이, 고등어시래기찜, 조청찜, 전, 장아찌 등이 있다. 게걸무김치를 할 때 매실청을 약간 넣으면 맛을 부드럽게 하고 단맛이 난다.

3) 순무(Turnip)

인천광역시 강화군의 강화 순무는 겨자과의 한해살이 또는 두해살이 풀로 중국에서 보급되어 삼국시대부터 재배된 것으로 알려져 있다. 이름은 무이지만 식물학적 계통으로는 배추에 가까워 겉모양으로 봐서는 구별이 쉽지 않다. 잎사귀가 무처럼 길쭉한 게 있고, 배추처럼 넓은 것도 있다. 맛도 무같이 시원하고 달콤한 맛이 나고, 배추 뿌리의 알싸한 향이 나기도 한다. 순무는 전 세계에서 모양과 색깔이 다양한 종류가 재배된다. 래디시도 순무의 한 품종이다.

재료 및 특성

① 강화 하면 순무를 떠올릴 만큼 브랜드 경쟁력도 있지만, 비싼 가격으로 인해 아직 대중적이지는 않다. 순무는 무에 비해 크기가 작아 단위면적당 생산량이 무의 1/5 정도이다. 농가 입장에서는 무보다 5배는 비싸게 판매해야 생산성이 있지만, 소비자들은 무의 5배의 돈을 주고 순무를 구매한다는 것이 쉽지 않은 일이다.

② 네 장의 노란 꽃잎을 단 꽃이 줄기 끝에 몰려 피는데, 배추꽃과 구별되지 않는다. 순무의 염색체 수는 무와 다르고 배추와 같다고 한다.

③ 겨울 채소로 인기가 높아 요즘은 하우스 재배도 많이 하고, 저장성이 뛰어나 냉장만 잘하면 2년을 두어도 괜찮다.

성분 및 효능

① 순무의 매운맛을 내는 '이소시아네이트'와 '인돌'은 항암작용을 한다.

② 순무의 수분과 무기질은 이뇨작용을 돕는다.

③ 칼륨 함량이 높고, 열량이 낮아 혈압을 낮추는 데 도움이 된다

④ 간 질환, 당뇨, 고혈압 등의 치료에 효과가 있다는 연구 결과에 근거해서 강화 순무의 가치를 식품에만 두지 않으려는 움직임이 있다.

활용요리

① 순무 깍두기는 강화의 또 다른 특산물인 밴댕이 젓갈을 넣기도 하는데, 순무의 알싸한 겨자향에 밴댕이 젓갈이 더해져 독특한 강화만의 맛을 낸다.

② 순무 동치미는 겨자향이 짙어 일반 무로 만든 동치미보다 더욱 시원한 느낌이 있다.

② 연근·연잎

연잎밥

『동의보감』에는 옛날 송나라 고관이 연뿌리 껍질을 벗기다가 실수로 양의 피를 받아놓은 그릇에 떨어뜨렸는데 그 피가 엉기지 않음을 보고, 연뿌리가 뭉친 피를 흩뜨리는 성질이 있음을 알게 되었다고 기록되어 있다.

1) 연근(Lotus root)

얕은 연못이나 논에서 재배하여 식용으로 한다. 뿌리를 이용하기 위한 품종은 3~4종류가 있는데 꽃을 관상하기 위한 것과는 다르다.

연근을 목적으로 하는 재배는 표토(表土)가 깊고 유기질이 많은 양토(壤土)나 점질양토(粘質壤土)가 적당하며, 유기질 비료를 주로 사용한다. 재배는 간단하지만, 진흙 속의 줄기를 상하지 않게 수확하려면 숙련도와 노력이 필요하다. 조선시대의 율곡 선생은 어머니인 신사임당을 여의고 오랜 기간 실의에 빠졌다가 잃은 건강을 회복해 준 음식이 '연근죽'이었을 정도로 연근은 먹거리뿐 아니라 귀중한 약재로 사용되었다.

재료 및 특성

① 뮤신(mucin)이라는 물질이 함유되어 있다. 뮤신은 당질과 결합된 복합단백질로 단백질 소화를 촉진하고, 강장·강정 작용을 한다.

② 번식은 뿌리의 선단부 2마디 정도를 심거나, 수확 시 이것을 적당하게 남겨둔다.

③ 주성분은 녹말이다. 섬유질이 풍부하고 혈당이 천천히 올라서 당뇨병에 좋다.

④ 겨울이 제철인 연근은 성질이 따뜻하고 맛은 달며, 독성이 없다.

성분 및 효능

① 생즙을 내서 마시면 위궤양, 결핵, 부인병 출혈에 효과가 좋다.

② 함유된 타닌성분은 염증을 가라앉히는 소염 · 수렴 · 지혈 작용을 하고, 단백질 응고 작용을 하여 특히 구내염에 좋다. 연근을 달여 그 물로 하루 5~6회 양치질을 하면 많은 도움이 된다.

③ 비타민 C가 풍부하여 피로 회복, 감기, 기침, 천식에 효과가 있다.

④ 아스파라긴, 티록신 등의 아미노산 함량이 풍부하고, 펙틴과 비타민 B_{12} · C 등도 풍부해 신진대사를 원활하게 해서 여드름, 기미 등에 좋다.

⑤ 평소에 잠이 잘 오지 않을 때 연근 달인 물을 마시면 숙면에 도움이 된다.

활용요리

① 조리할 때는 껍질을 벗긴 다음, 소금이나 식초를 넣은 물에 잠깐 담가 떫은맛을 제거한 후에 삶거나 튀긴다.

② 주로 정과(正果)나 조림 등에 사용되며, 아삭아삭한 식감이 특징이다.

③ 통연근을 구매해 흙을 씻어낸 후 껍질을 벗기고 얇게 썰어서 끓는 물에 식초를 약간 넣고 데쳐서 유자청, 들깻가루, 소금을 넣고 버무려 무침처럼 만들어 먹는 것을 추천한다. 유자나 사과 같은 비타민 C가 풍부한 과일은 식물성 철분의 흡수율을 30% 이상 높여주기 때문에 궁합이 매우 좋다.

2) 연잎(Lotus leaf)

연잎을 차로 가공해서 섭취하면 정서적 안정을 유도할 수 있어 '위로식품'의 소재가 되는 식재료이다. '위로식품(Comfort Food)'이란 스트레스, 우울감 등의 부정적 감정이나 정서적으로 힘들 때 심리적인 편안함과 안정감을 얻기 위해 먹는 음식이라는 의미이다.

2022년 9월 한국농수산식품유통공사가 식품시장 트렌드 보고서에 '위로식품' 시장의 발표자료에 의해 연잎의 이용가치가 부각되었다.

재료 및 특성

① 연의 잎은 뿌리 줄기에서 나와 높이 1~2m로 자란 잎자루 끝에 달린다.
② 크고 질기며 독특한 나노구조로 되어 있어 물방울이 스며들지 못하고 흘러내리는 방수효과가 있다.
③ 지름은 40cm 내외다.

성분 및 효능

① 플라보노이드, 베타카로틴 성분이 풍부하게 함유되어 있어 고혈압, 동맥경화 등의 심혈관 질환을 예방하는 데 도움을 준다.
② 연잎에는 항산화물질인 '폴리페놀(Polyphenol)' 등이 풍부하게 함유되어 있어 노화의 원인이 되는 활성산소를 제거하여 각종 질병으로부터 보호하는 역할을 한다.
③ 『동의보감』에서 연잎은 "독성을 없애고 나쁜 피를 제거하여 마음이 안정되게 해 몸을 가볍게 하며 얼굴은 늙지 않게 한다"라고 기록되어 있다.
④ 선조(先祖)들은 여름철 음식이 상하지 않도록 연잎을 천연방부제로 사용했다.

활용요리

① 연잎은 잎이 넓어서 주로 연잎밥, 연잎차, 연잎 장어구이 등으로 활용한다.
② 연잎밥은 소금 간만 해서 양념장 없이 먹는다. 이는 연잎 특유의 향을 맛보며 먹기 위해서이다.

③ 생강·강황

생강잎　　　　　　　　　　편강

생강(生薑)은 외떡잎식물 생강목 생강과의 여러해살이풀로 뿌리는 식용과 약용으로 사용된다. '새앙·새양'이라고도 하며, 동남아시아가 원산지이다. 뿌리줄기(rhizome)는 옆으로 자라고, 덩어리 모양의 다육질로 매운맛과 향이 있다.

1) 생강(Ginger)

중국에서는 2500여 년 전에 쓰촨성에서 생산되었다는 기록이 있고, 한반도에는 고려시대 이전부터 재배되었으리라 추정한다. 고려 현종 9년(1018년) 『고려사』에는 생강을 재배하였다는 기록이 있고, 고려시대 문헌인 『향약구급방』에 약용 식물의 하나로 등장한다. 우리나라에서는 꽃이 피지 않으나, 열대 지방에서는 8월에 잎집에 싸인 길이 20~25cm의 꽃줄기가 나오고 그 끝에 꽃이삭이 달리며 꽃이 핀다. 전북특별자치도 완주군 봉동읍에서 대량 생산되고, 충남 서산 등지에서 많이 재배된다. 고온성 작물이므로 발아하려면 기온이 18℃ 이상이어야 하고, 20~30℃에서 잘 자라며, 15℃ 이하에서는 자라지 못한다. 번식은 주로 뿌리줄기를 꺾꽂이한다.

재료 및 특성

① 생강은 구역감과 임산부 입덧을 단시간 내에 완화하는 효능이 뛰어나 입덧을 줄이는

데 생강을 활용하면 좋다.

② 생강의 '진저롤(gingerol)' 성분은 고추가 매운맛을 내면서 진통작용을 하는 '캡사이신 (capsaicin)'과 비슷한 효과가 있다.

③ 진저롤은 염증을 일으키는 물질(Cox-2)을 억제해 관절염을 완화해 주고, 혈전 형성을 억제하며, 혈중콜레스테롤 농도를 낮춰준다.

④ 식이섬유가 풍부해서 변비에 좋다. 혈액순환을 촉진하여 체온을 증가시키고, 감기와 기침을 예방하며, 몸을 따뜻하게 해 여성들의 생리통과 생리 불순에도 좋다.

⑤ 생강에 함유된 '디아스타아제'와 단백질 분해효소가 소화액의 분비를 자극하고 장운동 을 촉진해 구역감을 해소해 준다.

성분 및 효능

① 매운맛을 내는 '진저롤(gingerol)'과 '쇼가올'은 혈액순환이 원활해지도록 하고, LDL 콜 레스테롤 수치를 낮춰서 동맥경화와 뇌경색, 심근경색 등을 예방한다.

② 생강의 활성성분은 혈당을 안정시켜 당뇨병 예방에 도움을 주고, 혈관 벽에 쌓이는 노 폐물을 제거하여 혈관 건강을 개선한다.

③ '진저롤'과 '올레오레진(oleoresin)'이 강력한 항염작용을 하고, 매운맛이 나는 진저롤 성 분이 혈액순환을 원활하게 해서 감기 예방에도 좋다.

④ 감기로 인한 오한·발열·두통·구토·해수·가래를 치료하며, 식중독으로 인한 복통 설사, 복만(腹滿)에도 효과가 있어 생강을 달여서 차로 마시기도 한다.

활용요리

① 생강잎 부각을 만들어 먹을 수 있다. 생강잎에 찹쌀풀을 발라 통깨를 뿌려서 말렸다가 먹을 때 식용유에 튀겨낸다.

② 생강으로 차, 죽, 정과, 편강 등을 만든다. 생강에 함유된 단백질 분해효소가 소화액의 분비를 도와 구역질을 가라앉혀 먼 길 떠날 때 멀미를 예방한다.

③ 뿌리줄기(根莖, 근경)는 말려 갈아서 빵, 과자, 카레, 소스, 피클 등에 향신료로 사용하 기도 하고, 생강차와 생강주 등을 만들기도 한다.

2) 강황(Turmeric, 울금)

| 강황 | 말린 강황 | 강황가루 |

강황은 생강과에 속하는 여러해살이풀로 남아시아의 토종식물이다. 평균 기온이 20~30℃가 되고, 비가 많이 내리는 아열대 지방에서 잘 자란다.

강황의 노란색은 강황 속에 풍부하게 함유된 '커큐민(curcumin)'이라는 알칼로이드 성분으로, 옛날부터 아시아에서는 노란색의 천연염료로 사용되었다. 오늘날 커큐민의 항산화 물질 기능이 의학적으로도 연구되고 있는데, 특히 밀크시슬(Milk Thistle)처럼 간 해독에 효과가 있다 하여 일본에서는 강황이 함유된 '우콘노 치카라(ウコンの力)'라는 숙취해소제가 유명하다. 우리나라에서는 강황과 유사한 울금이 전남 진도에서 재배되고 있으며, 농산물 지리적표시(PGI) 제95호로 등록되어 있다.

재료 및 특성

① 카레의 주재료이기도 한 강황은 식용·약용 등으로 활용되고 있으며, 최근에는 강황의 효능이 알려지면서 다양한 형태의 건강식품으로 많은 사랑을 받고 있다.

② 겨자 같은 향이 나지만 매운맛도 있어 다양한 음식과 잘 어울려 많은 요리에 사용된다.

③ 향신료로서는 강황의 뿌리줄기를 물에 넣어 몇십 분간 끓여서 말린 후 가루를 내어 사용한다. 이렇게 말린 가루는 노랑을 띤 주황색에 가깝다.

④ 대체의학에서는 커큐민이란 성분이 항염작용을 하므로 운동으로 인한 부상, 관절염, 근육통 완화를 위해 사용되기도 하며 위장질환, 암 치료와 예방에 사용을 권하고 있다.

성분 및 효능

① 강황은 치매 예방뿐만 아니라 수험생이나 성장기 아이들의 두뇌 발달에 좋은 '브레인 푸드'로 사랑받고 있다.

② 강황 속 비타민·미네랄 및 산화방지제는 간 염증 수치를 낮춰주며, 간 조직의 독소 및 축적된 지방 제거를 촉진해 당뇨병 예방에 도움이 된다.

③ 강황은 콜라겐과 엘라스틴 생산을 촉진해 손상된 피부를 회복하고, 미백(whitening)에 도 효과적이다.

④ 커큐민 성분은 발암의 원인인 활성산소를 제거하는 항산화작용을 하여 전립선암, 피부암, 대장암 등의 암 예방에 도움을 준다.

⑤ 함유된 커큐민 성분은 LDL 콜레스테롤과 중성지방 수치를 낮춰주고, 혈관 속 혈전을 방지하여 고혈압, 동맥경화 등의 혈관 관련 질환을 예방하는 데 도움을 준다.

⑥ 강황은 천연 이뇨제로 인체 내 여분의 수분과 나트륨을 배출하며, 혈액을 맑게 하여 고혈압을 예방해 준다.

활용요리

① 강황 주스를 섭취하거나, 수프 및 샐러드에 넣어 먹으면 혈당수치를 현저하게 낮출 수 있다.

② 밥을 지을 때 강황가루를 넣어 강황 밥을 지으면 맛도 좋고, 건강에도 아주 좋다.

③ 고기나 생선을 요리할 때 강황가루를 넣으면 냄새를 제거하고, 담백한 맛을 낸다.

④ 발효음료나 우유가 뜨거울 때 강황가루를 넣어 간편하게 먹으면 좋다.

④ 토란·토란대

토란대   토란

'토련(土蓮)'이라고도 한다. 고온성 식물로 중부 이북지방에서는 재배가 어렵다. 재배는 비교적 쉬우며 봄에 종구(種球)를 심는다. 가뭄에는 물을 자주 주고 짚을 깔아주거나 풀을 덮어준다.

1) 토란(Taro)

알줄기로 번식하며 약간 습한 곳에서 잘 자란다. 알줄기는 타원형이며 겉은 섬유로 덮이고 옆에 작은 알줄기가 달린다. 잎은 뿌리에서 나오고 높이 약 1m이다. 긴 잎자루가 있으며 달걀 모양의 타원형으로, 수산칼슘을 함유하고 있어 생으로 먹거나 만지면 가려움증이 생길 수 있다. 가려움증 예방을 위해 식초나 소금물에 담갔다 요리를 하거나, 쌀뜨물에 삶으면 독성과 아린 맛이 사라진다. 전남 곡성 토란이 유명하여, 농산물 지리적표시(PGI)에 제108호로 등록되어 있다.

재료 및 특성

① 천남성과의 여러해살이풀이다. 주로 열대 지방에서 재배되며, 비늘과 같은 갈색 껍질로 덮인 덩이줄기 형태의 뿌리를 식용한다.
② 명절이 되면 뽀얗게 끓여 먹는 토란탕은 식이섬유소가 풍부하다. '알토란 같다'라는 말도 토란에서 유래된 말이다.
③ 영양가가 풍부해 '땅의 달걀'이라는 뜻으로 토란이라 하고, 한약명으로는 '우자', '토우'

라고도 한다.

④ 갸름한 모양의 토란은 최대 40cm까지 자라고, 속살은 흰색 또는 노란색을 띠며 군데 군데 붉은색 또는 보라색 반점이 있다.

⑤ 경상도 지방에서는 토란 뿌리를 요리한 토란탕을 잘 먹지 않는다.

성분 및 효능

① 섬유질의 일종인 갈락탄(galactan), 뮤틴(mutin) 등의 성분이 콜레스테롤 수치와 혈압을 낮춰주는 역할을 한다.

②『동의보감』에는 "소화기능을 돕고, 갈증 해소와 뿌연 소변을 맑게 해주는 데 좋다"라고 기록되어 있다.

③ 식이섬유가 풍부해 장 속의 유해물질과 숙변을 제거해 변비를 예방한다.

④ 비타민과 철분, 마그네슘, 칼슘이 풍부해서 면역력 강화와 염증 억제, 바이러스에 대한 저항력을 증진한다.

⑤ 멜라토닌 성분이 함유되어 숙면에 도움을 준다.

손질법

껍질을 벗기고 쌀뜨물에 담가 불필요한 맛성분을 제거하는 것이 바람직하며, 아린 맛이 강하므로 껍질을 벗기고 소금물에 삶아 찬물에 헹구는 것도 좋다.

활용요리

① 찹쌀가루에 찐 토란을 으깨어 넣고 반죽하여 화전처럼 동글납작하게 빚어 기름을 넉넉히 두른 번철에 지져낸 떡인 토란병을 만들 수 있다.

② 중국, 대만은 고기 요리는 물론 전병이나 만두소에도 토란을 넣고, 빵에도 빵 앙금 대신 토란을 넣는다.

③ 일본에서는 가정요리로 토란조림, 된장으로 맛을 낸 토란찜 등의 다양한 요리가 있다.

④ 토란과 논고동, 토란대, 표고버섯, 들깻가루, 쌀가루 등을 넣어 끓이는 토란찜국이 있다.

2) 토란대(Taro stem)

육개장에 빠져서는 안 될 음식 재료로 식이섬유소가 풍부하다. 잎자루가 건조하면 먹을 수 있으나, 생줄기의 경우는 떫은맛이 강하다.

재료 및 특성

① 토란대는 수프나 카레에 넣는 재료로 사용되며, 활짝 펴지지 않고 말려 있는 어린잎은 시금치처럼 요리해 먹는다.

② 토란대는 식이섬유소가 풍부하고 열량이 적어 체중 감량 시 도움을 준다.

손질법

칼로 겉의 섬유질을 벗겨내고, 가늘게 갈라서 말린다. 말린 토란대는 삶아서 물에 담가 아린 맛을 제거해야 한다.

경·인경채류

대파불고기

① 대파(Welsh onion)

뿌리부터 잎, 줄기까지 버릴 것 하나 없이 활용도가 높은 대파는 한식에서 빼놓을 수 없는 향신채소 중 하나로 면역력 강화와 체내 LDL 콜레스테롤 조절에 도움을 준다. 한반도에는 중국으로부터 유입되어 통일신라시대부터 재배되었을 것으로 추정되며, 수요가 많아 전국적으로 재배면적이 넓고, 종자의 유통량도 많다.

생대파 특유의 향이 잡냄새를 제거해서 다양한 요리의 향신채소로 사용하며, 밑 국물을 만들 때는 감칠맛과 시원한 맛을 내기 위해 뿌리 부분을 사용한다.

> **Tip▶ 진도 대파(Jindo welsh onion)**
>
> 전남 진도군의 기름진 토양에서 겨울에 첫 수확 되는 진도 대파는 추운 겨울에 생육하여 월동하는 생육 특성으로 인해 줄기가 곧다. 식이섬유의 함량이 많아 조직이 치밀하여 저장성이 우수하고, 알린(Alliin) 등의 아미노산 성분의 함량이 높아 대파 특유의 맛과 향이 진하다. 국내 전체 대파 생산량의 18%를 차지하고 있으며, 타 주산지에서 생산하지 않는 겨울철에만 수확작업을 하는 특수성으로 유명하다. 진도 대파는 농산물 지리적표시(PGI) 제61호로 등록되어 있다.

재료 및 특성

① 알싸한 매운맛과 특유의 향이 있고, 익히면 단맛이 나서 다양한 요리에 널리 사용되고 있다.

② 육류나 볶음 요리처럼 지방성분이 많은 음식에 대파를 같이 섭취하면 포화지방이 체내에 흡수되는 것을 억제한다. 또한 위장을 따뜻하게 하고, 노폐물을 배출시켜 비만을 예방할 수 있는 채소이다.

③ 인과 유황 성분이 많아 미역국에 넣으면 미역의 칼슘 흡수를 방해한다.

성분 및 효능

① 함유된 알리신은 항균작용이 뛰어나 면역력을 높여서 감기를 예방해 준다.

② 흰 부분은 담황색 채소, 녹색 잎은 녹황색 채소로 영양성분이 다르다. 대파의 잎 부분

에는 베타카로틴이 풍부하게 함유되어 노화의 주범인 활성산소를 제거한다.

③ 흰 줄기인 연백부에는 비타민 C의 함량이 높은데 사과보다 5배 많은 비타민이 함유되어 있다.

④ 알리신은 비타민 B_1의 함량이 많은 음식과 함께 섭취하면 좋고, 음식의 전분과 당분이 열량으로 전환하여 피로를 해소한다.

⑤ 대파 뿌리에 다량 함유된 알리신 성분은 혈액순환을 돕고 면역력을 높여주는 효과가 있으며, 신경을 안정시켜 불면증을 개선해 준다.

② 달래(Wild rocambol/wild chive/wild garlic)

산달래   달래   은달래

봄 향기를 듬뿍 담은 달래 향은 뿌리 쪽의 흰 뿌리에서 나온다. 파란 잎에는 향이 별로 없다. 평소에는 재배된 달래를 사용하지만, 이른 봄에 나오는 자연산 달래로 무쳐 먹어 보면 비교할 수 없는 그 맛과 향의 차이를 알 수 있다. 톡 쏘는 매운맛과 향이 있는 달래의 알뿌리는 양파와 비슷하고, 잎은 쪽파와 비슷하다. 맛이 유사한 파와 마늘은 산성식품이나 달래는 다량의 칼슘을 함유한 알칼리성 식품이다. 불교에서는 '오신채(五辛菜)' 중 하나로 달래를 꼽으며 수양에 방해가 되어 금할 정도로 원기 회복과 자양 강장에 효과가 좋다. 주로 충남 태안 지역에서 재배한다. 태안의 황토 토질이 달래의 향과 맛, 당도를 더욱 높이고, 각종 무기질과 비타민 등 영양이 풍부하다. 달래의 농산물 지리적표시(PGI)에 충남 태안 달래가 제106호로 등록되어 있다.

Tip 은달래(Wild garlic)

대부분 노지에서 재배하고 겨울에서 이른 봄까지 출하한다. 노지 재배 달래는 겨울철 낮은 기온에서는 생육이 더뎌 2월부터 수확하지만, 시설재배의 경우 10월 말부터 이듬해 3월 말까지 한 달 반 간격으로 4번까지 수확한다.

은달래는 파종과 재배 관리가 일반 달래와 비슷하지만, 수확작업이 덜 복잡하다. 알뿌리는 잎보다 조직이 단단한 편이라 수확할 때 시간 대비 많은 면적을 작업할 수 있다. 주산지는 충남 서산이며, 경기도 양평, 강원특별자치도 화천 등지에서 재배하고 있다. 화천 달래는 재배지 일교차가 커서 향이 매우 강한 것이 특징이다.

재료 및 특성

① 달래는 백합과 알리움(Allium)속 식물이다. 알리움속 식물은 알뿌리라 부르는 비늘줄기가 있고, 매운맛이 나는 식물을 통틀어 일컫는 식물로 마늘, 파, 양파, 부추 등이 있다.

② 산과 들에 자생하는 달래는 산달래, 돌달래 등으로 부른다.

③ 야생 달래는 이른 봄에 산과 들에서 자라지만, 최근에는 수요가 많아지면서 하우스 재배가 일반화되어 사시사철 맛볼 수 있는 채소가 되었다.

④ 달래는 −20℃까지 견디는 특성이 있어 노지에서 재배해도 3월까지 출하가 된다.

성분 및 효능

① 달래는 '작은 마늘'이라는 뜻의 '소산(小)'이라고 해서 마늘과 같이 양기를 돋우는 보양(補陽)작용과 기초체온을 올리는 데 효과가 있다.

② 열량이 100g당 46kcal로 적고, 비타민 A · B₁ · B₂ · C 등의 성분과 칼슘, 칼륨 등 무기질을 다량 함유하고 있다. 특히 철분은 생달래 100g에 하루 필요 섭취량의 6배가 함유되어 여성 질환 예방과 완화에 도움을 주며, 빈혈을 예방해 준다.

③ 매운맛을 내는 알리신 성분은 식욕 부진이나 춘곤증, 입술 터짐, 잇몸병 등 비타민 B군 결핍에서 오는 질병에 대한 저항력을 높여주며, 신진대사를 촉진한다.

④ 달래에 들어 있는 비타민 C는 멜라닌 색소 생성을 억제하여 주근깨와 다크서클을 예방하기도 한다.

⑤ 한의학에서는 온증, 하기, 소곡, 살충의 효능이 있어 여름철 배탈 증상을 치료하고, 종
  기와 독충에 물린 것을 가라앉힐 때 사용한다.

⑥ 비타민, 무기질, 칼슘이 풍부해서 돼지고기와 같이 섭취하면 LDL 콜레스테롤 수치를
  낮추는 데 효과가 있다.

활용요리

① 식용 부위는 땅속의 비늘줄기와 잎으로 달래 초무침, 샐러드, 달래전, 된장찌개, 국거
  리, 장아찌 등 다양한 요리에 사용할 수 있다.

② 달래는 가열 조리하면 영양소가 손실되므로 생으로 먹는 것이 좋다.

③ 마늘·사천 풋마늘·마늘종

풋마늘

마늘종

코끼리마늘

우리나라의 마늘 도입 시기에 대한 자세한 기록은 없으나, 단군신화(檀君神話)에 마늘이
등장한다. 『삼국사기(三國史記)』에 "입추(立秋) 후 해일(亥日)에 마늘밭에 후농제(後農祭)를
지냈다"라는 기록이 있어 마늘이 이 시대에 이미 약용·식용 작물로 이용되었음을 알 수
있다. 중앙아시아가 원산지인 백합과(白合科) 중 가장 매운 식물이다. 우리나라를 비롯하
여 중국, 일본, 러시아 극동(極東)지역에서 많이 재배되고 있다. 마늘은 강한 냄새를 제외
하고는 100가지 이로움이 있다고 하여 '일해백리(一害百利)'라고 부른다.

1) 마늘(Garlic)

오늘날에는 마늘의 효능이 과학적으로 밝혀져 건강식품으로 인정받고 있다. 2002년 미국『타임(Time)』지는 마늘을 세계 10대 건강식품으로 선정하였으며, 마늘은 그 자체로 먹어도 좋고 다양한 음식의 재료로 사용해도 좋은 기능성 향신료로 예찬하였다. 마늘의 농산물 지리적표시(PGI)에 강원특별자치도 삼척 마늘, 경남 남해·창녕 마늘과 경북 의성 마늘, 충북 단양 마늘, 전남 고흥 마늘이 등록되어 있다.

재료 및 특성

① 마늘의 강한 향이 누린내·비린내를 제거하고 음식의 맛을 좋게 하며, 식욕 증진 효과가 있어 향신료(양념)로 사랑받는다.

② 양파, 부추에 함유된 알리신 유사물질은 마늘의 알리신보다 느리게 분해되고 '설펜산(sulfenic acid)'의 양이 적어 활성산소 제거 속도가 마늘보다 떨어지는 것으로 추정하고 있다.

③ 지금까지 알려진 40여 종의 항암(抗癌)식품들을 피라미드형으로 배열한 결과 최정상을 차지한 것이 마늘이다.

④ 탄수화물 20%, 단백질 3.3%, 지방 0.4%, 섬유질 0.92%, 회분 13.4%를 비롯하여 비타민 B_1, 비타민 B_2, 비타민 C, 글루탐산(glutamic acid), 칼슘, 철, 인, 아연, 셀레늄, 알리신 등 다양한 영양소가 함유되어 있다.

⑤ 정력이나 원기를 보하는 강장제(强壯劑)라는 것은 고대 이집트 시대부터 알려져 있다. 기원전 2500년경에 만들어진 이집트 쿠푸왕의 피라미드 벽면에 새겨진 상형문자에는 피라미드 건설에 종사한 노동자들에게 마늘을 먹였다고 기록되어 있다.

성분 및 효능

① 마늘에 함유된 생리활성 물질인 '스코르디닌(scordinin)' 성분이 내장을 따뜻하게 하고, 혈액순환과 신진대사를 원활하게 한다.

② 마늘을 껍질째 끓는 물에 15분 정도 삶아 하루에 한 번, 식사 전에 2쪽씩 먹으면 저혈

압 증세를 개선할 수 있다.

③ 마늘 속에 함유된 단백질은 호르몬 분비를 활발하게 하여 정자(精子)와 난자(卵子)의 활성화를 돕고, 정력 증강에 효과가 있다고 한다.

④ 마늘 속에 함유된 알리신은 비타민 B_1과 결합하여 '알리티아민(allithiamin)'이라는 성분으로 바뀌면서 비타민 B_1의 흡수를 돕는다.

⑤ 효과적인 항암식품으로 꼽히는 마늘을 하루에 생마늘 또는 익힌 마늘 한 쪽(또는 반쪽) 정도를 꾸준히 섭취하면 암을 예방하는 데 도움이 된다.

⑥ 생마늘은 구워도 영양가 변화가 거의 없으며, 마늘 특유의 매운맛이 사라져 먹기에 훨씬 좋고 소화 및 흡수율도 높아진다.

활용요리

① 불린 쌀에 마늘을 잔뜩 넣어 마늘 밥을 짓는다. 마늘은 입안에서 부드럽게 무너지고 밥에 밴 마늘 향은 마늘이 주인공이 되는 밥이 된다.

② 밭마늘은 생으로 먹거나 다져서 음식에 넣어 먹고, 논마늘은 수분함량이 높아 장아찌로 이용하면 좋다.

2) 코끼리마늘(Elephant garlic)

수선화과의 한해살이 식물이며 왕마늘, 웅녀마늘, 대왕마늘, 황제마늘, 곰마늘, 무취마늘 등으로 불린다. 우리나라 토종작물로 단군신화에서 곰과 호랑이가 사람이 되기 위해 동굴 속에서 먹던 마늘이기도 하다. 식물의 키는 1m 내외로 일반 마늘보다 30~40cm 정도 더 크며, 마늘 한 톨은 일반 마늘보다 2~3배, 한쪽은 7~10배 정도 크다. 맛은 양파 및 서양대파 릭(Leek)과 비슷하다. 충남 서산, 전남 강진에서 많이 재배되고, 충남 태안, 전북 정읍, 경남 의령 등에서 일부 재배되고 있다.

재료 및 특성

① 코끼리마늘을 자른 뒤 물에 넣으면 사포닌 성분이 많이 함유되어서 거품이 많이 생기 므로 살짝만 씻어야 한다.

② 1940년대까지 재배하였으나, 이후 자취를 감췄다가, 2007년 미국이 6 · 25전쟁 시기 에 과거 한반도에서 가져간 농업 유전자원 1,600여 점을 농촌진흥청 유전자원센터로 영구 반환하면서 다시 재배되기 시작했다.

③ 알감자만큼 크며, 마늘쪽 수는 보통 6개 정도이다. 작은 크기는 3~4쪽짜리도 있다.

④ 쓴맛이 강해 코끼리마늘 조리법은 쓴맛을 제거하는 위주로 해야 한다. 에어프라이어에 조직이 물러질 만큼 푹 익혀도 쓴맛이 있고, 마늘 특유의 아린 맛은 그대로 있다.

⑤ 마늘 냄새는 나지 않아 먹어도 입에서 마늘 냄새가 나지 않는다.

⑥ 생으로 먹거나 일반적인 마늘 맛을 내는 요리에 사용하기에는 적합하지 않다.

성분 및 효능

① 일반 마늘보다 '스코르디닌(Scordinin)'의 함량이 두 배 정도 높아 자양 강장, 근육 증강, 암 예방 등을 한다.

② 알리신 함량이 높아 살균 및 항균 작용은 물론 혈액 순환, 당뇨병 등에 도움을 준다.

③ 암세포를 직접 억제하며, 전이를 막는 데도 간접적인 영향을 미친다는 사실이 확인되 었다.

활용요리

① 알싸한 맛을 제거할 수 있는 흑마늘이나 꿀마늘, 장아찌, 조림 등과 잘 어울린다.

② 튀김을 하려면, 두껍게 썰어서 튀겨낸 다음 약간 말랑할 때 먹는 게 좋다. 일반 마늘칩 처럼 바싹하게 튀기면 오히려 쓴맛이 나는데, 약간 말랑하게 튀기면 두꺼운 감자튀김 에 마늘 느낌이 섞여 있다.

③ 볶음, 수프, 스튜 등에 넣어 먹거나, 일반 마늘처럼 백숙에 넣어서 먹으면 좋다.

3) 사천 풋마늘(Sacheon green garlic)

150여 년의 역사를 지닌 사천 풋마늘은 지역 재래종으로 해풍을 맞고 자란데다가 굴과 조개껍데기 등으로 양분을 공급해 맛과 향이 독특하다. 월동 작물로 알려진 이 풋마늘은 뿌리 부분이 희고 길다. 줄기는 붉은색이 선명하게 나타나면서 조직이 부드럽고 매운맛이 강하지 않아 누구나 부담 없이 먹을 수 있어 소비자들로부터 인기를 끌고 있다. 특히 사천 풋마늘은 뿌리까지 먹을 수 있는 것이 가장 큰 특징이다. 농산물 지리적표시(PGI)에 제72호로 등록되어 있다.

재료 및 특성

① 사천시의 토양은 양토가 52.8%, 미사질양토가 40.2%로 토양 중에 석회 함량이 풍부해 칼슘의 함량이 매우 높다.

② 남해안의 해안가에 위치해 해양성 기후 지역으로 연평균 온도가 13.1℃로 대체로 따뜻하고, 일조량이 풍부해 겨울부터 봄까지 생육하는 풋마늘 재배에 최상의 조건이다.

③ 사천 풋마늘은 재래종으로 오랜 기간 사천 지역에서 적응되고, 농업기술센터의 엄격한 관리 아래 선별된 종자만을 사용하고 있다.

성분 및 효능

뼈에 좋은 칼슘 및 칼륨과 단백질의 함량이 높고, 수분이 많으며 회분, 철분, 구리, 나트륨, 아연, 셀레늄, 비타민 B_2, 니아신 등의 함량이 다른 지역 풋마늘보다 월등히 높다.

활용요리

양념이나 무침, 장아찌로 만들어 먹는다.

4) 마늘종(Garlic flower stalk)

마늘종은 꽃대가 완전히 자란 마늘의 꽃줄기를 의미한다. 마늘 속대, 마늘 싹이라고도 부른다. 마늘 특유의 매운맛은 마늘종에서도 느낄 수 있지만, 마늘만큼 냄새가 심하지 않아 볶음 요리에 좋다. '알리신(allicin)'은 '알린'이 변화한 물질로 마늘 특유의 매운맛과 냄새의 원인이 된다. '알린'은 아무런 향이 없지만, 마늘 조직이 상하는 순간 '알린(alliin)' 조직 안에 함유된 '알리나제(alliinase)'가 작용하면서 알리신으로 변화한다. 농촌진흥청 발표에 따르면 하루 120g 이하로 마늘종을 섭취했을 때 안전하게 마늘종의 효능을 발휘할 수 있다고 발표했다.

재료 및 특성

① '알리신'은 강력한 살균 및 항균작용을 하여 식중독균과 위궤양을 유발하는 '헬리코박터 파일로리균'까지 사멸시키는 효과가 있다. 또한 소화를 돕고 면역력을 높이며, LDL 콜레스테롤 수치를 낮춰준다.

② 알리신의 항균 효능은 항암효과로 이어질 수 있다. 마늘종과 궁합이 좋은 식재료에는 건새우와 멸치가 있다. 짭짤한 해산물과 아삭한 마늘종의 식감이 조화를 이루기도 하지만 영양학적으로도 상호 보완이 가능하다.

③ 마늘 효능 70%의 영양을 가지고 있으면서도 마늘처럼 맛이 자극적이지 않아 볶음이나 조림 등의 재료로 유용하게 사용된다.

성분 및 효능

① 소화를 돕고 LDL 콜레스테롤 수치는 낮춰주나, 한번에 많이 먹으면 복통을 유발한다.

② 방향성분인 유화아릴이 비타민 B_{12}의 흡수를 촉진함으로써 강장작용과 항균 및 항산화작용을 한다.

③ 비타민 C가 다량으로 함유되어 있고, 식물성 섬유소 함량도 풍부해서 동맥경화 및 암의 예방효과를 기대할 수 있다.

④ 혈액순환을 원활하게 해서 몸을 따뜻하게 하므로, 몸이 찬 사람들이 먹으면 좋다.

보관방법

마늘종은 먹기 좋은 크기로 썬 후 간간한 소금물에 1시간 이상 절인 후 흐르는 물에서 두어 번 헹궈 냉동 보관한다.

활용요리

① 마늘종은 고추장 초무침이 대표적이고 건새우, 멸치, 어묵 등과 같이 볶아서 먹기도 한다.

② 장아찌를 담글 때는 너무 짧게 자르지 말고, 길이대로 돌돌 말아서 담그는 것이 좋다.

④ 부추

| 부추 | 두메부추 | 솔부추 |

부추는 백합과에 속하며, 원산지가 중국 서부 및 북부 지방으로 알려져 있다. 우리나라에는 삼국시대 때 유입된 것으로 보고 있으나, 고려 때 편찬된 『향약구급방』에서 처음 언급되었다고 한다. 다년생 초본식물로 뿌리만 살아 있으면 4월부터 11월까지 계속 수확이 가능하고 겨울에도 웬만한 추위쯤은 거뜬히 이겨낼 만큼 생명력이 강하다. 날씨가 추운 한겨울에도 잊을 수 없어 따스한 부뚜막에 심어 먹는 채소라고 하여 '부추'라 했다고 한다.

1) 부추(Chinese chive)

불교에서 금하는 '오신채'에는 마늘, 파, 달래, 흥거와 부추가 포함된다. 산부추(sanbu-chu)를 비롯해 갯부추, 강부추, 한라부추, 두메부추 등 종류도 다양하다. 국내 최대 생산지는 경기도 양평군 양동면으로 매년 10월이면 부추 축제가 열리고 170여 농가가 매년 100억 원 이상의 부추를 생산하고 있다. 산부추는 강원도와 경기 북부에서 먹을 것이 없던 시절 이른 봄 끼니를 해결할 때 주로 먹었던 산나물로 '맛의 방주(Ark of Taste)'에 등재되어 있다.

재료 및 특성

① 표준어로는 '부추'라고 하지만, 전라도에서는 '솔', 충청도에서는 '졸', 경상도에서는 '정구지' 혹은 '소풀이', 제주특별자치도에서는 '쉐우리', 강원특별자치도에서는 '분초'라고 부르면서 각 지방의 고유명사가 되었다.

② 부추에 함유된 당질은 대부분 포도당과 과당의 단당류로 되어 있다.

③ 봄 부추 한 단은 피 한 방울보다 낫다 하여 인삼·녹용과도 바꾸지 않고, 첫 수확 부추는 아들은 안 주고 사위에게 준다고 하였다.

④ 부부간의 정을 오래도록 유지해 준다고 하여 '정구지(精久持)', 남자의 양기를 세운다고 하여 '기양초(起陽草)', 과부집 담을 넘을 정도로 힘이 생긴다고 하여 '월담초(越譚草)', 운우지정(雲雨之情)을 나누면 초가삼간이 무너진다고 하여 파옥초(破屋草), 장복(長服)하면 오줌 줄기가 벽을 뚫는다고 하여 '파벽초(破壁草)'라고 하였을 만큼 전설적인 채소이다.

성분 및 효능

① 칼슘과 철분, 칼륨, 아연, 비타민 A가 풍부해 혈액순환과 피로 회복을 돕고, 소화기능을 높여준다. 『동의보감』에서는 부추를 '간의 채소'로 분류할 정도로 간기능 개선에 탁월한 효과가 있다.

② 알리신 성분이 풍부하여 LDL 콜레스테롤 수치를 낮춰주고, 당뇨와 비만 치료에도 효

과가 있는 것으로 전해진다.

③ 봄이 제철인 부추는 달래, 마늘, 양파 등과 같이 수선화과 부추아과에 속하는 여러해
살이풀로 카로틴, 비타민 C, 철 등의 영양소가 매우 풍부하다. 알리티아민(allithiamin)
성분이 피로 회복을 돕고, 식물에는 거의 없는 타우린이 많이 함유돼 환절기 면역력을
높이는 데 좋은 채소이다.

④ 한의학적으로 부추는 구채, 부추의 씨는 '구자(韮子)'라 하여 약용한다. 부추의 따뜻한
성질은 몸이 차서 생기는 허리와 무릎 통증이나 손발 저림을 완화하고, 아랫배의 냉증
을 치료하며, 유정(遺精)을 멎게 한다.

⑤ 심근경색 등의 증상인 흉비를 없애고, 간(肝)을 해독하며, 이상지질혈증이나 혈전 등을
뜻하는 악혈(惡血)을 치료한다.

2) 두메부추(Aging chive)

두메산골에서 자란다고 하여 '두메부추'라 하고, '산구' 또는 '메부추'라고도 한다. 사람
발길이 닿지 않는 산지에서 자라고, 음식 재료보다는 약용식물로 사용되었다. 울릉도 바
닷가에 분포하는 두메부추는 일반 부추와 다르게 잎이 두껍다. 비늘줄기가 쪽파처럼 맵
싸한 맛이 나는 게 일품이고, 꽃이 아름다워 관상용으로 가치가 높다.

재료 및 특성

① 정월에서 9월까지 먹으면 약이 된다는 의미와 꾸준히 먹으면 구순까지 살 수 있다고
해서 정구지(正九芝)라고 한다.

② 야생에서 자라는 부추로 일반 부추보다 향과 색이 진하면서 맛과 영양분이 더 많다.

성분 및 효능

① 두메부추의 알리신 성분은 비타민 B_1의 흡수를 도와 우리 몸속에서 오래 머물도록 하
는 알리티아민 성분으로 변해 뇌신경과 말초신경을 활성화해 준다.

② '아릴설파이드'라는 성분이 몸속의 독소를 배출하는 작용과 항산화작용을 동시에 해줌

으로써 활성산소에 의한 손상된 세포들을 건강한 세포로 활성화시켜 준다.

③ 꽃과 전초의 모든 부분에 사포닌 성분이 풍부하게 함유되어 있어 혈관 속의 뭉친 피를 녹여 혈관을 깨끗하게 만드는 역할도 한다.

④ 유황성분이 많이 함유되어 몸을 따뜻하게 해주어 몸이 찬 사람들에게 좋다.

⑤ 두메부추를 조금 진하게 달여서 먹으면 소변량이 많아지고 부종을 내리며, 당뇨병과 가슴이 뛰거나 어지럽고 혈압이 상승하는 증상, 기관지염과 신경쇠약, 비타민 C 부족에서 오는 괴혈병 등의 증상을 개선하는 데 효과적이다.

⑥ 이질이나 구토, 위장병, 설사, 간에 병이 났을 때 두메부추 삶은 물을 수시로 마시면 호전된다.

⑦ 단백질, 지질, 탄수화물, 칼슘, 인, 철분, 비타민 A · C, 카로틴, 무기질 등이 풍부하게 함유되어 있다.

3) 솔부추(Allium senescens, 양주 부추)

피로에 지친 몸을 깨우는 천연 자양강장 식재료로 솔잎 모양의 잎을 갖고 있다 해서 솔부추라고 불리며 조선부추, 영양부추, 실부추 등으로도 불린다. 일반 부추와 마찬가지로 요리에 매콤한 맛과 산뜻한 향을 더하는 향신채소, 그리고 육류 요리의 부재료나 반찬으로도 활용된다.

재료 및 특성

① 경기도 양주시 회암동에서 전통적으로 재배되는 토종 부추로 살짝 아린 듯한 쓴쓰름한 맛과 단맛이 있다.

② 일반 부추보다 잎이 좁고 조직이 단단해서 아삭한 식감과 단맛이 난다.

③ 수확량이 일반 부추보다 적어서 가격대가 상대적으로 높다. 일반 부추는 연간 6~7회 수확하는데, 솔부추는 발아율이 낮아 2~3회 수확을 한다.

④ 일반 재래부추보다 영양성분이 뛰어나다 하여 영양부추라고 부르기도 한다.

⑤ 독특한 모양 덕분에 가격이 비싸도 인기가 좋다. 적당하게 잘라 샐러드에 넣으면 모양

이 예쁘게 살아 고급 식당에서 많이 사용한다.

⑥ 일반 부추에서 느껴지는 풋내가 없다.

활용요리

부추겉절이, 김치, 두부부추국수, 냉채, 전, 죽, 장떡, 냉국, 장아찌, 탕면, 재첩국 고명, 올갱이국, 영양탕, 오이소박이 등 각종 양념으로 사용된다. 부추의 무한변신이다.

⑤ 쪽파(Jjokpa, chives)

| 보성쪽파 | 기장쪽파 | 쪽파김치 |

쪽파는 파와 유사해 보이지만 백합과에 속한 채소로, 파와 양파의 장점을 두루 갖추고 있다. 뿌리 쪽 흰 비늘줄기 부분이 납작한 실파와 달리 둥글고, 입안이 알싸할 만큼 맵지만, 익혀 먹을 때는 훨씬 달콤해진다는 점에서는 양파와 유사하다. 대파보다 연하고 냄새가 강하지 않아 다양한 요리에서 활용되고 있다. 노지 쪽파의 주산지는 전남 보성군 일대로 해풍을 맞고 자라 맛과 향이 좋다.

기장 쪽파[Gijang jjokpa(Shallot)]

해안지역에서 재배되는 기장 쪽파는 청정 해풍의 영향으로 길이가 다소 짧고 굵기가 가늘어 고유의 향이 진하다. 기장 지역의 황토 토질이 쪽파의 향, 맛, 당도 등을 더욱 높여 신선한 상태에서는 맵지만 익혀서 요리하면 달큰한 맛을 내는 고품질의 쪽파를 생산한다. 기장 쪽파를 활용한 동래파전이 유명하다.

동래파전은 과거부터 기장군 일대에서 생산되는 특산품인 쪽파와 쇠고기, 해물 등을 얹은 다음, 찹쌀과 멥쌀을 갈아서 만든 쌀가루 반죽을 얹어 차진 맛과 깊은 맛을 낸다. 재료를 반죽에 섞는 게 아니라 불의 세기에 따라 각각 다른 재료가 맛있게 익도록 차례대로 올려 그 재료가 주는 향을 살린다. 부산 기장 쪽파는 농산물 지리적표시(PGI)에 제105호로 등록되어 있다.

재료 및 특성

① 재배하기 쉬워 가정에서도 쉽게 기를 수 있다.

② 수확시기에 따라 조생종, 중생종, 만생종으로 구분할 수 있다.

성분 및 효능

① 파와 양파를 교잡한 품종으로 칼슘과 비타민이 위를 보호하고, 빈혈과 감기를 예방한다.

② 대파보다 나트륨과 칼륨이 적지만, 식이섬유가 2배, 칼슘이 4배나 많다. 비타민 A의 함량도 높아 쪽파 100g을 먹으면 하루 필요량의 절반을 섭취할 수 있다.

③ 비타민 A는 LDL 콜레스테롤을 낮추어 꾸준히 챙겨 먹으면 성인병을 예방하는 데 도움이 된다.

④ 섬유질이 풍부해 장의 운동을 활발하게 만들어 변비를 해소하는 데 효과적이다.

⑤ 감기에 걸렸다거나 오한 등의 증세가 있는 경우에는 쪽파의 뿌리를 달여서 먹으면 도움이 된다. 매운 성질이 있는 쪽파를 섭취하면 몸이 따뜻해지면서 기력을 북돋워준다.

⑥ 쪽파는 모발이 잘 자라게 하고, 윤기를 내는 데도 효과가 있는 것으로 알려져 있다.

① 고추

홍고추   가지고추   청양고추

중부아메리카가 원산지인 고추는 오랜 옛날부터 우리 겨레가 먹어온 것으로 알고 있으나, 실제로는 17세기 초엽에 전래되었다. 『지봉유설』에도 "고추가 일본에서 유입되어 왜겨자[倭芥子]라고 한다"라는 기록이 있는 것으로 보아, 일본을 통해 우리나라에 전해진 것으로 추측된다. 김치에 젓갈류를 넣게 된 것도 고추가 보급된 이후인 1700년대 말엽에 캡사이신이 산패를 막아 비린내가 나지 않게 하기 때문으로 보인다.

고추와 고춧가루의 농산물 지리적표시(PGI)에 경북 영양 고추, 강원특별자치도 영월 고추, 충북 괴산 고추, 충남 청양 고추, 전남 영광 고추가 각각 등록되어 있다.

1) 홍고추(Red pepper)

가지과에 속하는 한해살이풀로 조선시대에는 고추를 '고초(苦草)'라고도 표기하였다. 오늘날에는 고추의 '고(苦)' 자가 쓰다는 뜻으로 사용되나, 조선시대에는 맵다는 뜻으로 사용되어 입속에서 타는 듯이 매운 고추의 특성을 나타내고 있다.

영양 고추(Yeonyang red pepper)

고추가 유명한 경북 영양 지역은 해발 1,219m 일월산 준령인 고랭지로 연평균 기온, 강우량, 지질이 좋은 품질의 고추를 생산하는 데 최적지이다. 연중 일교차가 큰 산간고랭지의 기후적 특성을 가진 지역에서 재배되어 지방 축적을 방지하는 캡사이신 함량이 많은 것이 특징이다. 또한 고추씨가 적고 과피가 두꺼워 고춧가루 가공 시 수율이 높고, 매운맛과 단맛이 적절히 조화되어 있을 뿐만 아니라, 색도도 좋아 소비자의 입맛을 충족시킬 수 있는 조건을 두루 갖추고 있다. 영양 고추의 특징은 다른 지역에서 생산한 고추보다 신미성분이 낮아 소비자 기호에 적합하며, 유리당이 많은 것으로 나타났다.

재료 및 특성

① 매운맛은 캡사이신(capsaicin) 성분으로 고추에 함유된 주요한 생체활성 식물 화합물이며, 기름의 산패를 막아주고 젖산균의 발육을 돕는 기능을 한다.
② 캡사이신의 함량은 부위에 따라 차이가 있는데 씨가 붙어 있는 흰 부분인 태좌(胎座)에는 과피(果皮)보다 몇 배나 많으며, 종자에는 함유되어 있지 않다.
③ 비타민 C가 사과보다 23배, 키위보다 4배나 더 많이 함유되어 있다.

성분 및 효능

① 비타민 A를 비롯한 캡사이신 성분이 다량 함유되어 항산화 기능이 매우 좋다.
② 혈액 속의 LDL 콜레스테롤을 배출하여 혈압 강하에 도움이 된다.

2) 가지고추(Eggplant red pepper)

가지와 고추의 교배 채소로, 보라색 채소에 풍부한 안토시아닌과 캡사이신이 함유되어 있다. 보라 고추, 미인 보라 고추 등으로도 불리며, 비타민이 풍부하다.

일반 고추보다 덜 맵고, 단맛이 강하게 느껴지나, 캡사이신 성분은 함유되어 있다.

재료 및 특성

① 껍질의 색이 가지를 연상케 하고, 햇빛을 많이 보면 색이 더 진해진다.

② 꼭지의 윗부분은 가지처럼 단맛이 난다.

③ 일반 풋고추보다 껍질은 두껍고, 씨는 적다. 겉과 속이 다른데 안쪽의 색은 연한 연두색으로 가지의 속 색깔과 같다.

성분 및 효능

① 강력한 항산화성분인 안토시아닌이 함유되어 세포손상을 방지하고, 활성산소를 제거하여 노화 방지에 큰 효능이 있다.

② 안토시아닌 성분이 암세포의 증식을 막아 피부암 · 전립선암 등 각종 암을 예방하는 데 도움이 되고, 여성들의 유방암 재발 확률을 낮추는 데 도움이 된다.

③ 칼륨 성분이 풍부해서 체내 노폐물과 나트륨을 배출시켜 LDL 콜레스테롤 수치를 낮추는 데 도움이 된다.

④ 비타민 C가 사과의 15배 정도로 많아 과일 먹듯이 먹으면 감기 예방과 피로 회복에 좋다.

② 박(Gourd)

박꽃

조롱박

박

쌍떡잎식물 박목 박과의 한해살이 덩굴식물인 박은 옛날에는 초가지붕 위에 익은 박은 풍요의 상징이었으며, 우리가 잘 알고 있는 전래동화 흥부놀부전에도 등장한다. 여름날 휘영청 달 밝은 밤 초가지붕 위에 소담스럽게 피어 있는 하얀 박꽃의 눈부신 느낌을 '월하

미인(月下美人)'이라 표현하기도 했다.

박은 전체에 짧은 털이 있으며 줄기의 생장이 왕성하고, 각 마디에서 곁가지가 나온다. 잎은 어긋나고 심장형이나 얕게 갈라지며 나비와 길이가 20~30cm이고 잎자루가 있다. 박과 식물의 꽃은 대부분 노란색이나 박은 일부 야생종을 제외하고 모두 흰색을 띠며, 보통 17~18시에 개화하여 다음 날 아침 5~7시에 시드는 것이 특징이다.

재료 및 특성

① 『동의보감』에서는 "요도를 통하게 하고 번뇌를 억제하며 갈증을 해소하고 심열을 다스리며 소장을 통이 한다"라고 기록되어 있으며, 『본초강목』에는 "갈증을 없애고 악성 종기를 잘 다스린다"라고 기록되어 있다.
② 맛이 심심하고 담백한 박은 독이 없으며, 비장과 위장을 따뜻하게 하여 기의 순환을 촉진해 준다.
③ 성질이 차가운 편이라 체액의 분비를 촉진하여 갈증을 해소하고, 열을 내려 답답함을 없애주며, 대소변이 잘 나오게 하는 효과가 있다.
④ 니아신, 당질, 단백질, 베타카로틴, 비타민 A · C · E, 식이섬유, 아연, 엽산, 철분, 칼륨, 칼슘 등의 다양한 성분들이 함유되어 있다.

성분 및 효능

① 박에는 부기 제거에 효과적인 칼륨, 시트룰린 성분이 함유돼서 몸속의 나트륨과 노폐물 배출이 잘 되도록 도와 고혈압 및 심혈관계 질환을 예방한다.
② 칼슘이 함유되어 성장기 어린이들의 치아 형성과 골격형성 및 성장발육에 도움이 되고, 여성들의 골다공증을 예방해 준다.
③ 엽산과 철분이 함유되어 헤모글로빈의 농도가 부족해서 발생할 수 있는 빈혈 예방에 도움이 된다.
④ 식이섬유가 함유되어 장의 운동을 활발하게 하고, 음식물의 흡수와 배설작용을 촉진해 주어 변비 예방과 개선에 효과적이다.

⑤ 비타민 C 성분이 콜라겐 생성을 촉진하고, 피부를 검게 만드는 멜라닌이 피부에 침착하는 것을 방지한다. 또한 깨끗한 피부를 유지하게 하고, 활성산소를 제거하는 항산화 효과가 있어 노화를 예방하여 피부미용에 도움이 된다.

⑥ 비타민 C를 다량 함유하고 있어 피로 회복과 면역력 증진에 도움이 되고, 혈액순환과 신진대사를 촉진하여 감기나 외부에서 유입되는 바이러스와 질병 등으로부터 면역력을 증진해 준다.

활용요리

① 박은 토속적인 과채류로 박김치·박나물·정과·장아찌·누름적 등의 음식으로 먹었으며, 껍데기는 잘 말려서 바가지 등의 생활용품으로 유용하게 사용하였다. 박 음식은 약간 쫄깃하면서 달다.

② 박 껍질을 필러로 껍질을 제거하고 적당히 썰어 말랭이를 만들어 박나물 볶음을 한다.

③ 충남 태안에서는 향토 음식 박속낙지가 유명하다. 박은 가을에 수확하여 냉동고에 보관하여 일 년 내내 사용한다.

④ 김밥용 박고지조림, 탕국 등을 만든다. 탕국은 무를 넣었을 때보다 더욱 시원한 맛을 낸다.

③ 호박(Pumpkin)

호박꽃

인큐 애호박

늙은 호박

노랑 주키니 호박

만차랑 단호박

버터넛 스쿼시

'호박은 늙으면 달고 사람은 늙으면 기운이 없다'라는 속담이 있다. 오래 성숙했다 해서 '늙은 호박'이라 불리지만 그만큼 달고 영양소가 풍부하다. 박과의 식물로 열대 및 남아 메리카가 원산지이다. 과실은 크고 익으면 황색이 된다. 열매를 식용하고, 어린순도 먹는 다. 다량의 비타민 A를 함유하고 약간의 비타민 B·C를 함유하여 비타민 급원으로서 매 우 중요하다.

1) 애호박(Courgette, 인큐 애호박)

애호박에 인큐베이터 비닐을 씌워 재배한 것을 말한다. 과육이 크기 전부터 비닐을 씌 우는 까닭은 모양을 예쁘게 하고 과육을 단단하게 하기 위함이다. 애호박이 자라면서 구 부러지는 '곡과(曲果)'를 방지하려는 목적도 있다. 시장에서 인큐 애호박을 선호하는 까닭 에 못생긴 애호박은 산지에서 폐기되기도 하지만 맛과 영양에는 차이가 없다. 주산지는 전남 광양이다.

2) 늙은 호박(Old pumpkin, 맷돌·청둥호박)

우리나라를 비롯한 동아시아권에서 주로 볼 수 있는 늙은 호박은 중국에서도 흔하다. 익어서 겉은 단단하고 씨가 많이 여물었다. 원래 초록색이던 호박이 늙은 호박이 되면 주 황색이 된다. 10~12월까지가 제철로 산모가 푹 곤 늙은 호박 물을 마시면 산후 부기를 제거하는 데 좋다. 운동이 부족하면 지방 덩어리인 셀룰라이트가 생기기 쉬운데 지방 덩어리를 없애기 위해서는 혈액순환이 원활해야 한다. 호박에 함유된 '파르무틴산' 지방산은 배설을 촉진하고, 혈액순환을 돕는다.

재료 및 특성

① 늙어서 겉이 단단하고 씨가 잘 여문 호박이다.

② 척박한 땅에서도 잘 자라며, 가뭄과 병충해에도 강해서 농약을 적게 사용하는 무공해 채소로 재배하기가 좋다.

성분 및 효능

① 호박의 노란빛은 카로티노이드라는 성분으로 섭취 후에는 비타민 A로 전환되면서 암세포 증가를 억제하는 효능을 가지게 된다.

② 베타카로틴이 풍부해 LDL 콜레스테롤 수치를 감소시키고, 독성물질을 억제해 세포를 보호하며 면역력을 강화한다.

③ 칼륨이 풍부해 이뇨작용과 해독작용을 해서 혈액순환에 도움이 된다.

④ 호박씨에는 불포화지방산, 레시틴이 함유되어 두뇌 발달과 치매·탈모 예방에 좋다.

활용요리

① 호박범벅, 늙은 호박전, 호박엿, 강정(호박씨), 호박밥, 늙은 호박국, 찌개, 떡 등 다양하게 이용된다.

② 호박죽은 예로부터 기력이 떨어져 소화가 잘 안 될 때 몸을 보하기 위해 먹는 보양식이었다. 호박이 몸을 따뜻하게 하는 성질이 있어 위를 보호하고 튼튼하게 해주는 역할을 하기 때문이다. 한정식 전채요리로 호박죽을 내는 이유도 식사 전 호박죽이 속을 편하게 만들어 식욕을 돋우는 역할을 하는 데 있다.

3) 버터넛 스쿼시(Butternut squash)

미국을 원산지로 한 동양계 호박(Cucurbita moschata)의 한 종류로 땅콩을 연상시키는 모양을 가지고 있어 우리나라에서는 '땅콩호박'이라 부른다.

재료 및 특성

동양계 호박을 뜻하는 '쿠쿠르비타 모스카타'종에 속하는 땅콩 모양의 호박으로 단단한 질감에 달콤한 맛을 가지고 있다. 원산지는 미국으로 매사추세츠주 동부의 월섬(Waltham) 지역에서 최초로 개발 및 재배되었다고 알려져 있으며 본래 '월섬 버터넛(Waltham Butternut)'이라 불리던 종이었다.

오스트레일리아와 뉴질랜드에서는 '버터넛 펌킨(buttermut pumpkin)', '그라마(gramma)'라고도 부른다. 땅콩호박은 맛이 달콤하고 부드러워 세계적인 인기를 누리고 있으며, 국내에서는 2012년 전남 무안군에서 재배에 성공하여 현재 무안군을 비롯하여 충주 지역과 봉화 등지에서 재배되고 있다.

성분 및 효능

① 땅콩호박은 단호박보다 4배가량의 베타카로틴을 함유하고 있으며, 비타민 A 또한 많이 함유되어 노화 예방과 시력 보호, 피부 탄력 등에 도움이 된다.
② 100g당 45kcal로 열량이 낮은 편이라 체중 감량에 도움을 준다.

활용요리

생으로 먹었을 때의 식감과 맛이 고구마, 단호박과 비슷하고 당도는 14~15브릭스(Brix) 정도로 이는 귤과 비슷한 수준의 당도이다. 또한 버터 향과 견과류 향이 나고 달콤하면서 부드럽다. 샐러드, 이유식, 죽, 수프, 스튜, 주스, 푸딩, 파이 등의 활용이 가능하다.

4) 만차랑 단호박(Full and sweet pumpkin)

'단호박의 왕'으로도 불리는 '만차랑'은 단호박 중 당도가 제일 높고, 포기당 40~100개 정도 달려 수확을 많이 할 수 있다. 일본에서 개발된 품종으로 1992년 우리나라에 처음 도입되었으며, 맛이 좋고 장기간 저장이 가능한 타원형(럭비공 모양)으로 일반적인 무게는 1개당 1~3kg 정도 된다.

재료 및 특성

① 껍질은 진한 녹색이며, 얼룩이 줄무늬 형태로 나 있고, 과육은 진황색으로 단단하다. 수확 후 상온에서 최소 30일 이상 숙성을 시켜야 제맛을 느낄 수 있다.

② 일반 단호박보다 당도가 높고 구수한 깊은 맛이 나서 된장찌개나 호박죽, 수프, 샐러드, 파이, 케이크, 떡 등에 사용하면 아주 좋다.

③ 바이러스와 흰가루병에 아주 강하여 농약을 살포할 필요가 없다.

④ 잘 숙성되어 당도가 높아지면 곶감 표면에 생성되는 가루처럼 달콤한 당분이 하얗게 맺히기도 한다.

성분 및 효능

① 인슐린을 분비하는 기능이 있어 당뇨를 앓는 사람들에게 도움이 되는 과채류이다.

② 비타민이 풍부하고 따뜻한 성질이 있어 열을 내리게 하고 해독작용을 해서 감기, 천식에 좋다.

③ 비타민이 풍부하고, 이뇨작용을 도와 부기 제거에 도움을 준다.

④ 다양한 영양소 함유로 혈관에 LDL 콜레스테롤이 쌓이는 것을 막아주고, 불포화지방산이 풍부하여 혈액순환에 도움이 된다.

⑤ 눈 건강, 스트레스로 인한 불면증, 변비 예방에 도움이 된다.

5) 주키니 호박(Zucchini)

돼지호박·서양호박이라고도 하는데 이탈리아 음식에 자주 등장하는 재료이다. 노란색이나 녹색, 연둣빛을 띤다. 녹색은 취청오이와 외형이 비슷하며, 일부 재래종은 호리병 모양이다. 한식에는 사용을 덜 하는데 매입 단가가 낮아 업소에서 애호박 대신 많이 사용한다. 애호박처럼 연한 단맛은 없다.

재료 및 특성

① 3월 하순부터 파종하여 제철은 여름에서 가을까지이다. 겨울에서 봄 사이에 출하되는 것은 하우스 재배이다.
② 껍질 색깔은 녹색과 노란색이 있으며, 유럽에서 자라는 것 중에는 분홍색도 있다.
③ 껍질째 가열하여 조리하는데 약간의 쓴맛이 있다. 씹는 질감은 가지와 비슷하다.
④ 애호박보다 맛이 덜하여 전이나 볶음보다는 찌개나 된장국에 넣어 먹는 것이 보통이다.
⑤ 소화 흡수가 잘 되는 당질과 비타민 A를 많이 함유하고 있다.

| 장과류 |

① 무화과(Fig)

무화과잼

뽕나무과 무화과나무속에 속하는 과일이다. 무화과(無花科)는 '꽃이 없는 열매'를 뜻한다. 꽃자루와 꽃받침이 열매처럼 보이기 때문이다. 기원전 8세기 페르시아를 통해 중국으로 유입되었고, 일제 강점기 때 무화과 농장이 우리나라에 만들어졌다. 무화과를 처음 본 사람은 연암 박지원으로 『열하일기』에 "잎은 동백 같고 열매는 십자 비슷하다. 이름을 물은즉 무화과라 한다. 열매가 두 개씩 나란히 달리면서 꽃 없이 열매를 맺기 때문에 그렇게 이름 지은 것이라"라고 기록되어 있다. 무화과는 성경에 등장할 정도로 오래전부터 재배한 식물로 아담과 이브가 에덴동산에서 쫓겨날 때 벗은 몸을 가린 나뭇잎이다. 무화과의 농산물 지리적표시(PGI)에 전남 영암 무화과(제43호)가 등록되어 있다.

재료 및 특성

① 인류가 재배한 최초의 과일 중 하나로, 유럽의 지중해 지역과 중동에서도 많이 먹는 과일이다.

② 현재 국내 총생산의 80%가 전남 영암에서 생산되고, 북쪽에서는 온실에서 재배한다.

③ 제철은 8~11월이고, 단백질 분해효소가 많이 함유되어 고기를 먹은 뒤 무화과를 먹으면 소화를 도와준다.

④ 무화과 잎은 살충력이 강해 벌레가 없는 것이 특징이며, 농약을 사용하지 않고 재배하므로 껍질째 그냥 먹어도 괜찮다. 다만 야외에서 재배하고 유통과정 중에 묻은 먼지나 이물질만 깨끗이 씻으면 된다.

성분 및 효능

① 항암작용을 하는 '쿠마린', '폴리페놀', '셀레늄' 등을 다량 함유하고 있어 각종 암을 예방하는 데 도움을 준다.

② '벤즈알데하이드'라는 항암물질이 풍부해 암세포가 생성되는 것을 억제하고, 전이되는 것을 막아 유방암, 대장암을 예방하는 효과가 있다.

③ '레스베라트롤(Resveratrol)' 성분을 다량 함유해 중성지방과 LDL 콜레스테롤 수치를 낮춰주므로 고혈압과 동맥경화, 뇌졸중 등의 혈관성 질환을 예방하는 데 도움이 된다.

④ 식이섬유와 철분 함량이 높고 천연칼슘, 칼륨과 같은 무기질 성분이 풍부해 쌀을 주식으로 하는 한국인들의 산성화된 체질을 중화시키는 알칼리성 식품이다.

⑤ 여성호르몬 분비를 촉진해 갱년기 질환에 도움을 주고, 생리통에도 좋다.

⑥ 따뜻한 성질의 무화과는 냉증으로 인한 질병을 개선하고, 피부질환과 빈혈에도 효과적이다.

활용요리

① 생으로 먹기도 하고, 말려서 먹거나, 양갱을 만들 때 넣으면 좋다.

② 무화과잼 · 양갱 · 청 · 무화과 와인 조림을 만들어 요구르트에 넣어 먹거나, 크로플이나 와플, 팬케이크 등에 다양하게 활용할 수 있다.

② 석류(Pomegranate)

석류나무의 열매이다. 지름 6~8cm의 둥근 모양으로 단단하고 노르스름한 껍질이 감싸고 있으며, 과육 속에는 많은 종자가 있다. 먹을 수 있는 부분이 약 20%인데, 과육은 새콤달콤한 맛이 나고 껍질은 약재로 사용한다. 원산지는 서아시아와 인도 서북부 지역이며, 한반도에는 고려 초기 중국에서 유입된 것으로 추정된다. 전남 고흥 석류가 농산물 지리적표시(PGI) 제94호로 등록되어 있다.

재료 및 특성

① 당질(포도당, 과당)이 약 40%를 차지하며, 유기산으로는 시트르산이 약 1.5% 함유되어 있다. 수용성 비타민($B_1 \cdot B_2$, 니아신)도 함유되어 있으나 양은 적다.

② 천연 에스트로겐(estrogen) 성분이 가장 풍부한 식품이라 노화를 방지하는 비타민 C와 칼슘, 인, '엘라그산(Ellagic acid)'이라는 항암성분도 함유되어 있다.

③ 이질에 걸렸을 때 약효가 뛰어나고, 휘발성 알칼로이드가 함유되어 기생충 특히, 촌충 구제약으로 사용한다.

④ 열매와 껍질 모두 고혈압·동맥경화 예방에 좋으며, 부인병·부스럼에 효과가 있다.

성분 및 효능

① 식물성 에스트로겐이 풍부해서 생리 불순 개선, 갱년기 증상 완화 등 여성 건강에 많은 도움이 된다.

② 자궁을 튼튼하게 하여 유산의 위험성을 줄여주고 피로와 불면증, 안면 홍조 완화에도 도움을 준다.

③ 항산화물질인 '푸니칼라진(punicalagin)' 성분은 고지혈증 및 심혈관 질환을 예방하는 데 도움을 준다. 석류즙과 껍질에 풍부하게 함유되어 있다.

④ 식물성 에스트로겐이 풍부한 석류는 콜라겐 합성을 촉진해 피부 노화를 예방하고, 피지 분비를 억제하여 피부를 곱게 한다.

⑤ 항산화물질인 플라보노이드(flavonoid) 성분이 염증을 예방하고, 관절 건강에 도움을 준다.

활용요리

① 석류를 씻어 석류알과 껍질을 잘라 밀폐용기에 넣고, 황설탕에 절여 4~5일 후 차로 마신다.

② 석류알을 믹서에 넣고 우유와 같이 갈아 마셔도 좋다.

③ 과육은 빛깔이 고와 과일주를 담그거나, 농축과즙을 만들어 음료나 과자를 만드는 데 사용된다.

④ 다양한 샐러드에 석류알을 활용하면 맛과 영양은 물론 시각적인 효과까지 얻을 수 있다.

| 육류 |

① 한우(Korean beef)

육포

소는 약 2000년 전부터 농사일을 하고, 짐을 운반하는 등 여러 가지 일을 하는 가축이 지만, 우리 조상들은 식구처럼 여기며 함께 생활해 왔다. 그러나 언제부턴가 농경문화의 일부였던 '일소'가 '육우(肉牛)'로 길러졌고, '한우'라는 이름 또한 광복 이후에 생긴 것으로 추정된다. 한우(韓牛)는 한국에서 사육되는 소의 품종으로 고기를 얻기 위해 사육한다. 고대 문헌을 옮겨 적었다는 『규원사화(揆園史話)』에 의하면 흰 소를 잡아 하늘에 제사를 지내는 풍속이 고조선시대부터 있었다고 한다. 고려·조선시대에는 제례에 사용되는 소를 담당하는 관청이 있었고, 선발을 거쳐 계속해서 좋은 품종의 소를 늘려 왔다고 전해진다. 한우의 농산물 지리적표시(PGI)에 강원특별자치도 횡성·홍천 한우, 경기도 안성 한우, 전남 고흥·함평·영광 한우가 등록되어 있다.

Tip ▶ **칡소(Chik-so cattle)**

칡소는 전통 재래품종으로 '맛의 방주(Ark of Taste)'에 등재되어 있다. 무늬가 호랑이를 닮았다 하여 범소, 호반우 또는 얼룩소라고 불리며 몸 전체가 칡 색깔로 보인다. 현재 약 3,000여 마리밖에 남지 않아 여러 지자체에서 육성 노력을 하고 있다.

Tip ▶ **제주 흑우(Jeju native black cattle)**

한국 재래 한우의 한 품종으로 전신이 모두 검은색으로 덮여 있는 제주 흑우도 '맛의 방주(Ark of Taste)'에 등재되어 있다.

재료 및 특성

① 단맛을 내는 성분인 글루코스의 함량이 수입 쇠고기보다 2배 이상 많고, 신맛을 내는 젖산 함량은 낮다.

② 육질 등급이 높아질수록 지방함량은 증가하고 수분함량은 낮아진다.

③ 등급이 높은 경우 15~20% 정도의 지방을 함유해 촉촉하고 부드러운 식감을 줄 뿐만 아니라 영양학적으로도 매우 우수하다.

④ 숙성을 거치면 더욱 맛이 있다. 진공 포장 후 0℃에서 20일간 숙성된 것이 가장 부드럽고 한우 특유의 감칠맛이 극대화된다.

⑤ 한우의 맛은 세계 어디에 내놓아도 뒤지지 않는다.

성분 및 효능

① 면역력 증진에 도움이 되는 '함유황 아미노산' 등이 풍부해 어린이와 노약자에게도 좋은 육류이다.

② 풍부하게 함유된 아연은 면역체계를 강화하며, 비타민 B_6는 항체 생성과 염증 반응을 조절하는 역할을 한다.

③ 단백질을 함유하고 있어 우리 몸에서 단백질 대사를 촉진하고, 근육을 유지하는 데 중요한 역할을 한다.

④ 비타민 B₁₂, 니아신, 리보플라빈 등의 비타민과 철, 아연, 인, 칼슘, 칼륨 등의 미네랄도 함유해서 우리 몸의 기능을 유지하는 데 도움을 준다.

⑤ 철분이 풍부하게 함유되어 혈액순환을 개선하고, 체내 산소 공급을 증가시키는 데 도움이 된다.

활용요리

① 한우소머리곰탕, 설렁탕, 육개장, 사골순댓국, 얼큰한우순댓국, 사골만둣국 등이다.
② 구이(울릉도 칡소 구이), 불고기버거, 스테이크, 떡갈비, 육포 등이다.

CHAPTER 4

강

강

| 담수어류 |

① 가물치(Northern snake head)

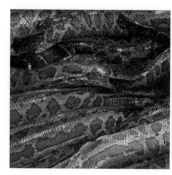

농어목 가물칫과의 토종 민물고기이며 우리나라, 일본, 중국에 분포한다. 탁한 물밑이나 진흙, 물풀이 무성한 곳의 수온 0~30℃에서 서식한다. 가물치는 아가미로만 호흡하는 다른 물고기들과 달리, 공기 호흡을 할 수 있는 보조호흡 기관이 있어 수온이 높아 산소가 부족한 곳이나, 부패하여 악취가 날 정도의 물속에서도 서식이 가능하다.

겨울에는 깊은 곳으로 이동하여 뻘 속이나 물풀이 밀집된 곳에 몸을 반쯤 묻은 채 동면에 들어간다. 봄이 되면 얕은 곳에서 산란기인 5~7월까지 활발하게 먹이를 먹는다. 육식성으로, 어린 시기에는 물벼룩 등을 주로 먹지만, 몸길이가 4cm 정도 되면 작은 물고기를 잡아먹기 시작하여, 같은 가물치끼리 잡아먹기도 한다.

재료 및 특성

① 가물치는 단백질 약 20%, 지방 1.4%, 칼슘, 인, 철, 비타민 B군 등이 다량 함유되어 있으며, 조선시대『어우야담(於于野談)』에서 "어머니나 산모에게 좋은 물고기"라는 뜻으로 가모(加母)라 전해지다가 지금은 '가물치'로 부른다.

② 몸통이 길고 가는 편이다. 원통형에 가까우며, 비교적 큰 민물고기로 90cm까지 자랄 수 있다.

③ 저수지나 웅덩이에서 낚시하여 잡기도 하고, 양식을 하기도 한다.

성분 및 효능

① 가물치는 출산 후 산모에게 좋다고 알려져 있으며, 지금도 민간에서는 부종 제거에 많이 사용하고 있다.

② 산모의 기력을 보하고 소화가 잘되는 장점이 있으며, 풍습성 관절염에도 좋은 효과를 나타내는 것으로 알려져 있다.

③ 보통 쓸개 맛은 쓰지만, 가물치 쓸개는 단맛이 나 음력 섣달에 떼어 그늘에 말렸다가 가루로 내서 편도선염이나 후두염으로 목이 붓고 아플 때 목 안에 뿌려주면 탁월한 효과가 있다.

④ 소변이 잘 나오지 않는 사람이나 기혈이 부족한 사람에게 좋고, 비장이 허약하여 나타나는 수종병에도 효과가 있다.

활용요리

① 푹 고아 먹거나, 회로도 먹는다. 회로 먹을 때는 기생충에 유의해야 한다.

② 동과가물치갱을 만들어 먹는다. 가물치 500g, 동과 200g, 대파를 잘게 잘라 물에 넣고 탕을 끓여 소금으로 간을 하여 먹는다. 『식의심경』에 "비장을 튼튼하게 하고 부종을 없

애는 효과가 있으며 특히, 몸에 습열이 많은 사람에게 효과가 있다"라고 기록되어 있다.

③ 가물치탕은 가물치 500g, 택사, 택칠, 상백피, 자소, 행인 각 10g씩에 물을 붓고 푹 고 아서 면포에 걸러 마신다. 수종이나 부종에 효과가 있고 소변불리(小便不利), 천식, 기 침을 치료한다.

② 동자개(Korean bullhead, 빠가사리)

동자개는 한반도, 러시아 극동, 일본 혼슈, 중국 요동, 만주, 화북 일대에 서식하는 메 기목 동자개과 타키우루스속에 속하며, '빠가사리'라는 이름으로 유명한 물고기로 3급수 에도 서식한다. '빠가사리'라는 명칭은 메기목 물고기 중 잘 알려진 메기, 미유기, 대농갱 이를 제외한 소형종 전반에 널리 사용된다. 우리나라의 내수면(內水面) 어업인들도 어종을 정확히 구분하지 않고 통틀어 '빠가사리'라고 부른다. 동자개는 '빠가사리'라고 불리는 물 고기 중 대표적인 생선이다. 가슴지느러미를 몸통과 마찰시켜 빠각빠각하는 소리를 내는 습성이 있어서 빠가사리라는 별명이 붙은 것이다.

재료 및 특성

① 비 오는 날 흙탕물에서 낚시하면 잘 물려 올라온다. 민물매운탕 중 가장 깊고 구수한 국물 맛을 내는 매운탕이 빠가사리 매운탕, 빠가탕이다.

② 육식성 물고기로 작은 물고기, 갑각류 등을 먹고 서식하며 5~7월에 번식한다. 산란기 에 수컷은 강바닥에 산란실을 만든 후 암컷을 유인하여 알을 낳게 한 뒤 쫓아내고 부

화해서 독립할 때까지 지켜준다.

③ 부화한 치어는 비교적 상류 개울이나 수변부(水邊部) 등 얕은 곳에 서식하지만, 성장하면서 저수지나 강 하류 수심이 깊은 곳으로 이동한다.

④ 가슴·등 지느러미에 있는 가시를 '거치'라고 부른다. 거치에 찔리면 독은 없으나, 세균감염이 생길 수 있어 유의해야 한다.

⑤ 동자개는 쏘가리·메기매운탕에도 구수한 맛을 내기 위해 넣는 경우도 많아 전국적으로 양식되는 어종이다.

성분 및 효능

① 체내 노폐물과 소변의 배출을 원활하게 하는 데 도움이 된다. 이뇨작용이 개선됨에 따라 신장기능이 향상되고, 방광염 등을 예방해 주는 데 탁월한 효과가 있다.

② 간기능을 활성화해서 피로를 해소하고, 체내 독소를 배출하는 데 도움이 된다.

③ 단백질이 풍부하게 함유되어 원기 회복에 도움이 되고, 각종 아미노산의 흡수를 도와 에너지 생산에 도움이 된다. 특히, 병후 회복기 환자나 노약자·장기 어린이들의 건강에 도움이 된다.

활용요리

① 잔가시가 없고 살이 많아서 먹기 편하고, 매운탕으로 끓여 먹으면 맛이 좋아 즐겨 찾는 민물고기이다.

② 찜, 어죽 등으로 조리하여 먹을 수 있다.

③ 메기(Catfish)

하천 또는 호수의 진흙 바닥이나 늪에 서식하고, 야행성 물고기로 갑각류 등을 먹는다. 알은 물풀에 붙이거나 바닥에 낳는데, 수컷이 암컷의 배를 눌러 알을 낳는데 시기는 5~7월이다.

충북 진천에 가면 메기 양식 단지가 있다. 양식업자들의 피나는 노력으로 중국산이 침범하지 못하고 있다. 이곳에서 암컷의 경우 빠르면 3~4개월 안에 양식이 끝나 전국 각지의 민물고기 전문점에 공급되고 있다. 미끈한 몸에 긴 수염, '민물 생선의 황태자'라 불리는 메기는 약간 이상한 모양새지만 7월에 가장 맛있는 수산물로 선정될 만큼 맛과 영양이 뛰어난 생선이다.

재료 및 특성

① 몸통의 앞부분은 원통형이나 뒤로 갈수록 옆으로 납작해지며 가늘어진다.

② 콧구멍의 앞과 아래턱에 각각 1쌍씩의 수염이 있다.

③ 암컷은 수컷보다 성장이 빠르고, 몸집도 60% 이상 커서 새끼 부화 과정에서 모든 종묘에 호르몬 처리를 해서 암컷으로 만드는 '전(全) 암컷 양식법'을 채택한다.

성분 및 효능

① 메기 100g은 단백질 하루 필요량의 32~39%를 제공하는 공급원으로 포만감을 주어 체중 감량에 도움이 된다.

② 뇌 건강에 좋은 오메가-3 지방산이 풍부하지만, 연어보다는 지방산 함량이 적은 민물

고기이다.

③ 비타민 B$_{12}$의 공급원으로 정신건강 개선, 심장질환·빈혈 예방 및 치료 등에 도움이
   된다.

④ 단백질, 철분, 칼슘, 셀레늄, 인, 티아민, 칼륨, 오메가-3 지방산 등의 각종 영양소가
   골고루 함유되어 있다. 메기 한 마리에 섬유질이 풍부한 채소를 넣고 같이 끓여 먹으
   면 최고의 보양식이 된다.

⑤ 『동의보감』에는 "메기는 이뇨작용이 탁월해 몸이 부었을 때 메기탕을 먹이며, 메기의
   침은 당뇨병에 좋다"라고 기록되어 있다.

⑥ 리놀렌산과 오메가-3성분이 뇌세포 활성화에 도움을 주어 뇌의 혈액순환을 도와 뇌
   건강에 좋다. 특히, 성장기 어린이의 두뇌 발달 및 노년층의 치매를 예방하는 데 도움
   이 된다.

⑦ 풍부한 철분은 빈혈 증상을 개선하고, 코피가 자주 나는 사람들한테도 효과가 있다.

주의사항

① 멧돼지 고기를 함께 먹으면 구토와 설사를 할 수 있다.
② 쇠간을 같이 먹으면 풍병을 일으킬 수 있으니 주의한다.

메기 손질법

① 메기를 물에 며칠 넣어두어 머금고 있는 흙내를 제거한 후 깨끗하게 씻는다.
② 메기를 손질할 때 가장 중요한 것은 메기 표면의 점액질을 제거하는 것이다. 가장 쉬
   운 방법은 굵은소금으로 메기 표면을 문지른 후 깨끗하게 씻는 것이다.

활용요리

① 단백질과 미네랄이 풍부해서 매운탕, 백숙, 구이 등 다양한 형태의 요리로 미식가들의
   입맛을 사로잡는다. 매운탕은 몸속의 노폐물을 땀과 소변으로 배출하는 역할을 한다.
② 메기찜은 또 다른 별미로 촉촉하고, 부드러운 살맛과 쫄깃한 껍질 맛을 느낄 수 있다.

④ 미꾸라지·미꾸리

미꾸라지

추어탕

미꾸리

미꾸라지와 미꾸리는 비슷하게 생겼으며, 구별하지 않고 미꾸라지(추어)로 부르는 경우가 많다. 미꾸리는 '이추(泥鰍)'라고 하며, 미꾸라지보다 몸이 전체적으로 둥그스름한 편이라 동그리, 미꾸라지는 약간 납작한 편이라 납재기라고 부르기도 한다. 미꾸라지의 가장 긴 수염이 미꾸리에 비해 길다. 두 종 모두 추어탕의 주된 재료이다. 여러 추어탕 브랜드의 수족관에는 중국산 미꾸라지들이 많다.

1) 미꾸라지(Loach)

잉어목에 속하는 민물고기로, '추어(鰍魚)'라고도 부른다. 몸의 길이는 미꾸리보다 길고 옆으로 납작한 형태인데, 몸통보다 머리가 더욱 납작하다. 물을 흐리는 물고기로 유명하며 흐려진 물, 더러운 물에서도 서식한다. 추어의 추(鰍)자에 秋(가을 추)가 있는 탓에 '벼의 수확이 끝나고 논의 물을 빼는 과정에서 미꾸라지를 많이 잡아서 추어라고 했다'는 설화가 있다. 또한 자기 자신에게 이롭지 않으면 피하거나 잘 빠져나가는 사람을 비유적으로 이르기도 한다. 아가미 호흡만을 하는 다른 어류들과 달리 '장호흡'을 하는 어류로 산소가 녹기 힘든 탁한 물에서도 생존한다. 1850년경에 발간된『오주연문장전산고(五洲衍文長箋散稿)』문헌에 '추두부탕'이란 요리에 대한 조리법이 설명되어 있다. 남원 미꾸라지는 수산물 지리적표시(PGI) 제13호로 등록되어 있다.

재료 및 특성

① 미꾸라지는 늪이나 논, 농수로 등 진흙이 깔린 곳에 주로 서식한다.

② 진흙 속의 생물을 먹으며, 알을 낳는 시기는 4~6월이다.

③ 아시아 지역에서는 선사시대부터 음식 재료로 사용했다.

④ 크기가 작고, 뼈도 연해서 대부분 통째로 먹는다. 다만 민물고기 특유의 흙내와 잡내가 나서 통으로 먹더라도 밑 손질을 잘해서 먹어야 한다.

2) 미꾸리(Dojo loach)

잉어목 기름종개과의 민물고기이다. 산소가 부족해도 장으로 호흡할 수 있어 더러운 물에서도 잘 견디며, 미꾸라지와 함께 추어탕의 재료로 이용된다.

『난호어목지』와 『전어지』에는 이추(泥鰍), 한글로 '밋구리'로 기록되어 있다. 미꾸라지와 비슷하게 생겼으며, 구별하지 않고 부르는 경우가 많다.

몸이 가늘고 긴 원통형이며 뒤쪽으로 갈수록 점차 옆으로 납작해진다. 미꾸라지보다 몸이 전체적으로 둥그스름한 편이다. 입 주변에는 5쌍의 수염이 있는데 가장 긴 입가 수염이 미꾸라지에 비해 짧다. 몸 옆면에는 작고 까만 점이 흩어져 있고, 등과 꼬리지느러미에도 작은 반점이 나타난다. 몸 표면에서는 점액질을 분비한다.

재료 및 특성

① 강의 하류나 연못처럼 물살이 느리거나 물이 고여 있는 곳에서 서식하지만 미꾸라지와 달리 강 중·상류에서 발견되기도 한다.

② 미꾸리는 산란을 끝내고, 월동을 위해 영양을 비축하는 여름부터 가을이 제철이다.

③ 잡식성으로 식물성인 조류를 비롯해 동물성 플랑크톤, 모기 유충인 장구벌레, 실지렁이 등을 먹는다.

④ 약 2,000~15,000개의 알을 낳아 진흙이나 모래 속에 묻으며, 보통 2~6일 후에 부화한다.

⑤ 몸길이가 15mm 정도 되면 다 자란 미꾸리의 모습이 되며, 1~2년이 지나면 짝짓기를 할 수 있을 정도로 자란다.

⑥ 비가 내리면 활동이 많아지므로 농수로나 작은 도랑에서 촘촘한 그물을 이용해 잡을 수 있다. 날씨가 추워지면 진흙 속에 있어 땅을 파서 잡기도 한다.

⑦ 낚시용 미끼로 이용되기도 하지만, 단백질과 비타민 A의 함량이 높아 식용으로도 인기 있다.

성분 및 효능

① 미꾸리의 미끌미끌한 점액질은 단백질 흡수를 돕고 탁한 혈액을 해독해 주어 세포에 쌓여 있는 독소와 노폐물, 염증 바이러스를 제거하는 역할을 한다.

② 미꾸리는 동물성 어류에서 보기 드물게 비타민 A를 많이 함유해 피부를 보호하고, 세균에 대한 저항력을 길러주며, 호흡기 점막을 튼튼하게 한다. 또한 눈의 피로를 풀어주고, 시력을 보호해서 눈 건강에도 도움이 된다.

③ 풍부하게 함유된 철분이 적혈구의 생성을 촉진해서 빈혈 증상을 개선하는 데 도움이 된다.

④ 미꾸리에 함유된 칼슘은 어골 칼슘으로 인체에 흡수가 잘 돼 골다공증에 좋다.

활용요리

① 삶은 미꾸라지를 믹서에 간 다음 찹쌀과 멥쌀을 반반씩 섞어 어죽으로 만들어 먹기도 하는데, 가장 유명한 것은 추어탕이다.

② 미꾸라지를 싫어하는 사람들을 위해 밀가루 국에 미꾸라지를 넣지 않고 여러 가지 양념만 넣어 추어탕처럼 모양만 갖춘 '얼추탕(孼鰍湯)'이 있다.

③ 통째로 튀겨서 먹는 추어튀김, 미꾸라지를 통째로 넣어서 끓이는 통추어탕이 있다. 추어튀김은 대체로 추어탕을 전문으로 하는 식당에서 추가 메뉴로 판매하며, 겨자소스나 고추냉이를 넣은 간장소스에 찍어 먹는다.

④ 추어탕은 지방마다 끓이는 방식이 다르나, 호박잎을 넣고 끓이면 비린내를 제거하는 데 도움이 된다.

⑤ 빙어(Pond smelt)

바다 빙어과 물고기이지만 민물에 사는데, 크게 바다에서 서식하는 것과 민물에서 서식하는 것으로 나눈다. 일식집에서 판매하는 '시사모'(열빙어)도 빙어의 일종으로 바다에서 살다가 산란기에 민물로 이동한다. 이같이 바다와 민물을 오가는 어종은 주로 한반도 북녘에 서식해서 남녘에서는 보기 드물다. 우리 땅의 저수지와 호수에서 흔히 보는 빙어는 바다에 나가지 못하고, 민물에 갇혀 살게 되면서 지금의 생태를 유지하게 되었다.

조선 말의 실학자 서유구(1764~1845)가 『전어지(佃魚志)』에 "동지를 전후하여 얼음에 구멍을 내어 투망으로 잡는다. 입춘 이후 점차 푸른색을 띠다가 얼음이 녹으면 보이지 않는다"라고 기록하였다.

재료 및 특성

① 빙어는 얼음 속에 산다고 하여 붙여진 이름이다. 매년 1월이면 강원특별자치도 인제에서는 얼음에 구멍을 파고 낚시를 즐기는 빙어잡이 축제가 열린다.

② 빙어는 '호수의 요정'이라 불린다. 반짝이는 은빛에 투명한 몸을 자랑한다. 커다란 눈에 몸매는 날렵하고 물속에서는 거침없이 달린다.

③ 전라도에서는 민물멸치, 멸치, 충청도는 공어, 경기와 강원특별자치도는 메르치 · 뱅어치 · 백어, 경남 일부 지방은 오까사끼 · 아까사기 등으로 불린다.

④ 봄, 여름, 가을에는 깊은 수심에서 서식한다. 겨울이 아니면 깊은 물에서 나오지 않는다.

⑤ 얼음이 얼면 얕은 물로 이동하여 얼음판 바로 밑에서 왕성한 활동을 하다가 봄이 오기 전에 산란하고 죽는다.

⑥ '얼 빙(冰)' '물고기 어(魚)' 말 그대로 물이 꽁꽁 어는 북쪽일수록 살이 단단하고 맛이 좋은 것으로 알려져 있다. 특히 북한강 줄기에 있는 춘천호, 소양호 등지의 빙어를 최고의 맛으로 손꼽는다.

성분 및 효능

① 함유된 오메가-3성분이 혈관의 노폐물을 배출하고, 염증을 완화하여 심혈관계 질환을 예방해 준다.

② 칼슘과 무기질이 풍부한 겨울철 민물 별미로 알려진 빙어는 멸치처럼 뼈째 먹어서 골다공증 예방에도 좋다.

③ 단백질과 필수 아미노산이 다량 함유되어 있고 여성들에게 부족하기 쉬운 철분이 다량 함유되어 빈혈 예방에 아주 좋다.

④ 빙어의 미량 영양소인 셀레늄과 비타민 E는 항산화작용을 해서 노화 예방에 좋다.

활용요리

① 빙어회는 살아 있는 빙어를 씹어야 하니 남자들도 꺼릴 수 있지만, 옅은 오이 향의 살 맛과 사각거리는 식감에 맛을 들이면 겨울이 언제 오나 기다리게 된다. 크기에 따라 빙어 맛에 약간의 차이가 있는데, 너무 큰 것은 뼈가 씹혀 오히려 맛이 떨어지는 듯하고, 너무 작은 것은 산뜻한 오이 향을 즐기기에는 부족하다.

② 채소를 넣어 양념한 무침이 있고, 매운탕을 끓이기도 한다.

③ 빙어나 피라미를 기름에 바싹하게 튀긴 뒤 손잡이가 있는 프라이팬에 꽃처럼 장식해 내놓는 도리 뱅뱅이는 일품요리이다.

⑥ 붕어(Crucian carp)

　잉어목 잉어과의 민물고기로 '부어(鮒魚)'라고도 하며 한반도 전역·일본·타이완·중국, 시베리아·유럽 등지에 분포한다. 몸길이는 40~50cm 정도이고, 몸은 옆으로 납작하며, 꼬리자루의 나비는 넓은 편이다. 환경에 대한 적응성이 가장 큰 어류로 개울, 못, 물이 고인 곳은 어느 곳에나 널리 분포하고 있다.

> **Tip ▶ 참붕어(Stone moroko)**
>
> 버들메치, 뽀죽피리는 참붕어의 사투리로 이름도 다양하고, 단백질이 풍부한 민물고기이다. 호수, 늪, 하천에 널리 분포한다. 담백하면서도 구수한 맛이 일품이다.

재료 및 특성

① 붕어는 산란기인 봄철에 맛이 가장 좋다.
② 잉어와 비슷한 모습이지만, 콧수염 2쌍이 있는 잉어와 달리 붕어에는 없다.
③ '담수어류'라고 하면 가장 먼저 붕어를 떠올릴 정도로 우리에게 친숙한 어류이다.
④ 잉어목 어류의 특성상 뼈가 많아서 먹기 불편해 호불호가 갈린다.
⑤ 매운탕은 맛이 담백하고, 육수가 진하게 우러나지만 잘못 끓이면 비리고 흙냄새가 날 수 있다.

성분 및 효능

① 철분이 다량 함유되어 빈혈에 효과적이고, 임산부의 경우 철분이 부족하기 쉬워서 붕어 진액을 섭취하면 좋다.

② 기력 향상을 위해 당귀·구기자를 넣어 만든 붕어 진액은 남성들의 보양식으로도 애용되고 있다.

③ 불포화지방산을 다량 함유하고 있어 고혈압 및 동맥경화에 효과가 있다.

④ 풍부한 단백질이 간 해독에 도움을 주어 숙취 해소에도 좋다.

⑤ 산후 보양식으로 모유 수유를 돕고 부종을 개선하며, 약해진 체력을 증진한다.

⑥ 칼슘이 풍부해서 골다공증에 취약한 어르신들에게 좋고, 단백질과 철분·칼슘 및 미네랄이 풍부해 성장기 아이들의 발육을 촉진한다.

활용요리

① 탕이나 구이, 찌개, 찜 요리로 맛을 내거나 즙을 내어 섭취하기도 한다.

② 시래기를 넉넉히 넣어 매콤하게 만든 붕어찜은 그야말로 별미다.

⑦ 산천어(Masou salmon, 山川魚)

연어목 연어과의 민물고기이다. 생김새가 송어와 아주 비슷하지만, 몸길이는 송어의 절반 정도밖에 되지 않는다. 산소가 풍부한 강 상류의 맑은 물에 서식한다. 산천어는 우리나라의 토종 민물고기로, 바다로 나가 산란기에만 돌아오는 송어가 생활습성이 바뀌어

강에서만 생활하는 육봉형(陸封型, landlock type)으로 굳어져 생겨난 것으로 여겨진다. 일본명인 야마메(ヤマメ, 山女魚)는 산의 여인이라는 뜻이다. 송어와 학명도 같고, 송어가 바다에 나가지 못하면 산천어가 된다.

강원특별자치도 화천군에서는 매년 1월에 산천어 축제가 열린다. 문화체육관광부가 선정한 대한민국을 대표하는 문화관광축제 중 하나이다.

재료 및 특성

① 생김새가 '시마연어'로도 불리는 송어와 아주 비슷하다. 그러나 60cm 정도까지 자라는 송어와 달리 몸길이가 그 절반에도 미치지 못하는 경우가 많다.

② 연어보다 몸 폭이 넓은 편이며, 연어나 송어와 마찬가지로 등지느러미 뒤에 기름 지느러미가 있다.

③ 몸의 양쪽 옆면에는 '파 마크(parr mark)'로 불리는 갈색의 특징적인 타원형 가로무늬가 있으며, 이 무늬는 없어지지 않는다.

④ 수온이 20℃를 넘지 않고, 용존 산소량이 9ppm을 넘는 강 상류의 맑은 물에서 서식한다. 육식성으로 동물성 플랑크톤·갑각류·물속 곤충이나 작은 물고기, 물고기알을 먹는다.

성분 및 효능

① 오메가-3 지방산이 풍부하여 우리 몸속에 LDL 콜레스테롤이 축적되지 않도록 해서 동맥경화를 예방하는 데 도움이 되고, 고혈압이나 각종 성인병, 동맥경화나 심근경색을 예방한다.

② 필수 아미노산 성분인 '류신'과 '이소로이신(isoleucine)' 성분은 우리 몸이 필요로 하는 아미노산의 절반을 차지하는데, 이는 근육의 원료가 되기도 하고 피로 회복과 활력을 북돋아주는 데 도움이 된다.

③ DHA와 EPA가 함유되어 뇌에 영양 공급을 골고루 해줄 수 있고, 두뇌가 발달하도록 해준다.

활용요리

회, 초밥, 구이, 조림, 전으로 다양하게 활용할 수 있다.

⑧ 쏘가리(Mandarin fish)

'토종 민물고기의 제왕', '담수어의 제왕'으로 불리는 쏘가리는 주로 물흐름이 빠르고 바닥에 바위가 많은 여울에 서식하지만, 큰 강이나 호수에서도 서식한다. 몸통에 갈색의 호피 무늬가 있어 '민물 호랑이'라는 별명으로 불리기도 한다. 요리의 맛이 일품이라 낚시인과 식도락가들에게 인기가 많다. 궁중요리에 자주 사용된 최고급 어종으로, 오뉴월 효자가 노부모님께 끓여 바친다 해서 일명 '효자탕(孝子湯)'이라고 하는 쏘가리 매운탕은 민물고기 매운탕 중 최고로 손꼽는다.

생선 살맛이 돼지고기처럼 좋다고 해서 '수돈(水豚)'이라 불리기도 하고, 맛 잉어라는 별칭도 있다. 중국 황제에게 진상되었다고 하여 천자어로 불린다.

우리나라에서는 충북 단양과 경남 산청군의 특산품으로 잘 알려졌다. 단양의 남한강변에는 쏘가리 매운탕 전문점이 줄지어 있고, 민물고기 아쿠아리움 다누리센터에는 쏘가리가 메인 어종이며, 쏘가리의 외양을 한 구조물들도 많이 있다. 경남 산청의 쏘가리연구소에서는 1996년부터 쏘가리 양식에 도전해 22년의 연구 끝에 연간 20~30톤을 생산할 수 있는 시스템을 갖추고 있다. 그러나 현재 국내에서 소비되는 쏘가리 절반 이상이 중국산이다.

재료 및 특성

① 쏘가리 매운탕은 담수어 농어목 어종답게 가시가 적어 먹기도 편하다.

② 서식조건이 까다롭고, 남획(濫獲)되어 개체 수가 적은 편이었지만, 지방자치단체의 지속적인 치어 방류로 개체 수가 다소 회복되었다.

③ 야행성이라서 낮에는 돌 밑에 숨어 가만히 있지만, 밤에는 은신처 밖으로 나와 적극적으로 사냥하기도 한다.

④ 위협이 가해지면 쏘가리는 등지느러미 가시를 세운다. 대중들에게는 이 가시에 독이 있다고 알려졌지만 실제로는 없다.

⑤ 12월 중순~4월 중순까지는 국내산 쏘가리를 구하기 힘들고, 5월은 금어기이니 매운탕을 먹으려면 국내산 쏘가리가 많이 출하되는 6~11월에 먹는 게 좋다.

성분 및 효능

① 단백질, 아미노산이 풍부해서 근육량 증진과 뇌기능 향상에 도움을 준다.

② 풍부한 식이섬유가 함유되어 소화를 원활하게 하여 변비를 예방해 주고, 혈액순환을 개선하는 데 도움을 준다.

③ 철분과 엽산이 풍부하게 함유되어 빈혈 예방과 혈액순환 개선에 효과적이다.

④ 비타민 A와 비타민 E가 함유되어 피부를 윤기 있게 하고, 주름을 예방하는 데 도움을 준다.

⑤ 비타민 B가 함유되어 머리카락의 성장을 촉진하고, 탈모 예방에 효과적이다.

활용요리

쏘가리 매운탕이 유명하며 회, 구이, 찜, 곰국 등으로 먹는다.

⑨ 송어(Trout, 松魚)

연어목 연어과의 회귀성 어류이다. 산천어와 같은 종으로 분류되나, 강에서만 생활하는 산천어와 달리 바다에서 살다가 산란기에 다시 강으로 돌아오는 습성이 있다. 가슴지느러미와 배지느러미는 모양이 비슷하고 수직선상에 거의 나란히 붙어 있다. 측선(옆줄)은 완전하고 몸 양쪽 옆면의 거의 중앙부에 곧게 달린다. 몸 빛깔은 성어의 경우 등 쪽이 짙은 남빛이고 배 쪽은 은백색이며, 옆구리에는 작은 암갈색 반점이 있다. 강 상류의 물이 맑은 곳에서 서식하며, 주로 곤충을 먹지만 작은 어류·갑각류도 먹는다. 강원특별자치도 평창 송어가 수산물 지리적표시(PGI) 제23호로 등록되어 있다.

재료 및 특성

① 시마연어라고도 하며, 몸길이는 약 60cm이다. 연어보다 몸이 굵고 둥글며 약간 옆으로 납작하다. 주둥이는 연어보다 무딘 편이고, 비늘은 둥근 비늘(원린)이다.

② 산란기가 되면 암컷과 수컷이 같이 바다에서 강으로 올라온다. 물이 맑고 자갈이 깔린 여울에서 수컷이 웅덩이를 파고 산란과 방정을 한 뒤에 암컷이 자갈로 알을 덮는다.

③ 부화한 알은 약 1년 반에서 2년 동안 강에서 서식하다가 9~10월에 바다로 내려가고, 3~4년 후에 강으로 되돌아와 산란 후 모두 죽는다.

④ 산란기는 9~10월이며 암컷과 수컷이 다 같이 검은 갈색으로 변하고, 수컷은 주둥이가 길어져 구부러지며, 몸의 양쪽 옆면에는 복숭아색의 불규칙한 구름무늬가 나타난다.

성분 및 효능

① 불포화지방산의 주요 성분인 DHA성분이 뇌세포의 활성화를 촉진해 기억력 · 집중력 · 인지능력 등의 뇌기능을 개선해서 치매 예방 및 성장기 어린이의 두뇌 발달에도 많은 도움이 된다.

② 칼슘과 인 등의 미네랄 성분들이 뼈 건강에 도움을 준다.

③ 불포화지방산이 혈중 LDL 콜레스테롤 수치를 낮춰주고, 혈관 내 노폐물을 배출해서 동맥경화나 고혈압 등의 심혈관계 질환을 예방한다.

④ 불포화지방산 및 비타민 E 등의 항산화작용으로 체내 활성산소를 제거하고, 세포의 재생을 촉진해 노화 예방에도 좋다.

⑤ 양질의 단백질 및 비타민 B_1 · B_2 성분과 여러 미네랄 성분들이 기력 증진과 피로 회복에 많은 도움을 준다.

⑥ 비타민 A · E, 불포화지방산 성분들이 체내 신진대사 및 혈액순환을 촉진시켜 면역력을 강화한다.

⑦ 철분성분이 신체조직에 산소를 공급하는 적혈구의 생성을 촉진하여 빈혈을 개선하고 예방한다.

활용요리

① 구이나 튀김으로 조리하면 고소한 맛을 즐길 수 있다.

② 신선한 송어를 얇게 썰어 간장과 고추장을 섞어 만든 양념장과 같이 먹으면 맛이 더욱 좋다.

③ 고추장, 고춧가루, 간장 등을 넣고 찜을 한다. 송어의 고소한 향이 맛을 더한다.

| 패류 |

1 다슬기(Melanian snail)

다슬기탕

　다슬기과 연체동물로 번식력이 아주 좋고, 청정 1급수 하천과 호수 등 물살이 센 곳의 바위틈이나 강·하천에서 서식한다. 전국적으로 분포되어 있고, 하상(河床)이 자갈, 호박돌 등으로 이루어진 곳을 선호한다. 패각(貝殼)은 길쭉한 탑형으로 황갈색이나 적갈색 띠가 나타나기도 한다. 자웅이체로 난태생이고, 부착조류 및 하상에 퇴적된 유기물, 수초 등을 먹고 자란다.

　주요 서식지는 강원특별자치도 강릉시 주문진읍 장덕리 신리천, 전북 임실군 덕치면 일중리 치천, 경북 울진군 서면 소광리 후곡천 등이다.

재료 및 특성

① 친숙한 어패류로 삶으면 청록색을 띤다. 이는 엽록소 성분으로 다슬기의 먹이인 수초와 이끼류로 인한 현상이다.

② 야행성으로 햇볕이 내리쬐면 바위틈에 숨어 있다가 어두워지면 슬슬 밖으로 나온다.

③ 지역마다 고유한 명칭이 있다. 충청도에서는 올갱이, 전라도에서는 대사리, 경남에서는 고디·민물고동, 경북에서는 소래고동·골뱅이라고도 부른다.

④ 더듬이가 길며, 더듬이 밑에 눈이 있다. 나선형 삼각뿔 모양을 한 껍데기는 여러 층으

로 꼬여 있으며, 다 자라면 25mm 정도 된다.

⑤ 산란기인 5~6월에 어획한 것이 가장 맛있고, 암컷 한 마리가 보통 700마리의 새끼를 품는다. 곳체 · 좀주름 · 주름 · 염주 · 구슬알 · 참다슬기 등 약 8종류가 우리나라에 서식한다.

⑥ 해감을 잘해도 모래 같은 게 씹히는 느낌이 있을 수 있는데, 이는 다슬기 대부분이 난태생이라 껍데기가 갓 생성된 새끼 다슬기가 씹히는 것이다. 대략 6~7월쯤에 잡은 다슬기는 이런 식감이 없다.

성분 및 효능

① 필수 아미노산과 타우린 성분은 간기능 회복과 숙취 해소를 돕는다.

② 칼륨과 엽록소를 풍부하게 함유해서 각종 심혈관계 질환을 유발하는 LDL 콜레스테롤을 배출해 혈액 정화에 도움이 된다.

③ 철분과 마그네슘, 비타민 B_2가 다량 함유되어 철 결핍성 빈혈 예방에 좋으며, 편두통이 있는 사람들에게는 두통 완화 효과가 있다.

④ 미네랄 성분이 풍부하게 함유되어 위장 운동을 활발하게 하도록 도와주며 소화기 질병을 예방하는 데 도움을 준다.

⑤ 비타민 A가 풍부해서 시력을 보호해 주고, 눈의 충혈과 통증을 다스린다.

⑥ 숙취의 주요 원인 중 하나인 '아세트알데히드(acetaldehyde)'의 분해가 뛰어나며, 독성을 완화해 준다.

활용요리

① 맑은 다슬기탕에 들깻가루를 넣은 다슬기탕은 보양식이다.

② 다슬기로 수제비, 해장국, 무침, 된장찌개 등으로 활용할 수 있다.

③ 냄비에 다슬기를 삶은 푸르스름한 국물을 자작하게 붓고 고춧가루와 버섯, 아욱, 콩나물을 넣고 끓인다. 된장을 풀고 다슬기 속살을 넣으면 '다슬기(올갱이) 해장국'이 된다. 충북 괴산의 별미다. 달걀옷을 입혀 국물에 넣으면 다슬기가 바닥에 가라앉지 않고 동

동 뜬다. 얼큰하게 먹고 싶다면 산초가루나 다진 청양고추를 넣어 먹는다. 국물에 밥을 한꺼번에 말지 않고, 조금씩 말아야 뜨끈한 해장국 맛을 제대로 즐길 수 있다.

② 재첩(Marsh clam)

제첩국수

백합목 재첩과의 조개로 강의 모래가 많이 섞인 진흙 바닥에 서식한다. 다 자란 것의 껍데기 길이가 2cm 내외인 작은 조개라 먹는 목적이 조갯살이라면 먹지 않는 게 좋다. 다른 조개보다 먹을 것이 별로 없다. 주 생산지는 섬진강 중·하류 지역에서 채집하는데 전남 광양시와 경남 하동군의 재첩이 유명하다. 하동 재첩이 더 알려졌지만, 같은 섬진강 재첩이다. 낙동강 재첩은 1987년 하구에 제방을 세운 이후 재첩 수는 거의 멸종상태이다. 만경강과 동진강 사이 심포항과 동진강 하류 새만금 재첩은 섬진강이나 송지호, 남대천 재첩보다 노란색을 띠며, 알이 굵고 단맛이 많은데다 품질이 우수하다는 것도 새만금 재첩의 특징이다. 지금은 국내 생산량의 대부분을 차지하고 있음에도 섬진강 재첩 판매 가격의 1/10 수준으로 제값을 받지 못하는 실정이다.

재료 및 특성

① 국내산과 수입품을 구별하는 방법은 국내산의 경우 크기가 제각각이고, 수입품은 통관을 위해 선별하므로 크기가 일정하다.
② 단백질 함량이 100g당 12.5g으로, 같은 무게의 두부 속 단백질 함량인 약 9g보다 높다.

③ 재첩은 1급수에서 서식하다 보니 환경오염으로 인해 채집량이 점점 줄어들고 있지만, 아직 양식기술은 발달하지 않았다.

④ 섬진강의 채집이 줄어들면서 국내산 재첩은 거의 멸종 위기에 처했다. 2008년 재첩 대란이 펼쳐지면서 중국산 재첩으로 거의 대체되었다. 그 이후로 껍질이 제거된 재첩살 수입량이 급증했고, 식당에서는 피재첩국이 거의 사라졌다.

⑤ 재첩국에 조미료를 사용하지 않아도 깊은 감칠맛이 나는 이유는 호박산·알라닌·글리신 같은 유익한 아미노산이 국물에 우러나기 때문이다.

⑥ 5월 전후로 시작하는 재첩잡이는 추워지기 직전인 10월까지 계속되는데 산란기인 5~6월에 맛과 향이 더욱 풍부하다.

성분 및 효능

① 속살에는 간 보조식품에 첨가되는 '메티오닌(methionine)', 시스테인 성분을 비롯해 타우린·단백질·아연·칼슘·철분·비타민 등이 간기능을 증진하며, 숙취를 해소하고 간염, 지방간 예방 효과가 있다.

② DHA, EPA 같은 고도 불포화지방산은 체내 중성지방 수치를 떨어뜨려 혈압 및 심혈관계 질환의 개선에 좋다. 또한 콜레스테롤 함량이 매우 적고 다양한 생리활성물질이 많아 동맥경화, 고지혈증 등 심혈관질환 예방에 도움이 된다.

③ 100g당 칼슘 함량이 181mg으로 칼슘과 인의 비율이 1:1로 체내 흡수율이 높아 성장기 어린이나 임산부에게 도움을 주며, 노년층의 골다공증 예방에도 도움이 된다.

④ 100g당 21mg의 철분이 함유되어 있어 철 결핍성 빈혈에 좋은 음식이다. 이는 식약처 권장 남성 하루 철분 섭취량의 175%에 해당하는 양이다.

⑤ 오메가-3 지방산도 다량 함유되어 두뇌 발달과 치매 예방에도 도움을 준다.

활용요리

① 주로 국물을 내는 데 사용되고, 재첩국·재첩된장국 등을 끓이면 좋다.

② 덮밥이나 전 등으로도 해 먹을 수 있다.

③ 일본 역시 재첩국 형태로 먹기도 하고, 재첩을 넣어 국물을 낸 아카미소(붉은 미소된장) 된장국이나 각종 영양보조식품 형태로도 소비된다. 시마네현의 신지호(宍道湖)가 재 첩의 산지로 유명하고 출하량도 많다.

③ 벚굴(Densely lamellated oyster)

 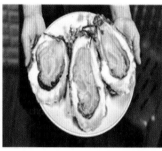 

섬진강 하구 일대에서 서식하는 굴로 서너 개가 한데 모여 자란다. 전남 광양시 진월면 의 망덕포구와 경남 하동군 고전면 전도리의 신월포구에서 서식한다. 껍데기의 크기에 비해 속살이 야무지지 않아 '벙'이라는 접두사를 붙여 '벙굴'이라 부르거나, 강에서 나는 굴이라 해서 '강굴'이라 불리기도 한다. 벚굴이라는 이름은 강바닥에 붙어 있는 모양새가 벚꽃과 같기도 하고 벚꽃이 피는 시기에 가장 맛이 좋기도 하여 붙여진 명칭이다. 이 밖 에 '벗굴', '퍽굴', '토굴' 등의 여러 명칭이 있다. 일반 굴보다 크기가 매우 크며, 잠수부들 이 직접 채취한다. '맛의 방주(Ark of Taste)'에 등재되어 있다.

재료 및 특성

① 주로 3~4년산을 식용하며, 흰 속살의 벚굴은 바다에서 난 굴에 비해 비린 맛이 거의 없고, 짠맛도 없다.

② 둥근 부채모양의 중·대형종으로 껍데기 크기가 20~40cm에 달하는데, 일반 굴에 비 하면 5~10배가량 크다.

③ 2~4월이 제철로 산란기에 접어드는 5월에는 식중독 위험이 높으므로 섭취에 유의해야 한다.

④ 제철에는 잠수부 한 명당 300~400kg 정도의 수확이 가능하였으나, 최근에는 생태계 변화 등의 원인으로 점점 채집량이 줄고 있다.

⑤ 민물에서 채집하는 굴인데도 회로 먹는 것이 가능하고, 식감은 부드러우면서 감칠맛이 있다.

활용요리

속살을 발라내 초고추장 · 마늘 · 고추 · 묵은지 등을 곁들여 생으로 먹어도 좋고, 구이 · 튀김 · 전 · 찜 · 죽 · 탕 등으로 다양하게 조리하여 먹을 수 있다.

| 기타 수산물 |

① 블랙 캐비어(Black caviar, 철갑상어알)

철갑상어

인류 역사 속에서 가장 귀하고 비싼 음식 중 하나로 인식되었다. 세계 3대 진미 중 하나인 '블랙 캐비어(Caviar)'는 황제나 귀족들의 음식으로 널리 알려져 있으며 저지방 · 저열량 · 고단백 등 영양이 조화롭게 함유되어 현재도 상위 1%를 위한 음식이라 불린다. 바다의 보석, 블랙다이아몬드, 세계 3대 진미(캐비어, 푸아그라, 송로버섯)라는 화려한 수식어가 따르는 고급 음식 재료로 손꼽힌다. 미식가들은 '한번 빠지면 헤어 나올 수 없는 맛'이라고 평가하기도 한다. 블랙 캐비어는 중국에서 국보급 천연기념물로 취급될 정도로 희귀한 철갑상어의 알을 염장해 만든 고급 식재료이다.

 철갑상어(Sturgeon)

상어와는 전혀 관련없는 민물 어류로 맛이 좋아 고급 횟감이다. 강하고 사납게 생겼지만 성질은 매우 온순해서 사람을 물지 않는다. 길쭉한 몸에 비늘이 없으며, 몸길이는 보통 2~3.5m이다. 알을 낳을 수 있을 만큼 성장하는 데 오랜 시간이 걸리며, 암컷은 몇 년에 한 번씩 산란하는 어류이다.

고함량의 불포화지방산을 함유해서 혈관질환·동맥경화·심장질환을 예방한다. 또한 단백질이 풍부해서 운동능력의 향상에 기여하고, '카르노신(carnosine)'이라는 성분이 근력을 높여주며, 폴리펩타이드(Polypeptide) 성분을 함유하고 있어 피부를 탄력 있고, 건강하게 해준다.

재료 및 특성

① 자연에서는 철갑상어를 보기 힘들어 인공적으로 알을 부화시켜 전국 각지에서 양식되고 있다.

② 블랙 캐비어를 생산하기 위한 철갑상어 양식장이 경남 함양군에 국내 최대 규모로 운영되고 있다. 함양군 철갑상어영농조합은 지리산 자락 해발 700m 고지에 총부지 5,000평 규모로 그 위용(威容)을 드러낸다. 이곳에서 수조 총 60개, 약 4만여 마리의 철갑상어를 양식하고 있다. 양식장이 이곳에 있는 이유는 물 맑고 공기 좋은 지리산 심심산골에 자연 친화적 양식 환경을 조성하기 위해서다. 이런 환경에서 자란 국내산 블랙 캐비어는 수입품보다 맛이 좋다. 수입품은 대부분 보존기간을 오래 유지하기 위해 방부제를 사용하고, 염지 과정이 이뤄지기 때문에 블랙 캐비어 본연의 맛이 없다. 반면, 영농조합에서 양식된 국내산은 첨가물을 사용하지 않고 철갑상어알 97%(100% 국내산), 천일염 3%(프랑스)의 낮은 염분 처리로 숙성해 최고의 맛을 자랑한다.

성분 및 효능

① 독특한 풍미와 질감에 세계적으로 사랑받고 있다.

② 오메가-3 지방산, 프로테인(protein), 아미노산 등 다양한 영양소를 함유해서 신경계 건강과 면역력 강화에 도움을 준다.

③ 아미노산과 오메가-3 지방산을 풍부하게 함유해서 세포의 에너지를 생성한다.

④ 피부와 머리카락에 좋은 미량 원소와 영양소를 함유해서 피부의 탄력을 높이고, 머리 카락을 건강하게 유지하는 데 도움이 된다.

활용요리

고급 코스 요리의 전채요리나 육류에 곁들여 먹는 블랙 캐비어는 입에서 씹는 순간 약간의 짠맛 뒤에 오는 버터 향과 호두 향이 입맛을 돋운다.

② 토하(Toha, 생이)

토하젓

토하는 흙새우로 전남 지역 논이나 저수지에서 잡히는 아주 작은 민물새우를 의미하는데 이를 소금에 절여 만든 젓갈이 토하젓이다. 전라도에서는 '생이' 또는 '새비', 충청도에서는 '새뱅이'라고 부른다. 이외에도 '민새우젓' 혹은 '민물새우젓'이라고 부른다. 소금을 뿌려 민물새우를 한 달 동안 삭힌 다음 찰밥과 소금, 고춧가루를 넣어 찧거나 갈아 만드는 것이 특징이다. 친환경 지역 1급수에서만 서식하는 우리나라의 대표적인 토종새우로 번식을 위해서는 사람의 발길이 닿지 않고, 물이 깨끗하며, 흙이 좋아야 하는 등의 세 가지 조건을 갖춰야 한다. '맛의 방주(Ark of Taste)'에 등재되어 있다.

토하젓은 전남 강진군의 특산품이다. 옛날부터 독특한 맛으로 임금님 수라상에도 올랐는데, 오랫동안 숙성시켜 맛과 향이 탁월하다.

재료 및 특성

① 맑은 물이 흐르는 논에서 서식하는 토하는 11~이듬해 3월까지 어획하는데, 해마다 자연 번식을 해서 양식할 필요가 없다.
② 토하는 농약이 한 방울만 있어도 서식하지 않으며, 한 해 벼농사를 끝내고 농한기에 잡아서 숙성시킨다.
③ 2~3년에 한 번씩 논바닥 흙을 뒤집어주는 것을 제외하고는 모든 것을 자연 상태에서 키운다.

성분 및 효능

① 여름철 "꽁보리밥을 먹고 체했을 때 토하젓 한 숟가락만 먹으면 낫는다"라고 하여 전라도에서는 소화젓으로 널리 알려졌다.
② 입맛을 돋우고 여름철에 고기와 먹으면 배탈을 예방하는 것으로 알려져 있다.

활용요리

① 토하젓은 그 자체로도 훌륭한 반찬이지만, 다른 재료와 결합했을 때 더욱 빛을 발한다.
② 토하젓을 사용한 명태회 무침은 신선한 명태의 쫄깃한 식감과 토하젓의 감칠맛이 어우러져 맛의 조화를 이룬다.
③ 향긋한 허브나 채소의 드레싱으로 사용하거나, 볶음 요리의 감칠맛을 내는 천연 조미료로 활용된다.

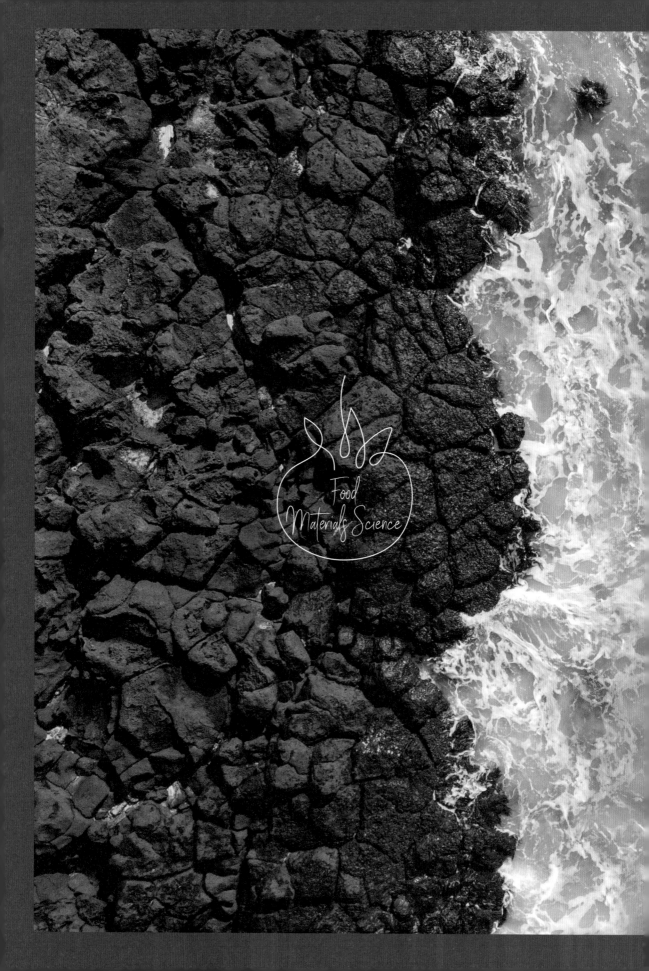

CHAPTER 5

바다

CHAPTER **5**

바다

| 해수어류 |

① 고등어(Chub mackerel)

고등어회

대표적인 등 푸른 생선이며, 한국인의 밥상에 조림 · 구이 · 찌개로 자주 올리는 국민 생선으로 계절에 따라 서식지를 바꾸는 계절성 '회유어(回遊漁)'이다.

국내산 고등어는 산란기인 4~5월은 제주 해역에서 지내며, 산란 후에는 따뜻한 수온을 따라 북상해 몸을 불린다. 가을부터는 다시 제주 해역으로 남하하는데 이때 잡히는 고등어는 지방과 영양소를 가득 채워서 맛이 아주 좋다. 그래서 '가을 고등어는 며느리도 안 준다'라고 한다.

고등어는 전 세계적으로 다양한 수역에 서식하고 있으나, 우리나라에서 주로 볼 수 있는 종류는 태평양고등어(Scomber japonicus)와 망치고등어(Scomber australasicus)이다. 태평양고등어는 참고등어라고도 부른다.

> **Tip** ▶ **안동 간고등어(Andong salted mackerel)**
>
> 경북 안동에서 생산되는 소금에 절인 고등어로 산간지역에서 명성을 얻은 생선이다. 교통이 여의치 않던 시절 동해안의 영해·영덕 지역에서 잡은 고등어를 내륙지역인 안동으로 가져와 판매하려면 상하게 되므로, 산지(産地)에서 내장을 제거하고 뱃속에 소금을 한 줌 넣어 팔았는데 이것이 안동 간고등어이다. 오늘날에는 역사적 고찰을 바탕으로 현대 시설에서 체계적으로 생산되어 국내외로 유통되면서 안동의 특산물로 각광받게 되었다. 특히 안동과학대학교 교수와 기능 보유자 이동삼씨를 주축으로 특허를 받으면서 명성이 더욱 높아졌다.

재료 및 특성

① 고등어를 셀 때 '손'의 유래는 생선을 바닥에 쌓아 놓으면 아래쪽 생선은 금방 짓무르게 되어 벽이나 걸이에 걸어놓고 판매하기 위해 짚으로 만든 노끈으로 포장한 것을 말한다. 한 마리로는 묶을 수가 없어 한 손은 두 마리를 의미한다.

② 국내산 고등어는 노르웨이산 고등어와 비교했을 때 눈알이 더 크다. 노르웨이산 고등어는 몸체가 가늘면서 길고, 등 쪽에 굵은 무늬가 있다.

③ 내륙에서 판매되는 고등어회는 통영시 욕지도에서 가두리 양식된 고등어이다.

성분 및 효능

① 불포화지방산인 EPA가 어류 중에서 가장 많이 함유되어 동맥경화증(Arteriosclerosis)·심혈관계 질환을 예방해 준다.

② 오메가-3 지방산(DHA, EPA)은 성장기 아이들의 두뇌 발달, 어르신들의 인지기능 유지에 도움을 준다.

③ 단백질 함량이 높아 근육 유지·강화에 도움이 된다.

활용요리

① 먹기 좋게 썬 무를 냄비 바닥에 깔고, 고등어를 얹은 후 양념장을 넣어 고등어무조림을 만든다.

② 묵은지를 활용하여 고등어묵은지찜을 만들 수도 있다.

③ 바다 주변의 횟집이나 고급 일식집에 가면 고등어회를 먹을 수 있다.

④ 고등어초절임은 일본에서 기원한 것으로 운송 중에 썩는 걸 방지하기 위해 강력한 살균력이 있는 식초에 담근 것이다.

② 꽁치·과메기·학꽁치

꽁치

학꽁치

과메기

경골어류 동갈치목 꽁치과의 바닷물고기로 미국과 우리나라 등 아시아 사이의 북태평양 해역에 널리 분포한다. 영양이 풍부할 뿐만 아니라 값이 싸서 구이나 조림으로 많이 애용되는 꽁치는 단백질이 우수한 가을 생선으로 손꼽힌다.

1) 꽁치(Pacific saury)

꽁치는 수심이 얕은 수층(0~30m)을 떼지어 유영하는 표층 회유성 군집 어종으로 지역에 따라 공치·청갈치·추광어 등으로 부르며, 원양성·내수성 어류로 우리나라 동서 남부 연해와 러시아·일본 수역에 분포한다.

꽁치를 잘 살펴보면 아가미 근처에 침을 놓은 듯 구멍이 나 있다. 그래서 '구멍이 있는 생선'이라는 뜻으로 '공치'로 불리던 생선이 된소리가 되어 꽁치가 되었다.

울릉도 주민들이 뗏목을 만들어 바다에서 꽁치를 손으로 잡는 전통 어업 방식의 울릉 손꽁치(Ulleung Hand Caught Saury)가 '맛의 방주(Ark of Taste)'에 등재되어 있다.

재료 및 특성

① 꽁치의 수명은 약 3년이다. 몸길이가 약 40cm 정도까지 성장하며, 난류를 타고 고위 도 해역까지 이동하기도 한다.

② 비타민 $B_1 \cdot B_2$가 풍부하고, 필수아미노산 함량이 달걀에 버금갈 정도로 높고, 단백질 의 질도 우수하다.

③ 추워질수록 배에 지방과 영양분을 축적해서 겨울철 꽁치는 유독 뱃살이 더 맛있다.

성분 및 효능

① 꽁치에는 칼슘이 풍부해서 갱년기 여성의 골다공증 예방에 좋으며, 붉은 살에 함유된 비타민 B_{12}와 철분은 빈혈을 예방한다. 그러나 '퓨린(Purine)' 성분이 많아 통풍 환자나 요산 대사 이상으로 관절염을 앓는 사람은 섭취하지 않는 게 좋다.

② 꽁치 기름은 불포화지방산(DHA, EPA)으로 LDL 콜레스테롤과 중성지방 수치를 낮춰 서 동맥경화증을 예방한다.

③ 몸에 유익한 아미노산 성분인 시스테인 · 메티오닌 · 황 성분을 함유해서 간 해독작용 을 돕고, 기능을 개선한다.

④ DHA는 뇌와 신경조직 발육을 돕고, 뇌세포를 활성화해서 치매 예방에 좋다.

활용요리

① 소금을 뿌려 구운 꽁치구이, 채소를 넣은 꽁치조림, 기름에 튀긴 꽁치강정, 튀김 등으 로 다양하게 조리한다.

② 꽁치 통조림에 데친 열무를 넣고 조림을 하면 좋다. 열무가 꽁치의 비린 맛을 제거해 깔끔한 맛을 낸다.

2) 과메기(Guamegi)

과메기는 청어나 꽁치가 얼고 녹기를 반복하여 겨울 해풍에 건조시킨 것이다. '과메기'란 이름의 유래에 대해서는 두 가지 설화가 있다. 하나는 '눈을 꿰어 넣었다'는 뜻의 관목어(貫目魚)가 발음상의 변화로 과메기가 되었다는 것이고, 다른 하나는 '새끼를 꼬아 묶어' 말렸다고 해서 과메기가 되었다는 것이다. 차디찬 바닷바람 속에서 수분이 빠져나간 과메기는 고소함과 쫀득한 맛이 어우러져 겨울철 별미이다. 옛날에는 부엌 창에 걸어놓고 말렸는데 아궁이에서 나오는 연기가 과메기를 훈제시키는 효과를 냈다고 한다. 연기가 기름기를 제거하는 역할을 한 것이다.

재료 및 특성

① 경북 포항의 향토식품으로 바닷바람이 부는 곳에서 많이 생산된다.

② 발효 중에 핵산성분이 감칠맛을 내는 과메기는 꽁치의 내장과 머리를 제거하고 반으로 갈라 대개 -5~6℃에서 2~3일간 발효 또는 숙성시켜 만든다.

③ 탄수화물이 주식인 사람에게 부족하기 쉬운 '트레오닌', 성장기 어린이에게 필요한 '아르기닌'과 '메티오닌' 등의 필수아미노산이 발효 과정에서 증가한다.

④ 단맛 · 쓴맛 · 신맛 · 짠맛 등이 어우러진 과메기의 감칠맛은 발효와 숙성과정에서 생성되는 핵산성분이다.

⑤ 꽁치를 반으로 갈라 말리는 '배진 과메기'는 발효 숙성기간이 통으로 말리는 '통과메기'의 1/5밖에 안 되지만, 지방이 공기에 직접 노출되므로 산패(敗) 위험성이 있어 '배진 과메기'보다 '통과메기'를 훨씬 상품(上品)으로 친다.

성분 및 효능

① 100g당 DHA, EPA, 오메가-3 지방산은 약 7.9g으로 꽁치(5.8g)보다 약 36% 많아서 심혈관계 질환 예방과 두뇌 발달에 좋은 것으로 보고되어 있다.

② 오메가-3 지방산은 과메기를 만드는 과정에서 더 많이 생성되어 피부 노화, 체력 저하, 노화 방지 등에 매우 좋다.

③ 과메기 속의 아스파라긴산 성분은 알코올 분해와 숙취 해소를 돕는다.

④ 햇볕에 말린 생선이라 비타민 D와 칼슘이 풍부해 골다공증 예방에 좋다.

활용요리

① 과메기를 넣은 김치찜을 해 먹어도 맛이 아주 좋다.

② 후춧가루를 뿌리고, 데리야끼 소스로 프라이팬에 살짝 익히면, 장어구이 먹는 기분을 느낄 수 있다.

③ 고추냉이를 곁들여서 초밥처럼 먹어도 좋다.

④ 내장 부위에 영양소가 풍부하니, 살코기와 같이 먹도록 한다.

⑤ 흔한 게 꽁치였던 구룡포 사람들은 옛 맛이 그리울 땐 꽁치죽을 쑤어서 먹는다.

3) 학꽁치(Half beak/horn fish, 침구어)

바다와 민물을 오가며 서식하는 어종으로 중국·일본·한반도 연근해에 분포한다. 생김새는 꽁치와 비슷하다. 영양이 풍부하고 값이 싸서 두루두루 애용되는 생선이다.

재료 및 특성

① 몸이 가늘고 길며 아래턱이 학의 뿌리처럼 길게 나와 있는 어종으로, 등쪽은 청록색이고 배 쪽은 은백색을 띠고 있다.

② 담백한 맛을 지니고 있어, 고급 횟감으로 손꼽히는 어종 중 하나이다.

성분 및 효능

① 단백질과 비타민 B_{12}가 풍부해서 빈혈 예방에 좋으며, 열량이 낮아 체중 감량 시 효과적이다.

② 불포화지방산이 풍부하여 성장기 어린이들의 발육에 좋다.

활용요리

① 소금을 뿌린 구이나 조림으로 많이 이용되며, 껍질째 먹는 것이 좋다.

② 회로 먹거나, 기름에 튀겨 소스에 버무린 강정 등 다양한 요리에 이용된다.

③ 까나리(Pacific sand lance, 양미리)

까나리

양미리

백령도 까나리 숙성 전경(수협)

   까나리는 덜 자란 상태, 즉 멸치와 같은 크기를 이용한 것이 바로 액젓이나 건어물에서 판매하는 까나리이다. 한류성 어종이라 수온이 15℃ 이상 올라가면 모래 속에 몸을 파묻고 여름잠을 거쳐 30cm까지 자라기도 한다. 특히 산란기인 12~1월 사이에 동해에서 많이 어획되는데 이때의 까나리는 강원특별자치도에서는 양미리라고 한다. 크기에 따라 서해에서는 까나리라 부르고, 동해에서는 양미리라고 불리는 것이다. 사실 양미리는 식용하지 못할 만큼 작은 편이라 상용화되지 못한 어류이다. 그러나 표준명은 하나이므로 양미리는 까나리이다. 한반도 전 연안과 일본·미국 알래스카주 등지에 분포한다.

재료 및 특성

① 성질이 급해서 멸치처럼 어획하면 바로 죽는다.

② 바닥이 모래인 곳에서 무리를 지어 서식하며, 작은 갑각류·어류 등을 먹고 자란다.

③ 액젓은 특유의 짠맛과 단맛, 비린 맛이 있지만, 멸치액젓보다 덜하다.

성분 및 효능

① 단백질과 칼슘, 인, 철분 등이 풍부하여 골다공증 예방과 뼈의 성장 촉진을 돕고, 뇌 발달과 활동을 촉진한다.

② 발효과정에서 생성되는 유익한 박테리아는 장 건강을 증진해서 소화를 돕고, 면역체 계를 강화하는 데 도움을 준다.

활용요리

① 말린 까나리는 멸치처럼 볶음으로 해 먹으면 맛이 있다.

② 양미리 장칼국수와 구이이다. 알이 꽉 찬 싱싱한 양미리를 연탄불에 굵은소금을 뿌린 구이는 죽기 전에 꼭 먹어야 할 101가지 음식으로 선정될 만큼 맛이 좋다. 장칼국수는 강원특별자치도 강릉 지역의 향토음식인데, 거기에 양미리를 넣은 양미리 장칼국수가 관광객들의 사랑을 받고 있다.

④ 대구(Cod)

제주산 은대구

대구과에 속하는 한류성 어종으로, 식용으로 유명하다. 11~이듬해 2월 추운 겨울이 되면 가장 먼저 생각나는 대구(大口)는 '생선의 왕'이다. 입이 커서 대구이고, 머리통도 큼지막해서 '대두어'라고 불린다.

입이 커서 먹성도 좋고, 평소에는 하마 같은 입을 크게 벌린 채 다닌다. '바다의 꿀돼지'라 뭐든 꿀꺽 삼켜버린다. 어획하는 순간 신선도가 급격히 떨어져 회로 먹기는 힘든 생선이지만, 비린 맛이 없으면서 도톰한 살이 담백하고, 부드러워 전 세계인의 사랑을 받는다. 영국을 대표하는 음식 '피시 앤 칩스(fish and chips)'의 생선도 대구다.

> **Tip ▶ 은대구(Sablefish)**
>
> 북태평양 주변국의 수산업에 중요한 어류로 분류되고 있으며, 미국 알래스카주와 일본에서 각광받고 있다. 한반도에서는 많이 어획되지 않아 어업 가치는 낮지만, 지방이 풍부하고, 일반 대구보다 살이 단단해서 튀김, 구이로도 사용된다. 우리나라 사람들은 대구탕, 지리 등 담백하고 깊은 맛을 자랑하는 일반 대구를 좋아해서 은대구로 탕을 끓이면 노래미와 비슷한 맛이 난다고 하여 인기가 없다. 그러나 겨울이 되어 진한 맛을 원하는 사람들은 은대구탕을 찾는다.

재료 및 특성

① 찬물에서 사는 흰살생선으로, 살이 너무 부드러워 쉽게 상한다.

② 대구탕은 고춧가루 없이 끓여도 시원하고 미나리, 콩나물과 조화를 잘 이룬다.

③ 겨울 경남 거제 앞바다에서 많이 어획된다.

④ 조선시대 고종 임금 때 궁녀들 월급 대신 쌀, 콩과 마른 대구를 주기도 했다고 한다.

⑤ '눈 본 대구, 비 본 청어'란 말이 있다. 함박눈 내릴 때는 대구, 이슬비 내리는 봄엔 청어가 맛있다.

⑥ 10년쯤 되면 1m 넘게 자란다. 수명은 13~14년 정도이고, 7kg 이상 되는 것은 '누룽이'라고 부른다.

⑦ 알을 품은 채로 소금에 절여 바람에 잘 말린 대구는 '약대구'라고 한다. 알 사이사이에 염분을 머금고 있으므로, 쌀뜨물에 하룻밤 담가서 소금기를 잘 제거해야 한다.

⑧ 통대구는 대구의 배를 갈라 아가미와 내장을 제거한 후 통째로 말린 것이다.

성분 및 효능

① 양질의 단백질과 아미노산, 비타민 A · B군이 체내 에너지 생성을 돕고, 신진대사를 증진해 기력 회복에 좋다.

② 오메가-3 불포화지방산이 혈중 LDL 콜레스테롤 수치를 낮춰주고, 혈관 내 노폐물을

배출해 동맥경화, 고혈압 등의 성인병 예방에 도움이 된다.

③ 비타민 A가 풍부하게 함유되어 눈의 피로를 풀어주고, 시력을 보호한다.

④ 다양한 비타민 성분들이 활성산소를 없애주고, 세포의 재생 촉진 및 항산화작용을 하여 노화 예방에 도움이 된다.

⑤ 칼륨, 비타민 B_2 성분이 체내에 쌓여 있는 염증과 각종 노폐물을 배출한다.

활용요리

① 매운탕 · 지리 · 연잎찜 · 껍질 강회 · 조림 · 포 무침 · 알찌개 · 아가미젓 · 알젓 등이다. 알에는 비타민이 풍부하다.

② 고니는 수컷 대구의 정자 덩어리로 맛이 일품인데 큰 것은 500g이나 된다. 살짝 익혀야 맛이 있다.

③ 거제사람들은 감기에 걸리면 생대구에 멥쌀을 넣어 '갱죽'을 끓여 먹고 땀을 낸다.

④ 볼의 살이 두툼해서 '뽈찜, 뽈탕'으로 요리한다. 목도 굵어서 '목살찜'까지 한다.

⑤ 도미·자리돔

참돔　　　　　　자리돔

　도미는 도미과에 속하는 바닷물고기의 총칭으로 약 100여 종이 있으며, 우리나라에는 10여 종이 분포한다. 대표적인 종류로는 참돔 · 감성돔 · 돌돔 · 벵에돔 등이 있다. 봄철이 가장 맛있는 생선으로 지방이 적고 살이 단단해서 비만이 걱정되는 중년기에 섭취하면 좋고, 단백질이 풍부하고 지방이 적어 병후 회복기 환자들한테도 아주 좋다. 솔라니로 불리는 제주 옥돔(Jeju Okdom)이 맛의 방주(Ark of Taste)'에 등재되어 있다.

1) 참돔(Red seabream)

도미류를 대표하는 참돔의 빛깔은 크기에 따라 차이가 있으나, 일반적으로 분홍색이다. 몸길이는 50cm 내외인데 1m에 달하는 종류도 있다. 『증보산림경제』에서는 "그 맛이 머리에 있는데, 가을의 맛이 봄·여름보다 나으며 순채를 넣어 국으로 끓이면 좋다"라고 기록되어 있다. 살 색이 희고 육질이 연하여 뛰어난 횟감 재료일 뿐만 아니라, 그 맛이 좋아서 옛날부터 도미면(승기악탕), 도미 머리 맑은국 등 고급 음식으로 만들어 먹었다.

재료 및 특성

① 제주도 남쪽 해역에서 월동하고, 봄이 되면 중국 연안과 우리나라의 서해안으로 이동한다.
② 자갈, 암초 해역에서 서식하므로 낚시어업에 의해 다량 어획된다.
③ 일본 사람들이 인정한 '생선의 왕'으로 육질은 쫄깃하며, 씹으면 단맛이 난다. 분홍빛 참돔을 최고로 손꼽는다.
④ 은은하면서도 쫄깃한 맛은 풍부한 아미노산, 글루탐산, 콜라겐 등 노화 예방 영양소들 덕분이다. 이 성분들은 특히 머리 부위에 많다.

성분 및 효능

① 칼슘이 풍부한 생선으로 꾸준하게 섭취하면 골다공증을 예방하고, 뼈 건강을 지키는 데 도움이 된다.
② 탄수화물을 분해하는 비타민 B_1이 풍부하다. 도미의 눈은 비타민 B_1의 공급원이고, 미네랄이 풍부해서 간과 신장 기능을 증진한다.
③ 풍부한 불포화지방산은 혈중 LDL 콜레스테롤 수치를 낮춰주고, HDL 콜레스테롤 수치를 높여서 혈관 건강을 개선하는 데 도움이 된다.
④ 비타민 A·C·E 등의 성분들이 항산화작용을 통해 세포 손상을 방지하고, 면역력 증진에 도움이 된다.

활용요리

① 담백한 맛을 그대로 느낄 수 있는 찜 요리이다.

② 비린내를 없애고, 겉은 바삭하고 속은 부드럽게 조리할 수 있는 구이이다.

③ 쫄깃한 식감과 고소한 맛을 즐길 수 있는 회이다.

④ 영양소를 고스란히 섭취할 수 있는 탕 요리이다. 소금으로 가볍게 간한 맑은 도미탕은 산모에게 젖이 잘 돌게 하는 약으로도 통할 만큼 몸 순환에 좋다.

2) 자리돔(Damselfish)

몸길이가 10~18cm가량인 바닷물고기이다. 몸은 달걀 모양인데 등 쪽은 회갈색을 띠며, 배 쪽은 푸른빛이 나는 은색을 띤다. 입은 작고 흑갈색이며, 가슴지느러미 기부에는 동공 크기의 흑청색 반점이 있다. 제주 자리돔은 5~6월이 제철이다. 돔 중에서 가장 작은 어종으로 부가가치는 낮지만 서민 음식으로 사랑받았고, 큰 물고기를 잡는 미끼로 사용된다. '맛의 방주(Ark of Taste)'에 등재되어 있다.

재료 및 특성

① 무리를 지어 서식하며, 동물성 플랑크톤을 섭식한다.

② 산란기는 6~7월이며, 수컷이 산란 세력권을 형성하고, 암컷은 알을 암반에 붙이고 수컷은 부화할 때까지 지킨다.

③ 제주도에서는 '자리'라고 부른다.

활용요리

제주특별자치도 특산품으로 맛이 뛰어나 물회, 젓갈, 구이 등의 재료로 사용된다.

⑥ 도루묵(Sandfish)

도루묵은 한류성 어종으로 한반도 동해, 일본 북·서해, 러시아의 오호츠크해 근처에 주로 서식한다. 수심 200~400m 내의 모래펄 바닥에 주로 서식하며, 몸길이는 13~17cm 내외로 꽤 큰 편이다.

'헛수고했다'라는 뜻의 관용 표현인 '말짱 도루묵'은 조선시대 선조 임금이 임진왜란으로 피란을 가서 '목어(木魚)'라는 생선을 맛보고 그 맛에 반해 '은어(銀魚)'로 부르도록 했다. 다시 궁궐로 돌아와 그 맛을 잊지 못해서 '은어'를 먹어봤지만 그 맛이 아니었다. 결국 원래 이름인 "도로 목어로 부르라"는 말에서 '도루묵'이 됐다는 것이다. 그저 우리말 유래라지만 이렇게 담백하고 맛이 좋은데 찬밥 신세이니 참 억울한 생선이다.

재료 및 특성

① 강원특별자치도 전역에서 산란철에 많이 어획되며, 명태의 빈자리를 도루묵이 대체하는 상황이다.

② 일본에서 '원폭 피해를 본 사람들에게 도루묵알이 좋다'는 말에 국내산 도루묵은 일본으로 대부분 수출되어 품귀 현상을 빚기도 했다.

③ 겨울 도루묵은 '살 절반, 알 절반'이다. 암컷 도루묵은 알이 무려 1,000~1,500개나 함유되어 배가 비정상적으로 부풀어 있어 '알 도루묵'이라 부르기도 한다.

④ 평소에는 동해안 먼 바다에서 살다가 산란기 때 알을 낳기 위해 동해 연안으로 온다. 산란 시기는 11월 말~다음 해 초까지 겨울철이다.

⑤ 산란하면 살이 푸석해져 12월의 도루묵은 알이 딱딱해져 맛이 떨어진다.

성분 및 효능

① EPA, DHA 등의 불포화지방산이 혈중 LDL 콜레스테롤 수치를 낮춰주고, 혈관 내 노
폐물을 배출해 혈관 건강, 고혈압, 동맥경화 등의 각종 성인병을 예방하는 데 도움을
준다.

② 아미노산의 일종인 글루탐산 성분이 함유되어 이뇨작용에 도움을 주고, 암모니아 해
독작용을 함으로써 피로 회복에 도움을 준다.

③ 단백질, 비타민, 무기질 성분이 풍부해서 몸속 에너지 생성에 도움을 주고, 신진대사
를 촉진해서 약해진 기력을 보충하는 데 좋다.

④ 뇌를 안정시키는 GABA(gamma-aminobutyric acid)를 생성시켜 과민해진 신경을 안정시
켜 불면증을 개선한다.

활용요리

① 굵은소금을 뿌린 구이나 찜, 탕, 조림, 식해 등으로 다양하게 조리해서 먹는다. 탕이나
찌개는 살이 흐물거려 부서지기 쉽다. 국자로 도루묵을 통째로 떠서 양념과 같이 먹는
것이 좋다.

② 일본 아키타현에서도 겨울철 대표 별미라고 하며, 도루묵을 장기간 숙성시켜 초밥으
로 만든 '하타하타즈시'라는 아키타현의 향토 음식도 있다.

⑦ 멸치(Japanese anchovy)

우리나라에 서식하는 멸치는 청어목 멸치과에 속한다. 대서양·태평양·인도양의 연안에 서식하는 소형 어종으로 이탈리아에서는 '앤초비(anchovy)'라 부른다. 말린 멸치는 크기에 따라 요리 방법이 다르고, 가격 차이도 크다. 가장 작은 크기(2cm 전후)는 '소멸' 또는 '지루멸'이라 하여 값이 비싼 편이며, 6~7cm 전후로 비늘이 곱게 덮인 것은 '고주바'라 부르고 가장 비싸다. 몸길이 15cm 전후의 '오바'라 부르는 대멸은 값이 가장 싸고, 주로 밑 국물을 내는 데 사용한다. 멸치 잡는 방식은 다양하나, 전남 완도를 중심으로 한 남해안 해역에선 전통적인 멸치잡이 방식인 낭장망잡이를 고수하고 있다. 낭장망은 길다란 자루 형태로 되어 있으며, 바다에 그물 날개와 자루 끝을 닻으로 고정시키고, 조류가 썰물일 때 망에 들어간 멸치가 밀물로 바뀌면 빠져나가지 못하고 잡히는 방식이다. '맛의 방주(Ark of Taste)'에 등재되어 있다.

Tip ▶ 죽방멸치(Jukbang anchovy)

남해 본섬과 창선면을 잇는 창선대교 아래 '지족해협'과 사천시 '삼천포 해협'이 '죽방렴(竹防簾)'으로 이름났는데, 물살이 빠르면서도 얕은 해협에 대나무로 만든 발을 세워 만들어 멸치를 가둬 잡는 원시 어업이다. 같은 '죽방렴'이라도 대나무 발을 사용하느냐, 그물을 사용하느냐에 따라 크게 차이가 난다.

지족해협은 멸치가 갇히는 통발 내부 재질이 대나무 발이어서 멸치의 손상을 최소화한다. 삼천포 해협은 대나무 발을 사용하면 강한 물살에 무너질 우려가 있어 그물을 이용하는 비율이 높다. 그물은 멸치에 흠집을 내어 상품성을 떨어뜨린다. 1469년에 작성된 『경상도속찬지리지』「남해현조편」에 죽방렴(竹防簾)에 관한 기록이 있을 정도로 연원(淵源)이 깊다. 남해군 지족해협의 죽방렴은 국가무형문화재, 명승, 국가 중요 어업 유산으로 지정되어 있다.

재료 및 특성

① 우리 식탁에서 가장 영향력 있는 물고기는 멸치라고 말할 수 있다. 화려한 주인공은 아니지만, 맛과 건강을 지켜준다.

② 멸치액젓은 멸치를 발효시켜 추출한 액체로, 멸치의 풍미와 진한 맛이 있다.

③ 멸치가루는 멸치의 풍미와 영양을 쉽게 섭취할 수 있다.

성분 및 효능

① 오메가-3 지방산이 풍부하여 염증 수치를 낮추고, 심장질환의 위험을 줄이는 데 도움이 된다.

② 근육량 유지에 필요한 필수아미노산이 골고루 함유된 단백질을 제공한다.

③ 큰 물고기보다 수명이 짧고, 먹이사슬에서의 위치가 높아서 수은오염 위험이 더 낮다.

④ 칼슘의 공급원으로, 뼈와 치아를 튼튼하게 유지하고 심장·근육·신경조직의 기능을 유지하는 데 필수적이다.

⑤ 항산화제 역할을 하는 비타민 E와 적혈구 생성 및 신경계 기능 유지에 필수적인 비타민 B_{12}를 함유하고 있다.

⑥ DNA 합성과 갑상선호르몬 대사에 중요한 역할을 하는 셀레늄과 요오드를 포함한 미량 미네랄의 공급원이다.

활용요리

① 김치맛을 좌우하는 젓갈은 물론 액젓·분말·밑 국물 등 여러 가지 형태로 감칠맛을 낸다.

② 멸치 쌈밥은 손가락 굵기만 한 큰 멸치로 머리와 내장만 떼고, 통째로 짭짤하게 조려 쌈을 싸 먹는 별미다. 고구마 줄기를 넣고 국물이 자작하게 조려도 죽방멸치의 은빛은 가시지 않는다.

③ 멸치회무침은 비린내 없이 씹히는 듯 마는 듯 살캉살캉한 식감이 마치 젤리를 씹는 듯하다. 막걸리 식초를 사용해서 식초 향이 살짝 느껴지게 한다. 신맛이 강하면 고소한 멸치 본연의 맛을 해친다.

④ 봄이 되면 기장 대변항에는 생멸치찌개, 생멸치구이를 맛보기 위해 관광객이 붐빈다.

⑧ 민어(Brown croaker)

민어회   민어찜

'여름 민어는 삼복더위를 이기는 데 최고인지라 쌀 한 섬 하고도 안 바꾼다'라는 말이 있다. 산란기를 맞아 연안을 회유하면서 왕성한 먹이활동으로 살이 통통하게 오르기 때문이다. 전남 신안군 임자도와 영광군 낙월도 근처 해역에서 많이 어획된다. 몸길이는 70cm부터 큰 것은 1m가 넘고, 길게는 13년이나 생존하는 장수(長壽) 물고기이며, 10kg을 초과해야 제맛이 난다. 다른 생선과 달리 암컷보다 수컷이 더 맛있다. 암민어는 알이 너무 많고 살도 푸석거려 수컷보다 가격도 싸다. 정약전의 『자산어보(玆山魚譜)』에는 "큰 것은 길이가 4~5자이다. 비늘이 크고 입이 크다. 맛은 담담하고 좋다. 날것이나 익힌 것이나 모두 좋고, 말린 것은 더욱 몸에 좋다"라고 기록되어 있다.

재료 및 특성

① 민어는 조선시대부터 최고의 여름 보양식으로 꼽혔다. '민어탕이 일품(一品), 도미탕이 이품(二品), 보신탕이 삼품(三品)'이란 말이 있었을 정도다.

② 백성들이 즐겨 먹는 물고기라 해서 민어(民魚)라고 불렀지만, 실제로는 궁궐과 양반들이 즐긴 고급 생선이었다.

③ 6월 말부터 특유의 울음보가 터지는데 이때부터 9월 초까지가 제철이다. 특히, 복더위를 앞둔 소서(小暑) 무렵이 달고 기름지기로 유명하다. 9월이 지나고 찬 바람이 불기 시작하면 맛이 떨어진다.

④ 껍질과 같이 썰면 속살이 진달래 꽃잎처럼 연분홍색이다. 배받이 살은 기름져서 고소

하고 쫄깃하다.

⑤ 민어 맛을 아는 사람들은 씹을수록 고소한 맛이 나는 부레를 최고로 꼽는다. 전라도 사람들은 '홍어의 진미가 애(간)라면 민어는 부레가 있다'라고 한다.

⑥ TV 드라마 식객에서 최고의 숙수(熟手)를 뽑는 첫 번째 시험문제가 바로 '민어 부레를 이용한 요리를 만들라'라는 것이었다.

⑦ '봄 숭어알, 여름 민어알'이라는 말이 있을 정도로 민어알도 맛이 으뜸이다.

⑧ 민어는 펄펄 뛰는 활어보다 숙성된 선어(鱓魚)가 맛이 있으며, 얼음 속에서 하루 동안 숙성시켜 회로 썰었을 때 더 쫄깃하다.

성분 및 효능

① 『동의보감』에서는 '회어(鮰魚)'라고 해서 보양식으로 기록되어 있고, 한의학에서는 위를 튼튼하게 하거나, 이뇨작용을 돕는 데 사용했다.

② 부레의 쫀득한 맛을 내는 젤라틴(천연 단백질)과 콘드로이틴황산은 연골과 관절, 안구질환, 피부 등에 활기를 준다.

③ 불포화지방산, 필수아미노산, 비타민 등이 풍부해 성인병 예방에 효과적이다.

④ 물고기 중에서 소화 흡수가 빨라 성장기 아이들의 발육을 촉진하고, 어르신이나 병후 회복기 환자의 건강 회복에 아주 좋다.

⑤ 칼슘, 인, 미네랄 등이 풍부하게 함유되어 있어 뼈를 강화하고, 골밀도를 높여 뼈 건강에 도움을 준다.

활용요리

① 민어전 · 매운탕 · 곰탕 · 부레순대(어교순대) · 만두, 살짝 데친 민어껍질은 쫀득하면서 고소해서 맛이 좋다. 『시의전서』에는 "민어껍질을 벗겨 살을 저며 가늘게 썰어 기름을 발라 접시에 담고 장을 식성대로 쓴다"라고 기록되어 있다. 민어부레순대는 전남 신안군의 향토 음식이다.

② 보통 회로 먹으며, 갖은양념을 뿌려 쪄낸 민어찜 · 튀김 · 조림 등으로 활용한다.

③ 민어맑은탕은 생선 곰탕으로 보일 정도로 국물이 진하게 우러난다. 바닷물고기가 진한 국물이 우러나는 것은 흔하지 않다.

9 명태(Walleye pollock, Alaska pollack)

머리와 입이 커서 대구(大口)라 불리는 대구과 물고기로 한류성 어종이다. 옛날부터 제사와 고사, 전통 혼례 등 관혼상제(冠婚喪祭)에 없어서는 안 될 귀중한 생선으로 여겨졌으며 상태, 잡힌 시기 및 장소, 습성 등에 따라 다양한 이름으로 불린다.

조선 후기 문신 이유원의 문집 『임하필기(林下筆記)』에는 이름조차 없던 명태가 산지인 함경도 명천군의 명(明)자와 어획한 어부의 성인 태(太)자를 따서 명명한 것으로 기록되어 있다. 명태는 덕장에서 사람 손이 수십 번 넘게 가야 황태가 된다. 서너 달 동안 스무 번 이상 얼었다 녹기를 반복하면서 날씨가 적당히 춥고, 바람도 알맞게 불어야 한다. 결국 황태는 하늘이 만들어준다.

재료 및 특성

① 동해안에 명태가 사라졌다. 명태는 찬물에 사는 흰살생선인데, 동해 수온이 30년 사이 0.8℃(세계 평균 0.5℃)나 상승한 탓이다.
② 갓 잡은 생태 · 얼린 동태 · 반만 말린 코다리 · 완전히 말린 북어 · 봄에 잡은 춘태 · 가을에 잡은 추태 · 새끼 때 잡은 노가리 · 황태 · 망태 · 조태 · 짝태 · 먹태 등 이름만도 수십 가지가 넘는 국민 생선이다.

③ 강원특별자치도 인제군 북면 용대리는 국내 최대 황태 산지이다. 진부령과 미시령을 넘는 칼바람이 덕장에 걸린 명태를 황태로 만드는 것이다.

④ 껍질부터 아가미, 내장, 심지어 눈알까지 먹을 수 있어 버릴 것 하나 없는 생선이다.

성분 및 효능

① 명태 껍질에 함유된 피시 콜라겐은 사람의 피부와 가장 유사한 구조를 가졌으며, 저분자 형태로 피부 흡수율도 84%로 매우 높은 편이다.

② 명태의 간에는 대구의 3배에 달하는 비타민이 함유되어 있고, 살에는 단백질과 칼슘, '메티오닌(methionine)'이 풍부해 숙취 해소에 탁월한 효과가 있다.

③ '라이신(lysine)'은 칼슘 섭취를 보충하고 콜라겐 형성과 항체, 호르몬, 효소 생산을 돕는다.

④ 명태에 많이 함유된 '트립토판'은 행복 호르몬인 '세로토닌'을 생성해 우울증 예방과 두뇌 발달에 좋다.

⑤ 고단백 · 저지방 수산물로 100g당 단백질 17.5g, 지방 0.7g으로 칼로리가 낮아 체중 감량을 하는 사람이나 근육을 만들고 싶은 사람에게 효과적이다.

활용요리

① 명태의 제철은 1~2월이며 머리, 꼬리, 살, 내장 등은 모두 요리로 이용된다. 살코기와 곤이는 국이나 찌개용으로 이용되며 알은 명란젓, 창자는 창난젓을 담는다.

② 명태(생태)찌개, 매운탕, 황태구이, 황태찜, 북엇국, 북어무침 등이 있다.

10 방어(Japanese amberjack, 鰤魚)

방어회   부시리회

방어   부시리

　전갱이목 전갱잇과에 속하는 바닷물고기의 일종으로 '무태 방어'라고 부르기도 한다. 한 자로는 鰤魚, 또는 方魚라고 쓰지만, 방어사(鰤魚師)라는 한자를 사용하기도 한다. 온대성 회유어종으로 한반도의 동해·서해·남해·제주도 바다와 일본, 대만을 거쳐 하와이까지 분포한다. 몸길이 약 50cm~1m, 최대 약 1.5m까지 자라고 모양은 긴 방추형, 주둥이는 원추형이다. 환경에 예민하지 않고 튼튼해서 아쿠아리움에서도 사육한다.

　주로 제주와 동·남해안 해역에서 서식한다. 봄에서 가을까지는 동·남해안에 머무르 다가 겨울에서 이듬해 봄엔 제주 해역으로 내려가는데 크게 동해(강원도 고성)산과 제주산 으로 나뉜다. 겨울 방어는 제주(모슬포)산이 유명하다. 매년 11월 중순부터 12월 초순에는 모슬포 방어 축제가 개최된다.

재료 및 특성

① 방어를 제대로 먹으려면 돼지 방어(10kg)를 먹는 게 맛이 더 좋다.

② 다양한 부위로 즐길 수 있다. 등살은 근육이 많아 담백하고, 뱃살·목살은 기름기가 많아 입안에서 살살 녹으며, 꼬릿살은 쫄깃하다.

③ 어시장에서 판매하는 방어는 보통 소방어 크기이며, 주로 양식이다. 크기가 클수록 맛은 좋으나, 수익성이 떨어져 적당히 자라면 출하한다.

④ 전남 해안지방에서는 부시리와 방어를 구분하지 않고, 부시리로 불린다. 방어는 가슴지느러미와 배지느러미의 크기가 거의 같은데 부시리는 가슴지느러미의 길이가 배지느러미보다 짧다.

⑤ '여름 방어는 개도 먹지 않는다'는 속담도 있지만, 겨울철에는 맛이 아주 좋다.

성분 및 효능

① 등 푸른 생선에 많이 함유된 불포화지방산이 뇌세포를 활성화하고, 건강하게 하는 데 도움이 된다.

② 비타민 D가 풍부하게 함유되어 칼슘의 흡수를 도와 뼈 건강에 도움을 준다.

③ 니아신(niacin)과 레티놀(retinol) 성분이 피부에 충분한 수분을 공급한다.

④ 함유된 타우린 성분이 간세포를 활성화한다.

맛의 특징

① 대방어의 내장은 포유류의 내장을 연상케 할 정도로 양이 많고, 식감도 좋다.

② 간은 아귀 간처럼 진한 '푸아그라 맛(Foie gras)'이 나고 창자는 소 곱창 맛과 비슷하다.

③ 폐기율이 낮은 생선으로, 심장과 위를 구우면 쇠고기와 닭고기 맛이 난다.

활용요리

① 회 또는 초밥을 만들거나, 염장하여 소금구이로 먹기도 한다.

② 참치처럼 겉을 살짝 구워 타다키로 먹거나, 두툼하게 떠낸 살로 스테이크를 굽기도 한다.

③ 매운탕을 끓이면 진한 국물이 우러난다. 붉은 살 생선으로 끓인 맑은탕 역시 흰살생선
  과는 또 다른 느낌의 별미이다.

④ 방어 대가리도 도미처럼 구이나 조림을 해 먹는다.

⑤ '시메 부리'라 해서 방어를 식초에 절여 먹기도 한다.

⑪ 병어·덕대

병어

횟감병어

덕대

　서로 닮은 듯 다른 병어와 덕대의 큰 차이점은 등·뒷지느러미의 길이와 모양인데 병어
의 뒷지느러미가 더 길고 그 깊이가 커서 '낫 모양(L자형)'을 띠고 있어 가장 쉽게 구별할
수 있다. 국립수산과학원은 DNA 바코드가 99% 이상 일치해야 같은 종(種)으로 판별하는
데 병어와 덕대는 88%에 불과해 생김새는 비슷하나 서로 다른 어종이라고 밝혔다.

1) 병어(Butterfish)

지방과 수분이 많아 버터처럼 부드럽고 기름져서 '버터 피시(butterfish)'라고 한다. 일본 간사이(關西) 지방에서 가장 맛있는 생선으로 손꼽는다.

살이 연하면서 부드럽고 고소한 맛이 일품이지만, 단백질 함량은 부족한 편이다. 1년 주기로 계절에 따라 바다를 이동하는 어류로, 6월 산란이 끝나면 흩어져 동중국해 북부 해역에 서식하다가 가을이 되면 남쪽으로 이동한다.

재료 및 특성

① 영양성분이 풍부하고 지방질이 적어 소화기가 발달되지 않은 어린이나 병후 회복기 환자들이 많이 먹으면 좋다.
② 여름이 제철이며, 대표적인 고단백·저지방 생선으로 부드러운 살과 담백한 맛을 자랑한다.
③ 비늘이 없고, 표면이 매끄러운 흰살생선이다.

성분 및 효능

① 불포화지방산인 DHA가 풍부해 뇌기능 개선과 뇌 활성화를 촉진해서 두뇌 건강을 지키는 데 좋다.
② EPA를 다량으로 함유하고 있어 뇌졸중, 동맥경화, 고지혈증 등 심혈관계 질환 예방에 효과가 있다.
③ 비타민 A·E가 함유되어 있어 피부노화 방지 및 주름 개선, 피부 탄력을 유지해 준다. 비타민 A성분은 기관지 점막을 강화해서 바이러스나 세균에 대응할 수 있는 면역력을 증진한다.
④ 비타민 B_1, B_2가 다량 함유되어 있어 원기 회복에 좋다.
⑤ 뼈째 먹는 병어회는 달고 고소한 맛으로 칼슘도 함께 섭취하니 골다공증을 예방한다.

활용요리

① 은백색의 여름 병어는 회뿐만 아니라 조림·구이·무침까지 다양한 조리법으로 즐길 수 있으나, 붉은 살 생선에 비해 수분이 적어 국물 요리보다는 구이·찜·조림이 좋다.

② 병어는 어획되는 순간 바로 죽어서 숙성한 회로 즐겨 먹는다.

③ 감자나 무를 썰어 넣고 만든 병어조림은 더위에 지친 여름 입맛을 돋우는 데 아주 좋다.

2) 덕대(Korean pomfret)

농어목 병어과의 바닷물고기로 병어와 생김새가 매우 유사하다. 남해안 일대에서는 병어와 덕대(덕자)를 구분하지 않고 크기가 큰 개체는 덕대, 작은 개체는 병어로 불리고 있으나, 가장 큰 차이점은 덕대는 몸길이가 최대 60cm나 될 정도로 길고, 모양은 마름모꼴로 입 부분이 짧고 둥근 것이 특징이다. 우리나라에서는 서해와 제주, 남해에서 출현한다. 병어와 매우 닮았지만, 덕대는 가슴지느러미의 기저(基底) 위에 물결무늬가 있다.

재료 및 특성

① 병어보다 개체 수가 적다. 크기가 큰 편이라서 부위에 따라 여러 식감을 즐길 수 있다.

② 맛 좋은 병어라고 착각하기 쉬운 어종으로, 상업적 가치가 높다.·

③ 몸 전체가 금속성 광택을 띤 은백색이며, 아가미구멍이 커서 눈의 하단부에 이른다.

④ 산란기는 5~7월이며, 모두 자연산이다.

성분 및 효능

① 타우린과 알라닌 등을 함유하고 있어 면역력 증진 및 피로 회복에 도움이 된다.

② 병어와 마찬가지로 소화가 잘되고, 열량이 낮다.

활용요리

① 뱃살 부분을 회로 즐기면 특유의 고소함과 감칠맛을 느낄 수 있다.

② 병어와 마찬가지로 찌개류보다는 구이·찜·조림 등의 요리에 활용하면 좋다.

⑫ 복어(Puffer)

황복　　　　　　　밀복　　　　　　　밀복 정소찜

참복　　　　　　　참복회　　　　　　　까치복

복어는 참복과의 바닷물고기를 통틀어 이르는 말로 몸은 뚱뚱하고 비늘이 없으며 등지느러미가 작고 이가 날카롭다. 적에게 공격을 받으면 물 또는 공기를 들이마셔 배를 불룩하게 내미는 특징이 있다. 가시복·검복·꺼끌복·매리복·밀복·황복·흰점복 등이 있다.

1) 참복(Takifugu chinensis)

몸길이가 55cm 정도 되는 바닷물고기이다. 모양은 곤봉형이며, 주둥이는 뭉툭하다. 꼬리지느러미 후단은 약간 둥글며, 피부에는 작은 가시가 있어 거칠다. 등 쪽은 흑갈색, 배쪽은 백색이다. 가슴지느러미 뒤쪽 윗부분에 흑색의 얼룩무늬가 있고 가장자리는 백색이며, 몸의 후단부에 흑색 반점이 없다. 뒷지느러미는 대체로 검다. 외해성(外海性)이 강하며 중층이나 저층에 서식한다. 산란은 4~5월경에 하는 것으로 알려져 있으며, 만 4년 정도에 어미로 성숙한다.

재료 및 특성

① 우리나라 서·남해에 출현하며, 일본 서부 해역에도 분포한다. 난소와 간장에 '테트로도톡신(tetrodotoxin)'이라는 강한 독성이 있으나 정소, 근육, 피부에는 독이 없다.
② 작은 개체는 흔히 '졸복(쫄복)'이라도 하고, '자주복'이라고도 한다.

활용요리

회·탕·불고기·튀김·껍질 무침 재료로 이용한다. 복어의 풍미를 살리기 위해 미나리 삶은 물로 숙성하고, 복 불고기 양념에는 말린 복어껍질 육수를 넣어준다. 육수 또한 뜨거운 채로 넣으면 텁텁해져서 묵처럼 굳힌 후에 넣어 감칠맛을 업그레이드한다.

Tip 복 불고기

복어의 살을 콩나물 등의 채소와 매콤하게 볶아내는 요리로 1970년대 후반, 대구광역시 수성구의 한 식당에서 판매되기 시작하면서 인기를 얻어 대구 전역으로 퍼지고, 현재는 전국에서 맛볼 수 있는 음식이다.

2) 밀복(Green rough-backed puffer)

복어목 참복과의 바닷물고기로 근육에 독성이 있다. 몸길이는 최대 45cm까지 성장하며, 몸의 횡단면은 둥글고 옆면과 배 쪽은 살이 약간 튀어나와 있다. 등 쪽과 배 쪽은 작은 가시로 덮여 있다. 머리의 등 쪽은 녹갈색이며 중앙은 은백색, 배 쪽은 하얗고 지느러미는 갈색을 띤다. 눈 앞쪽에는 2개의 콧구멍이 1개의 주머니 안에 있다. 양턱의 이빨은 부리 모양으로 매우 날카롭고 강하다. 민밀복과 비슷하게 생겼으나, 아가미구멍 부분이 선명하게 검은색을 띠는 민밀복과 달리, 밀복은 아가미구멍 부분이 흰색이다. 근육에 독이 있는 것으로 알려져 있다.

재료 및 특성

① 암컷에는 알이 있고, 수컷에는 맛이 우수한 정소가 있어 찜으로 한다.

② 주로 바다에 살지만 때때로 강 하구까지 올라간다. 4~5월에 연안에서 산란한다.

③ 알에서 깨어난 지 2년이 되면 알을 낳을 수 있다. 오징어 · 게 · 새우 · 작은 조개류 등을 먹는다.

④ 바다 밑바닥에 사는 물고기를 잡기 위하여 그물의 아랫깃이 바닥에 닿도록 하여 어선으로 그물을 끌어올리면 다른 물고기들과 같이 잡힌다.

⑤ 겨울이 제철로 어획량은 많지 않다.

활용요리

매운탕 감으로 좋으며 회, 지리, 국 등으로 즐겨 먹는다.

3) 황복(River puffer)

복어목 참복과의 물고기로 몸길이는 45cm 내외이다. 몸은 원통형으로 길고 머리의 앞쪽 끝은 둔하고 둥글며, 뒤쪽으로 갈수록 차츰 가늘어진다. 등과 배에는 작은 가시가 빽빽하게 나 있다. 몸 빛깔은 등 쪽이 짙은 갈색이며 배 쪽은 흰색이다. 등에는 희미한 흰색 가로띠가 있으며, 등과 머리에는 몇 개의 흰색 점이 있다. 등과 배 사이의 옆구리에 입 옆에서 꼬리지느러미까지 노란색 줄이 뻗어 있다. 봄에 강으로 올라와 바닥에 자갈이 깔린 여울에서 알을 낳는다. 알에서 갓 깨어난 새끼는 바다로 내려가 자란다. 바닥에 붙어사는 어류로 어린 물고기, 물고기알 등을 먹는다.

재료 및 특성

① 산란기에 임진강에서 많이 어획되며, 맛이 좋아 고급 어종에 속하며, 옆구리에 노란색 줄이 뻗어 있다.

② 멸종 위기에 처해 있으며, 보호어종으로 지정되어 있어 허가 없이 어획하지 못한다.

③ 최근에는 인공 사육에 성공하여 대량으로 사육한 것을 강화도 앞바다 등지에 방류하고 있다.

④ 국내에서 소비되는 것은 양식하거나 중국에서 수입한 것이다. 자연산 황복은 크기가 양식 황복의 두 배에 이른다.

활용요리

고급 음식 재료로 맛이 좋지만, 난소를 비롯하여 간 · 피부에도 강한 독이 있다. 회 · 찜 · 지리 · 매운탕 등으로 먹는다.

4) 까치복(Striped puffer/yellowfin puffer)

몸길이는 60cm가량이며, 모양은 긴 곤봉형인데 꼬리지느러미 후단은 반듯하다. 피부에는 작은 가시가 있어 거칠다. 등 쪽은 어두운 회색, 배 쪽은 흰색이다. 몸쪽 상부에 있는 4~5개의 흑색 세로무늬는 등 쪽으로 이어진다. 가슴지느러미 기부는 검으나, 다른 각각의 지느러미는 황색이다. 연안 중층에 서식하며 소형 갑각류 · 연체류 · 어류 등을 먹고, 5~7월에 산란한다. 우리나라 전 해역에 출현하며 일본 북해도 이남, 동중국해에 분포한다. 『자산어보』에는 대독이 있어 먹으면 안 된다고 기록되어 있다.

재료 및 특성

① 지느러미가 노란색이며, 늦가을부터 초봄까지가 가장 맛있다.
② 난소와 간장에는 '테트로도톡신(tetrodotoxin)'이라는 강한 독이 있으나, 정소 · 근육 · 피부에는 없다.
③ '보가지'라고도 부른다.

활용요리

① 찜 · 탕 · 불고기 · 튀김 · 껍질 무침 재료로 이용한다.

② 복어회는 접시의 그림이 보일 정도로 매우 얇게 썰어서 먹어야 맛이 좋다.

성분 및 효능

① 간 해독에 좋은 '글루타치온(Glutathione)' 성분을 비롯하여 비타민과 무기질이 풍부해 간 질환 등 성인병 환자 영양식으로 아주 좋다.

② 비타민과 단백질이 풍부하여 고혈압 등 성인병 예방에 도움이 되며, 피부 미용과 노화 방지에도 효과가 있다.

③ 메티오닌과 타우린이 함유되어 숙취 해소 · 신경안정 · 피로 회복에 좋고, LDL 콜레스테롤 수치를 낮춰주어 동맥경화 예방에도 도움이 된다.

⑬ 조피볼락(Korean rockfish, 우럭·우레기)

우럭회

　암갈색을 띤 바닷물고기로 볼락의 일종이다. 전 국민이 우럭이라 부르는 것과 달리 국어사전에는 '조피볼락'이 표준어이다. 우럭이라는 말이 이미 일반화되어 있어 '조피볼락'이라 하면 못 알아듣는 사람이 더 많다. 사실 우럭은 조개 종류의 정식명칭으로 이미 사용되고 있지만, 이름의 진짜 주인인 조개를 찾으려면 우럭 조개라고 불러야 하는 상황이 되었다.

　미식 좀 즐긴다는 사람들은 '늦봄 우럭, 가을 전어'라고 말한다. 대표적 양식 어종으로,

광어와 같이 사계절 양식이 가능해 쉽게 만날 수 있다.

재료 및 특성

① 잘 알려지지 않았지만, 약간의 독성이 있는 물고기이다.

② 다른 어류와 달리 몸 안에서 부화해 새끼를 낳는다. 그래서 5~6월의 우럭은 다양한 양분과 지방을 비축한다.

③ 새끼를 낳기 직전에 우럭의 맛이 좋다. 낮은 수온에서 자라 살이 쫄깃하다.

④ 양식과 자연산 우럭을 구별하는 가장 간단한 방법은 색깔이다. 조피볼락은 바닷속에서 환경에 따라 몸의 색을 바꾸는 습성이 있다. 자연산은 얼룩덜룩하고 비교적 밝은색을 띠고, 양식은 검은빛을 띤다.

⑤ 씹을수록 단맛이 난다.

성분 및 효능

① 우럭의 간에는 비타민 B_{12}가 많이 함유되어 빈혈 예방에 효과적이다.

② 단백질 함량이 높고, 지방 함량은 낮아 비만을 예방한다.

③ 칼슘, 인 등의 무기질이 풍부하여 간에 쌓이는 노폐물을 제거해 간기능 향상에 많은 도움이 된다.

④ 풍부한 타우린 성분은 LDL 콜레스테롤의 생성을 억제하고, HDL 콜레스테롤은 증가시킨다.

⑤ 오메가-3 지방산도 풍부해서 혈액순환을 돕고, 혈관을 깨끗하게 해서 혈압을 조절하고 심혈관계 질환 예방에 좋다.

활용요리

① 소금 간 해서 말린 우럭을 잘라 무와 버섯, 파를 넣고 푹 끓이면 건 우럭탕이 된다.

② 우럭젓국은 얇게 포 뜬 우럭을 소금 간 해서 말린 뒤 젓갈과 끓인 것으로 국물이 뽀얗게 우러나고 생선 특유의 비린내도 없다. 우럭젓국은 충남 태안 안면도의 향토 음식이다.

⑭ 참조기·굴비

굴비

'조기'라고도 한다. 조기라는 이름의 기원은 황윤석의 『화음방언자의해(華音方言字義解)』에 기록되어 있다. 물고기 중 으뜸가는 물고기라는 뜻의 중국어 '종어(宗魚)'가 급하게 발음되면서 조기로 변했다는 것이다. 조기라고 부르게 된 후에는 사람의 기(氣)를 돕는 생선이라는 뜻으로 '조기(助氣)'라 부르기도 하였다. 이규경(李圭景)의 『오주연문장전산고(五洲衍文長箋算稿)』에서는 머리속에 돌이 들어 있는 물고기라 하여 '석수어(石首魚)'라 하였으며, 정약전(丁若銓)의 『자산어보(玆山魚譜)』에서는 때를 따라 물을 쫓아온다고 하여 '추수어(追水魚)'라고 하였다. 그 밖에 곡우(穀雨)를 전후해서 살이 오른다고 하여 '곡우살이', 물고기의 색이 은황색이라 하여 '황화어(黃花魚)'라 불리기도 하였다.

1) 참조기(Small yellow croaker)

연평도는 1960년대 한국의 대표적인 조기 어장으로, 조기잡이 방법을 처음으로 가르쳐 줬다는 임경업 장군 설화가 전한다. 병자호란 때 임 장군이 청나라에 볼모로 잡혀간 세자를 구하기 위해 출병하던 중 식량이 바닥나 연평도에 상륙했다. 병사들에게 가시나무를 꺾어 오게 해 섬과 섬 사이 얕은 바다에 꽂아두라 했다. 썰물에 바닥이 드러나자 수많은 조기가 가시나무에 꽂혀 있었다. 이후로 연평도 사람들은 사당을 짓고, 장군을 조기잡이 신으로 모셨다. 역사적 사실이 어떠하든 민중은 그들만의 방식으로 장군을 신격화했다. 임경업 장군 신앙은 조기 길목을 따라 전파되어 황해도, 인천과 경기·충청 지역의 어촌에서 숭배되었다.

재료 및 특성

① 한국인들이 가장 좋아하는 생선으로 5~6월경 흑산도 앞바다에서 잡히는 알배기를 최고로 친다. 이때 잡은 참조기는 잡은 즉시 배 안에서 소금에 절인다. 머리에는 다이아몬드형 유상 돌기(mastoid process)가 있고, 눈 주위는 노랗고 입은 붉은빛을 띤다.

② 단백질과 미네랄이 풍부하며, 불포화지방산인 DHA와 EPA 등이 다양하게 함유되어 있다.

③ 붉은 살 생선보다 지방 함량이 낮아 체중 감량을 하는 분들도 부담없이 먹을 수 있는 생선이다.

성분 및 효능

① 식이섬유가 풍부하게 함유되어 변비 예방과 소화를 도와준다.

② 미네랄과 비타민이 다량 함유되어 면역력 강화와 뼈 건강에 도움을 준다.

③ 천연 항산화성분이 함유되어 암 예방에도 효과적이다.

활용요리

맑게 국을 끓이거나, 찌개 · 소금구이 · 양념구이 등으로 먹으며, 짜게 절여 조기젓으로 먹기도 한다.

2) 굴비(Dried yellow corvina)

참조기를 이용하여 만드는 보존식품으로 전남 영광군 법성포가 굴비의 본고장이다. 인도 간다라 승려 마라난타가 백제에 첫발을 디딘 포구로 알려져 있으며, '성인이 불교를 들여온 성스러운 포구'라는 의미가 법성포(法聖浦) 지명에 내포되어 있다. 굴비에 대한 자부심은 굴비 유래담에도 보인다. 이자겸이 영광으로 유배 왔을 때, 자신을 내친 인종에게 굴비를 바치며 '진상은 해도 굴복한 것은 아니다'라며 굴할 '굴(屈)', 아닐 '비(非)'를 쓴 데서 굴비 이름이 유래했다는 설화다. 기세등등하던 이자겸이 쫓겨난 곳이 영광이었고, 한때 왕권을 농락할 정도의 권세를 과시하던 이자겸조차 굴비 맛에 반했다는 것을 암시한다. 굴비에 대한 자부심이 이야기 속에 녹아 있다.

> **Tip ▶ 보리굴비(Borigulbi)**
>
> 조기를 바닷바람에 자연 건조시킨 뒤 항아리 속에 통보리와 함께 켜켜이 쌓아 숙성시킨 굴비이다. 쌀뜨물에 담갔다가 살짝 쪄서 먹으면 독특한 식감을 느낄 수 있다.

재료 및 특성

① 조기잡이의 황금어장을 상징하는 칠산어장에 조기가 나타나지 않은 지 수십 년이 됐건만, 법성포 굴비 명성은 이어지고 있다. 요즘은 조기가 북상하지 않으니 추자도와 제주도 남쪽 바다에서 잡은 걸 사용한다.
② 마른 생선인 굴비는 특유의 건어물 냄새에 기호가 엇갈리지만, 이 맛을 들이면 특유의 진한 감칠맛에 사로잡히게 된다. 굴비 특유의 냄새와 감칠맛을 아는 사람들은 속성으로 만든 굴비를 싫어한다.
③ 쫀득하면서 짭짤한 맛에 입맛이 당긴다.
④ 옛날부터 즐겨 먹어온 대표적인 가공품으로, 제철에 잡힌 참조기 중 알이 차고 살이 많은 큰 것을 소나무 장대로 만든 특수 건조 망에 말려서 만드는 굴비가 있다. 전남 영광에서 생산한 굴비를 최상의 것으로 친다.

활용요리

① 녹차물에 밥 말아 올려 먹는 보리굴비 정식과 고추장에 박아서 만드는 고추장 굴비가 있다.
② 현지에서는 찌개로 끓여 먹기도 한다.

⑮ 장어

붕장어회

먹장어 소금구이

갯장어

붕장어(아나고)

먹장어 양념구이

갯장어회

뱀장어

뱀장어

민물장어구이

보통 장어라고 하면 뱀장어를 가리킬 때가 많다. 한자로는 '長魚', 말 그대로 '긴 물고기'란 뜻이다. 우리나라에서 뱀장어가 유명하다 보니 연어처럼 민물과 바다를 오가는 물고기라는 인식이 강하지만, 뱀장어를 제외한 장어들은 바다에서만 서식한다. 먼 거리를 이동하지 않고, 어두운 곳을 좋아해 바위의 틈·동굴 사이에 숨어 지내거나, 모래펄 바닥 밑을 기어다니면서 서식한다. 장어는 크게 민물장어와 바다에 사는 장어로 구분한다. 바닷장어에는 붕장어(아나고), 갯장어(하모), 그리고 먹장어(곰장어)가 있다. 이 가운데 시중에 유통되는 대부분은 붕장어이다. 붕장어는 일본식 이름인 '아나고'로 더 친숙하다.

기력 회복과 함께 입맛을 돋우는 음식으로 장어를 빼놓을 수 없다. 물 없이도 만 리를 간다는 힘 좋은 장어는 동서양을 불문한 대표적인 보양식으로 기력 증진의 상징으로 알려져 있다.

1) 뱀장어(Japanese eel)

뱀장어목 뱀장어과에 속하는 민물고기로 장어류 가운데 유일하게 바다에서 태어나 강으로 올라가 생활하는 회류성 어류로 최대 몸길이는 150cm이다. 몸에는 타원형의 미세한 비늘이 있지만, 살갗에 묻혀서 없는 것처럼 보이기도 한다. 일본에서는 '우나기(うなぎ)'라고 불린다. 일본인들도 몸보신을 위해 뱀장어를 요리해 먹을 정도로 뱀장어 사랑이 대단하다. 대표적인 민물장어 요리는 '풍천장어'와 '갯벌장어'가 있다.

(1) 풍천장어(Grilled Pungcheon eel)

풍천장어는 전북 고창 선운사 앞 하천을 '풍천(風川)'이라 부르고, 바닷바람이 불어오는 강물과 바닷물이 만나는 강 하구를 뜻한다. 밀물 때 서해의 바닷물이 이 고랑으로 밀려 들어오면서 그 바다의 거센 바람까지 몰고 와서 이런 이름이 붙었다고 한다. 이 풍천의 장어가 맛있기로 소문나서 주변 장어집은 물론 전국에서 풍천장어를 간판에 명시(明示)하고 있다.

(2) 갯벌장어(Mudflats eel)

갯벌장어는 세계 5대 갯벌을 간직한 인천광역시 강화 해안가의 바다 갯벌을 막아서 만든 어장으로 남서해안의 양만장(養鰻場)에서 길러낸 1kg당 2~3마리 되는 크기의 장어를 구매하여 갯벌어장에서 75일간 자연 순치(馴致)시킨 장어이다. 치어를 잡아먹으면서 버틴 장어의 엄청난 활동량 덕분에 탱글탱글한 식감이 일품이다. 갯벌 냄새와 비린내가 거의 없고, 고소한 맛과 담백한 맛이 다른 장어와는 비교할 수 없을 정도이다. 다른 장어와 육질·맛을 비교할 때는 양념구이보다는 소금구이로 먹으면 확인이 쉽다.

2) 붕장어(Conger eel)

우리가 알고 있는 붕장어는 '아나고(アナゴ)'라고도 불리며, 사시사철 잡혀 다른 장어보다 대중적이다. 기름기가 많은 편으로 뼈째 씹는 꼬들꼬들한 식감으로 씹는 맛이 좋다. 작은 붕장어는 회로 먹고, 큰 붕장어는 구이나 탕으로 끓여 먹는다. 바닷장어 소금구이는 세상 시름 잊게 하는 고소한 맛이다. 붕장어를 회로 먹을 때 탈수해서 기름을 짜내지 않으면 붕장어의 살맛을 제대로 즐길 수 없다. 대부분이 암컷으로 1~2년생은 암컷이 80%, 3년생은 암컷이 무려 90% 이상에 달하는 것으로 알려졌다. 크기는 최대 90~100cm이며, 민물의 뱀장어와 함께 맛 좋은 보양식의 대명사이다.

재료 및 특성

① 붕장어는 수족관에 갇히는 순간부터 아무것도 먹지 않는 습성으로 양식이 불가능해 시중에 유통되는 붕장어는 100% 자연산이다.

② 다른 장어보다 깊고 수온이 낮은 바다에 주로 서식한다. 연중 어획되지만, 여름부터 가을까지가 제철이다.

③ 생산량 대부분이 일본으로 수출되는 고급 어종이었으나, 바닷장어의 효능이 알려지면서 우리나라에서도 서서히 대중화되었다.

④ 생존력이 탁월하고 힘이 좋아 원기 회복, 활력 충전의 보양식으로 알려져 있다.

⑤ 성어로 완전히 성장하는 데 4년이 걸리고, 낮에는 모랫바닥에 몸통을 반쯤 숨긴 채 살며, 밤에는 다른 물고기를 사냥하는 바다의 포식자다.

⑥ 국내 생산량 대부분이 통영항에서 집하(集荷)되어 전국으로 유통될 만큼 통영은 바닷장어의 중심지이다.

성분 및 효능

① 단백질을 비롯한 각종 비타민, 무기질, 칼슘, 인, 철분 같은 미네랄이 풍부해 허약한 체질이나 어르신들의 건강을 개선하는 데 효과가 있다.

② 무게가 1~5kg가량 되는 대물 장어는 같은 양의 쇠고기보다 약 200배가 넘는 비타민

A를 함유하고 있으며, 풍부한 불포화지방산이 혈관의 노화를 예방하고, 허약체질 개선, 병후 회복기에 많이 사용된다.

활용요리

① 붕장어회는 껍질을 벗겨 썰어낸 후 기름기와 물기를 꼭 짜야 한다. 소창을 이용해 짜내거나 소형 탈수기에 넣어 돌린다. 통영에서는 콩가루와 함께 먹기도 한다. 고소하면서 쫄깃하고 담백한 맛이 일품이다.

② 장어탕은 더위에 지친 여름 보양식으로 바닷장어 뼈로 국물을 우려 깊은 맛을 내고, 발라낸 장어살을 덩어리째 넣어 감칠맛을 더한다. 맑고 얼큰하면서도 구수한 국물이 특징이다.

③ 통영의 대표 음식 시래깃국(시락국)도 붕장어를 갈아 구수하고 깊은 맛을 더해 끓인다.

④ 담백한 소금구이로 즐기는 분들도 많다.

3) 먹장어(Inshore hagfish)

먹장어목 꾀장어과에 속하는 바닷물고기로 다른 물고기에 달라붙어 살과 내장을 파먹는 기생 어류로 뱀장어와 생김새가 비슷하다. 부산에서는 꼼지락거리는 움직임으로 인해 '꼼장어'라고도 부르지만, 표준어 표기는 '곰장어'이며, 학술적으로 통용되는 정식명칭은 먹장어이다. 먹장어라는 명칭는 바다 밑에 살다 보니 눈이 멀었다고 해서 붙여진 것이다. 먹장어의 가치는 껍질에 더 있다. 질기면서 부드러워 가죽처럼 인기가 있다. 부산에 먹장어 식용 문화가 발달한 것도 일제 강점기에 먹장어 가죽 공장이 있었기 때문이다. 일본인들은 먹장어 껍질로 게타(げた, 왜나막신)의 끈(하나오)과 모자 테두리를 만들었다.

먹장어는 살에 끈적한 점액이 있어 회나 국으로 먹을 수 없어 구이로 먹는다. 매콤하고, 달콤한 고추장이 불에 같이 익으면서 내는 맛과 향은 먹을 것이 없던 가난한 시대의 산물이기도 하다.

재료 및 특성

① 겉모습만 보면 장어 중 크기가 가장 작고, 얕은 바다에서 주로 서식한다.

② 해방 이후 지갑, 구두 등의 가죽제품을 만들기 위해 껍질만 사용하고 버리던 먹장어를 싸게 구매하여 구워 팔았던 것이 시초가 되어 식용하기 시작했다.

③ 제철은 여름이나, 계절을 가리지 않고 즐겨 먹는다.

④ 외국에서는 기력이 부족한 환자들이 먹을 수 있도록 통조림으로 만들어지기도 한다.

성분 및 효능

단백질과 지방, 비타민 A가 풍부하여 영양가 높은 어류로 인기가 많다.

활용요리

① 양념구이보다 소금구이로 요리해서 먹으면 이만한 술안주가 없어 애주가들의 사랑을 듬뿍 받고 있다.

② 부산에는 '꼼장어묵'이 있다. 먹장어 껍질을 푹 고은 후 비린맛을 잡아주는 된장, 파프리카, 카레가루 등을 넣고 섞어서 굳힌 뒤 젤리처럼 만들어 초고추장에 찍어 먹는 부산 별미 음식이다.

4) 갯장어(Pike eel)

맛깔나는 여름 별식으로 미식가들의 관심을 받는 갯장어는 성격이 사나운 개 같다는 의미로 '개장어'로 불리다 지금의 갯장어로 이름이 바뀌었다.

일본어로는 '하모(はも)'로 이 단어에 익숙한 사람도 많다. 아무것이나 잘 문다고 '물다'라는 뜻의 '하무'에서 유래되었다고 한다. 주둥이가 뾰족하고 이빨도 날카로운 데다가 포악한 성격으로 사람도 물고 심지어 서로 물기도 한다. 한번 물리면 성인 두 명이 생선의 주둥이를 잡아야 겨우 벌어질 정도로 힘이 좋다.

모양새나 맛에서 붕장어와 비슷한데, 시중에서 갯장어라고 판매하는 장어가 붕장어인 경우가 많다. 붕장어가 갯장어보다 가격이 싼데다 한철 잡히는 갯장어와 달리 연중 잡을 수 있기 때문이다. 요리된 상태에서의 구별법은 갯장어는 잔가시가 입에 걸리고, 붕장어는 잔가시 없이 살이 더 부드럽다는 것이다.

재료 및 특성

① 7~8월에 기름기가 꽉 찬 '갯장어'는 전남 고흥, 여수 등 남해 일대에서 어획된다.

② 우리나라에서 '갯장어'를 먹기 시작한 것은 오래되지 않았다. 1990년대 후반에서야 그 맛을 알고 먹기 시작했다.

③ 기름기가 없는 시기인 여름 이전에는 일본에서 많이 먹고, 산란 시기와 맞물려 기름이 최대치로 올라오고 뼈가 부드러워지는 여름과 늦여름에는 국내에서 많이 소비한다.

④ 잔가시가 많아 손질이 까다로워 숙련된 조리사의 내공이 필요한 생선이다. 부드럽고 쫄깃하며 씹을수록 우러나는 단맛에 계속 찾게 된다.

⑤ 감칠맛과 영양소가 뛰어나 민어와 함께 여름 대표 보양식으로 꼽힌다.

⑥ 양식이 불가능한 갯장어는 전체 장어 어획량의 1%를 차지하는 장어의 황제로 불린다.

성분 및 효능

① 전통 약재 서적인 『향약집성방』에 "장어는 피로를 풀고 부족함을 보한다"라고 기록되어 있다.

② 보양식의 황제라 불리는 장어는 필수아미노산과 비타민 A·B 등이 풍부한데 이외에 아연, 셀레늄과 같은 면역력을 강화하는 성분도 함유해서 상처 회복에 도움을 준다.

③ 『동의보감』에는 "면역기능 강화를 통해 결핵과 같은 만성적인 질환을 치료하는 효과가 있다"라고 기록되어 있다.

④ 단백질과 지방 함량이 높을 뿐만 아니라 지방이 DHA, EPA 등 불포화지방산으로 이뤄져 있어 기력 회복에 탁월한 효과가 있다.

활용요리

① 장어는 말 그대로 버릴 것이 없는 생선으로 구이와 곁들여 나오는 장어뼈튀김도 칼슘과 철분을 보충하는 데 도움이 된다.

② 구이를 포함해 튀김·탕 등으로 즐기며 최근에는 일본식 장어덮밥인 '히쓰마부시(ひつまぶし)'도 외식 업계에서 큰 인기를 끌고 있다.

⑯ 참치(Tuna)

다타키

　참치는 원래 다랑어류 중 참다랑어를 지칭하는 말이었으나, 지금은 다랑어류와 새치류를 포함하는 통칭으로 사용되고 있다. 분포 수역에 따라 가다랑어·눈다랑어·황다랑어와 같은 열대성 다랑어와 참다랑어·날개다랑어 같은 온대성 다랑어로 분류한다. 일본어로 '혼마구로(ほんまぐろ)'라 불리는 참다랑어는 횟감용으로 으뜸이다. 통조림용 참치와 횟감용 참치는 어획 방법부터 다르다. 대형 선박에서 그물로 가다랑어를 대량 어획하는 것은 통조림 참치로 사용하고, 횟감용 참치는 미끼를 이용하여 수심 100~200m까지 낚싯줄을 늘어뜨려 어획한다.

　회를 뜨면 전체적으로 붉은색이다. 여러 부위 중 최고는 역시 '뱃살(오토로)'로 지방이 많고, 고소해 값도 가장 비싸다. 다음이 '옆구리살(주토로)', '속살(아카미)' 순서이다. '오토로'는 붉은빛 살에 흰 지방이 촘촘히 배어 있다. 입에 넣으면 사르르 녹는 느낌이다. '주토로'는 뱃살 바로 윗부분 살로 선홍색 빛이 난다. 신선하지 않은 '주토로'는 회로 썰어 놓으면 가운데부터 잿빛으로 변해간다. 아카미는 참치 등 쪽에 가까운 부위로 지방이 없어 짙은 붉은색이 난다.

재료 및 특성

① 참치는 우리나라 원양어업의 주요 어획종으로 수산물 수출 1위 품목으로 외화 획득에 크게 공헌하고 있다.

② 일본 사람들은 가다랑어로 조미용 국물을 만들기 위해 건조 가공품(가쓰오부시)을 만드는데 핵산 조미료 성분인 이노신산과 L-히스티딘염산염이 함유되어 있다.

③ 열대성 표층 중에서 가장 큰 육식어류로 성장이 빠르고, 맛이 좋아 귀중한 수산자원이다.

④ 부위에 따라 각종 영양소 함유량이 다른데 성인병을 예방하는 어류로 각광받고 있다.

성분 및 효능

① 고단백 저열량 어류인 참치는 지방량이 6.5g(100g 기준)으로 내장비만에 좋다.

② 오메가-3 지방산을 비롯해 셀레늄·철분·비타민·미네랄이 풍부하고, 노화 예방에 효과적이다. 캔 제품의 경우 기름기를 제거한 뒤 섭취하도록 한다.

③ 함유된 불포화지방산 EPA(eicosapentaenoic acid)는 인체에서 혈액 응고를 억제하는 효과가 있다.

④ 단백질, 비타민 B군, 토코페롤, 칼슘, 철분, 마그네슘 등이 함유되어 아이들의 균형 있는 성장을 도울 뿐 아니라 고단백 저열량 식품으로 비만이나 고혈압, 당뇨환자의 영양식으로도 추천된다.

활용요리

① 밥은 절반만 넣고, 채소를 듬뿍 썰어 넣은 참치회 덮밥을 만든다.

② 통조림 이용도 좋다. 참치를 체에 밭쳐 끓는 물에 살짝 헹궈 꼭 짠 다음 오이를 썰어 넣고 유자청, 식초, 참기름, 간장 등으로 만든 소스를 뿌려 먹는다.

③ 담백하고 부드러워 초밥에 많이 사용된다. 신선한 참치는 간장에 살짝 찍어 먹어야 고
   유의 맛을 느낄 수 있다.

④ 레몬즙을 참치회에 뿌리는 것도 신선도를 빨리 떨어뜨린다.

⑰ 가오리(Ray, stingray)

 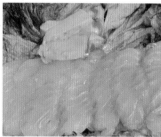 

홍어회   간자미

가오리는 홍어목에 속하는 바닷물고기의 총칭이다. 어린 개체는 간자미라 부른다. 전
세계에 350여 종이 분포하며, 대부분이 바다 밑바닥에서 생활한다. 몸에 붙은 입에 있는
넓적하고 튼튼한 이빨로 연체동물이나 절지동물들을 잡아먹는다. 몸은 대개 접시 모양으
로 납작하며, 날개 같은 커다란 가슴지느러미가 있다.

1) 홍어(Skate ray/flat back, 간자미)

가오릿과에 속하는 바닷물고기로 우리나라 · 남일본 · 동중국 연해에 분포한다. 우리나
라에서는 부산 · 목포 · 영광 · 인천 등지에서 20~80m의 깊은 바다에 특히 많이 서식한
다. 홍어회는 그 맛이 일품인데 특히, 전라도 지방에서 맛있게 잘 만든다. 간재미는 전라
도와 충남 지역 방언으로 간자미가 표준어이다.

재료 및 특성

① 서해안에서 12~2월까지 어획된 홍어의 맛이 제일 좋다.

② 몸은 마름모꼴로 폭이 넓다. 머리는 작고 주둥이는 돌출하였으며 눈도 작고, 분수공은 크다. 등의 중앙선에는 작은 가시가 있다. 몸빛은 등 쪽은 갈색이고, 배 쪽은 백색이 거나 회색이다. 가슴지느러미의 기저(基底)에는 검은 테를 두른 큰 반문(얼룩얼룩한 무늬)이 있다. 몸길이는 약 150cm 정도에 이른다.

③ 산란기는 가을부터 이른 봄까지이다. 가을에 서해 북부의 각 연안에서 남쪽으로 이동하기 시작해 제주도 서쪽 해역에서 남쪽 해역에 걸쳐 겨울을 난다.

④ 3년생의 크기가 27cm 정도이고, 최대 37cm까지 성장한다.

성분 및 효능

① 병후 회복기나 허약체질 영양식으로 좋아 기력 증진에 도움이 되고, 항암작용 · 성인병 예방 등에 탁월하다.

② 콜라겐(collagen)이 풍부하여 뼈와 연골재생에 도움을 준다. 특히 성장기 어린이, 어르신들의 연골재생에 많은 도움이 된다.

③ 단백질 함량이 높고, 수분 함유량이 많아서 체중 감량에도 좋다.

활용요리

간자미무침, 튀김, 매운탕, 회, 찜 등으로 다양하게 활용할 수 있다.

2) 참홍어(Mottled skate/meganeka sube)

삭힌 홍어의 재료인 흑산도 홍어의 경우는 홍어(간자미)와 다르다. 홍어목 가오릿과로 같은 과지만, 흑산도 홍어의 경우 참홍어로 분류하고 있다. 주둥이가 뾰족하고, 몸은 마름모꼴이다. 어릴 때는 등에 한 쌍의 눈 모양 점이 있다. 1m 이상 자라는 대형 어종으로 우리나라 연안에서 어획되는 가오리 중에서 가장 고급 어종이며, 옛날부터 발효시켜 막걸리와 먹는 홍탁이 유명하다. 옛날부터 전라도 지역에서는 "홍어가 없으면 잔치를 못한다"라고 할 정도로 즐긴다.

재료 및 특성

① 우리나라 연안·동중국해·일본 남부에 분포하며, 흑산도 홍어로 불리기도 한다.

② 참홍어는 주낙을 사용해 어획하지 생미끼나 인공미끼를 사용하지 않는다.

③ 홍어는 체효소에 의한 화학적 변화를 거쳐 암모니아가 발생하는데, 암모니아는 강알칼리성(pH 9~12)을 띠므로 부패 세균이 증식할 수 없다.

④ 위산을 중화시키거나, 장내 나쁜 세균을 억제하는 기능도 있다.

성분 및 효능

① 고단백 알칼리성 식품으로 장을 깨끗이 하며, 요도염에 효과가 있다.

② 민간에서 홍어껍질은 뱀에 물렸을 때 약으로 사용될 만큼 해독작용이 크다.

③ 혈관을 깨끗하게 하는 불포화지방산과 EPA, DHA 등이 풍부하다.

④ 관절에 좋은 '콘드로이틴황산(chondroitin sulfate)' 성분도 함유되어 있다.

활용요리

특유의 톡 쏘는 맛을 즐기려면 콧잔등 살과 잔뼈가 잘근잘근 씹히는 날개 부분을 중심으로 찜을 만들어 먹으면 좋다.

| 패류 |

① 굴

굴국밥

석화

어리굴젓

식용종인 참굴을 말하며 굴조개라고도 한다. 부족류 또는 이매패류에 속하고, 한자어로는 모려(牡蠣)·석화(石花) 등으로 표기한다. 굴이 식용으로 이용된 역사는 오래되었으며, 우리나라에서도 선사시대 조개더미에서 많이 출토되었다. 『신증동국여지승람』에 강원특별자치도를 제외한 지역의 토산물(土産物)로 기록되어 있다.

1) 굴(Oyster)

굴은 전 세계적으로 100여 종에 이른다. 우리나라에서는 참굴, 벚굴, 강굴, 바윗굴 등 10여 종이 수확·양식되고 있다. 가을에 살이 차기 시작해 11~이듬해 2월까지가 가장 맛이 좋다. 전남 여수를 포함해 남해안에서만 전국 생굴 생산량의 80%를 차지한다. 굴의 수산물 지리적표시(PGI)에 전남 여수 굴(제12호), 고흥 굴(제22호)이 등록되어 있다.

재료 및 특성

① 굴은 바다에서 나는 우유라고 한다. 칼슘·미네랄·비타민이 풍부하게 함유되어 소금물에 씻어야 단맛이 살고, 레몬즙을 뿌려야 비린내가 제거된다. 서양에서는 'R'자가 들

어 있는 달(9~이듬해 4월)에만 먹는다.

② 맛도 좋고 영양도 풍부하지만, 수분이 많아 균이 번식하기 쉬워 섭취 시 주의해야 한다. 특히 노로바이러스를 조심해야 한다.

③ 대표적인 고단백 저열량 식품으로 필수아미노산의 함량도 높아 완전식품이다.

④ 통영·남해 사람들은 굴을 꿀이라고 부른다. 경상도 발음이 억센 탓도 있지만, 굴은 바다의 꿀이다.

성분 및 효능

① 아연은 남성 호르몬인 '테스토스테론(testosterone)'의 분비량을 늘려준다. 또한 노화로 인한 시력 감퇴, 백내장, 야맹증 등 각종 안구질환으로부터 눈을 보호해 준다.

② 비타민 A·E의 강력한 항산화 효과가 환절기 면역력을 증진해서 감기를 예방한다.

③ 함유된 타우린 성분이 LDL 콜레스테롤 수치를 낮춰준다.

④ 오메가−3 성분 중 하나인 DHA가 참치의 2배 이상 함유되어 있고, 항산화성분인 셀레늄(selenium)도 풍부해 뇌졸중, 당뇨병 등 각종 성인병 예방에 좋다.

⑤ 매일 굴 2~3개면 하루에 필요한 아연을 섭취할 수 있고, 굴 8개만 먹으면 하루에 필요한 철분량으로 충분하다.

활용요리

① 굴은 생으로 먹을 수도 있고 굴무침이나 굴전, 굴튀김, 어리굴젓으로도 먹는다. 굴죽과 굴밥, 굴국밥, 굴칼국수, 굴떡국 등을 해 먹으면 맛이 있다.

② 생굴로 만드는 '진석화젓'은 고흥에서 담그는 굴젓으로 굴을 소금에 버무려 항아리에 담아 꼭꼭 누르고, 위에 두툼하게 소금을 얹은 후 서늘한 곳에서 1년 정도 삭혀서 농축된 참맛을 느낄 수 있는 별미 젓갈이다.

③ 어리굴젓은 바다의 향이 살아 있으나, 빨리 상하는 단점이 있다. 그러나 서산 간월도 어리굴젓은 부재료를 넣지 않고 담가서 오래 저장할 수 있다.

2) 석화(Petrification)

바다 암초(暗礁)에 다닥다닥 붙은 모습이 돌에 핀 꽃과 같아 돌 '석(石)'자와 꽃 '화(花)'자를 써서 석화라 부르게 되었다. 석화는 향이 진하고 알맹이도 커서 겨울철 별미로 즐기기에 좋다. 주 생산지는 전남 고흥이다.

고흥은 조수간만의 차가 커서 자연산 패류 생산이 많은 지역으로 지금도 주민의 생존권과 직결된 어패류이다.

활용요리

피굴은 패류(貝類)가 다양하게 생산된 고흥에서 유일하게 즐겨 먹던 전통음식으로 다른 지방에서는 보기 드문 음식이다. 자연산 석화가 많이 자생한 해안을 중심으로 석화를 껍데기째 삶아 석화 속에 담긴 알맹이와 물을 혼합하여 요리한 음식이다. 주로 석화가 생산되는 겨울철에 만들어 먹고 있다. 겨울철에 즐겨 먹기 때문에 설날 음식으로도 주목받고 있으며, 부재료로는 김, 쪽파, 참기름을 첨가하면 더욱 맛있게 즐길 수 있다.

② 꼬막(Common cockle)

| 참꼬막 | 피조개 | 새꼬막 |

꼬막은 여름부터 영양을 비축하고 살을 찌워 추운 겨울이 되면 깊은 맛을 내서 맛있다. 꼬막 하면 벌교라고 하는데 이는 조정래의 소설 『태백산맥』에서 벌교를 배경으로 묘사되

어 유명해졌기 때문이다. 그러나 꼬막 생산량 1위 지자체는 보성군 벌교읍이 아닌 고흥과 여수이다. 고흥 꼬막은 전체 생산량의 약 60%로, 고흥반도를 나가려면 무조건 벌교를 거쳐야 하는 지리적 특성상 고흥에서 어획한 꼬막이 벌교에 집하(集荷)되어 유통되면서 벌교 꼬막으로 알려진 것이다. 꼬막의 종류는 크게 참꼬막, 피조개, 새꼬막으로 나뉘는데, 껍질에 방사륵의 개수에 따라 구분한다. 전남 고흥·보성·순천·여수로 이어지는 여자만에서 전국 꼬막의 73%를 생산하고 있다.

1) 참꼬막(Granular ark)

우리나라 서해안과 남해안 모래와 펄이 혼합된 갯벌지역에서 서식한다. 껍데기는 전체적으로 알처럼 둥그스름한 형태이고, 부채꼴 모양의 방사륵이 퍼져 있다. 방사륵(放射肋) 개수는 17~18개로 예로부터 임금님 수라상에 진상되거나, 제사상에 올리던 것이 참꼬막이다. 전남 보성군 벌교의 특산물로 유명하며, 수산물 지리적표시(PGI)에 보성·벌교 꼬막(제1호)이 등록되어 있다.

재료 및 특성

① 크기가 작아 주름이 깊은 편이며, 양식을 할 수 없어 갯벌에서 채취해야 한다.
② 최소 5년에서 10년 동안 자란 자연산 참꼬막은 생산량이 많지 않고 가격도 비싼 편이다.
③ 가을이 끝나고 겨울이 시작될 무렵부터 이듬해 봄 알을 품기 시작하기 전까지가 가장 맛이 좋은 시기이다.
④ 그믐 때 살이 많이 오르고 맛이 좋다고 알려져 있는데, 이것은 갯벌에 물이 최대로 차오르는 보름 때 에너지 소모가 많은 활동이 일어나기 때문이다.

성분 및 효능

① 단백질 함량이 높고, 지방 함량은 상대적으로 낮아 영양가 높은 식품으로 손색이 없다.
② 칼슘과 철분도 다량 함유되어 빈혈 예방과 성장 발육에 도움이 된다.

활용요리

① 삶아서 그냥 먹기도 하고, 구워서 먹기도 한다.

② 반찬이나 술안주로도 애용되며, 꼬막전·무침·회 등으로 조리해서 먹을 수 있다.

③ 삶은 물은 다른 조개류를 삶은 물처럼 맑지 않고 고동색을 띤다. 상하기 쉬우므로 되도록 한번에 조리하는 것이 좋고, 보관 시 삶아서 냉동 보관하는 것이 좋다.

2) 피조개(피꼬막, Ark shell/red shell)

피꼬막이라 불리는 피조개는 크기가 아이 주먹만 하여 육질이 빨갛다. 다른 꼬막에 비해 크기가 큰 편이며, 입을 열면 붉은빛이 돈다. 이는 피가 아닌 내장성분이다. 육질이 탄력적이라 주로 날것으로 먹으며, 최근에는 통조림 원료로 이용한다. 방사늑이 40여 개 정도로 다른 꼬막보다 두 배 정도 크고 털도 붙어 있다.

재료 및 특성

① 큰 크기 덕분에 주로 고급 식품으로 쓰여 가장 높은 몸값을 자랑한다.

② 원래는 참꼬막이나 새꼬막보다 비싼 조개였으나, 대량 양식이 성공하면서 쉽게 볼 수 있다.

③ 잘 처리한 피조개 살에서는 오이와 비슷한 상쾌한 향이 난다.

성분 및 효능

단백질, 비타민, 미네랄 등의 성분이 균형을 이루어, 빈혈 치료에 효과가 있다.

활용요리

회나 구이, 초밥으로 만들어 먹거나, 통조림으로 가공하여 먹는다.

3) 새꼬막(Ark shell)

사새목 꼬막조개과의 연체동물로 '꼬마피안다미조개'라고도 하며 지역에 따라 새꼬막, 피조개로도 부른다. 표면에 30~34개의 방사륵이 있고, 흑갈색의 벨벳 모양 큐티클로 싸여 있으며, 방사륵 사이의 폭은 좁다. 껍데기는 흰색으로 길고 도톰한 직사각형이다. 조가비 모양이 피조개와 비슷하나, 더 두껍고 단단하다. 수산물 지리적표시(PGI)에 여수 여자만 새꼬막(제20호)이 등록되어 있다.

재료 및 특성

① 참꼬막과 피꼬막의 중간 크기로 주산지에서는 양식을 한다.
② 살짝 삶아 초고추장과 같이 먹는 전라도 지방의 향토 음식이다.
③ 가장 흔히 볼 수 있어 일반 식당에서 찐 형태로 많이 나오며, 쫄깃한 식감이 매력적이다.
④ 9~10월에 산란하며, 부착생활을 하는 중에도 때때로 족사(足絲)를 스스로 절단하고 주변을 기어다니기도 한다.

성분 및 효능

① 씹었을 때 단맛과 비릿한 향이 일품이다. 속살이 붉은색을 띠는 것은 꼬막 체액에 함유된 헤모글로빈 성분 때문이다.
② 겨울철 체온저하로 질병을 앓기 쉬울 때 비타민이 풍부한 꼬막을 먹으면 건강 유지에 도움이 된다.
③ 철분을 많이 함유해서 빈혈 예방에 좋고, 꼬막의 전체 영양성분 중 약 14%를 차지하는 단백질은 어린이나 뼈가 약한 노년층에 좋다. 철분이 바지락, 굴, 홍합보다 더 많이 함유되어 있다.
④ LDL 콜레스테롤이 쌓이는 것을 막는 타우린, 동맥경화를 예방하는 베타인, 항산화ㆍ항노화에 도움을 주는 영양소가 많이 함유되어 있다.
⑤ 단백질, 필수아미노산, 무기질 성분이 많아 아이들의 성장발육에 도움을 주고 EPA, DHA 함량이 높아 불포화지방산의 공급원이다.

⑥ AMP · ADP(핵산물질) 함량이 높아 천연의 맛을 내고 '포스파티딜콜린(phosphatidyl-choline)' 성분이 숙취 해소에 도움을 준다.

해감하는 방법

① 물에 소금 1큰술을 넣어 녹인 후, 꼬막을 채반에 담아서 넣고, 숟가락과 같이 해감한다. 꼬막을 채반에 담지 않고 해감하면 꼬막이 머금고 있는 불순물을 토해내고 먹기를 반복한다.
② 검은색 비닐봉지나 뚜껑으로 빛을 차단해 2~3시간 해감을 해야 한다.
③ 해감한 꼬막은 주름 사이에 붙어 있는 이물질을 칫솔로 제거해야 먹을 때 깔끔하다.

활용요리

① 꼬막 정식, 회, 무침, 비빔밥, 조림 등으로 인기가 좋다.
② 살은 연하고 붉은 피가 있으며 맛이 매우 좋아 통조림으로 가공하거나, 말려서 먹는다.

③ 가리비(Scallop)

자연산 가리비

연체동물 부족류에 속하는 가리비는 '헤엄치는 조개'로 알려져 있다. '조개가 헤엄을 친다' 하면 고개를 갸우뚱하겠지만, 위협을 받으면 두 개의 패각을 강하게 여닫으면서 분출되는 물의 반작용을 이용해 수중으로 몸을 띄워 움직인다. 검푸른 내장을 제외하고는 거의 모든 부분이 식용 가능한 해산물로 전 세계인이 좋아하는 재료이기도 하다. 특히 중국에서 가리비는 고급 패류 중 하나로 유명한 'XO소스'의 주재료이기도 하다. 경남 고성의 자란만은 미국식품의약국(FDA)으로부터 청정해역으로 인정받은 곳으로 국내 최대 가리비 생산지로 유명하다. 우리나라 전체 생산량의 90%를 차지할 정도로 명성이 높고, 주로 홍가리비를 양식하는데 다른 지역 가리비와 비교할 때 알이 20% 정도 커서 찜 요리를 즐기기에 좋다. 추울수록 단맛이 강해지고, 제철인 겨울이 가격도 가장 저렴하다.

재료 및 특성

① 시중에는 양식과 자연산 두 가지가 있다. 양식 가리비도 플랑크톤만 먹고 자라서 맛에서는 별 차이가 없다.
② 패각의 형태가 깨진 곳이 없고 살짝 열려 있으면 신선한 것이다. 입이 많이 벌어지면 신선한 상태가 아니며, 완전히 닫힌 것은 죽은 것이다.
③ 가리비는 보통 4~5년 자란 것이지만, 자연산은 20년 정도 된 것도 있다. 같은 크기라면 무게감이 있고, 표면에 윤기가 나는 것이 신선하다.
④ 패각의 색깔은 붉은색, 자색, 오렌지색, 노란색, 흰색 등으로 다양하다.

성분 및 효능

① 칼슘이 풍부하여 골밀도를 높여주고, 뼈 건강증진에 도움이 된다.
② 풍부한 칼륨성분이 체내 나트륨, 노폐물을 배출하여 혈액순환을 도와준다.
③ 타우린이 풍부하여 숙취 해소에 좋고, 간기능이 향상된다.
④ 단백질과 미네랄이 풍부하여 두뇌 발달, 빈혈 예방 등에 효과가 있다.

활용요리

① 날로도 먹고, 뜨겁게 달군 프라이팬에 버터를 두르고 앞뒤로 노릇하게 살짝만 구워 먹어도 좋다.
② 통째로 석쇠에 얹어 구워 먹으면 영양소 손실이 덜하다.

③ 말린 가리비를 불려 수프, 찜과 덮밥 요리를 하면 깊은 향과 맛을 낸다.

④ 일본에서는 스시(초밥)의 재료로 가장 많이 사용하고, 말린 것은 술안주로 많이 먹는다.

⑤ 프랑스에는 성인 제임스 이름이 붙은 가리비 요리(coquille Saint Jacques)가 있는데 부드러운 가리비와 버섯 그라탱을 껍데기 위에 얹어 낸 요리다.

4 맛조개(Razor shell)

가리맛조개

이치목 죽합과에 속하고, 대나무처럼 가늘고 길며, 식용으로 널리 사용된다. 군산·부안·김제에서는 죽합, 서산·태안·당진에서는 개맛 혹은 참맛이라고 부른다. 이외에 끼맛, 개솟맛이라고도 불린다.

맛조개는 조개 중에서도 죽합과에 속하는데 죽합(竹蛤)은 '대나무 마디를 닮은 조개'라는 뜻이다. 껍데기는 의외로 얇아 잘 부서지며, 몸 전체를 덮고 있는 황갈색의 각피도 마르면 쉽게 벗겨진다. 우리나라에는 맛조개와 대맛조개(Grand jecknife clam), 가리맛조개 등을 포함하여 총 7여 종이 알려져 있으며, 식용으로 사용되는 맛조개(Solen strictus)를 말한다. 맛살이라 불리는 맛조개의 살은 부드럽고 맛이 좋으며, 낚시 미끼로도 사용된다.

Tip ▶ **가리맛조개(Constricted tagelus)**

긴 주머니칼 모양이어서 외국에서는 '잭 나이프(Jack Knife)조개'라고 부른다. 고운 모래가 다소 섞인 서해와 남해안의 진흙 갯벌 조간대의 표층으로부터 약 20cm 전후의 깊이에 파고 들어가 서식하는 부유물 여과 섭식성 중형 조개류로 강한 밀집분포 현상을 보인다. 비교적 얇은 패각의 외부는 지저분한 황갈색의 외피로 덮여 있으며, 내부는 순백색을 띠고, 길이는 8cm 전후이다. 생산량의 90% 이상이 순천만에서 채취되고 있으며, 수산물 지리적표시(PGI) 제25호로 등록되어 있다.

재료 및 특성

① '맛이 있어서 맛조개'로 잘 알려졌다. 다른 조개들에 비해 특별히 맛있는 것은 아니지만 고유의 감칠맛이 있다.

② 길이 10~15cm, 너비 1.5cm 정도로 대나무처럼 가늘고 긴 원통형을 하고 있다.

③ 전체적으로는 갈색이지만 표면이 벗겨지면 안쪽으로 광택이 나는 흰 껍질이 드러나기도 한다. 살은 옅은 붉은색이다.

④ 다른 조개류에 비해 입수공과 출수공이 유난히 길고, 갯벌에 물이 차면 구멍의 위쪽으로 올라와 물속의 유기물을 걸러 먹는다.

⑤ 어린 조개는 발에 해당하는 족사가 없어 자유 생활을 하며, 성체가 되면 만 안쪽의 갯벌에 30~60cm 깊이의 타원형 구멍을 파서 서식한다.

⑥ 썰물 때 작은 숨구멍을 찾아 모래를 걷어내면 타원형의 구멍이 보이며, 이 구멍에 소금을 뿌리면 자극에 속살이 구멍 입구로 나온다. 이러한 습성을 이용하여 어획하기도 하고, 철사를 화살 모양으로 만든 '써개'나 '맛새' 등의 도구를 이용해 구멍 속을 찍어서 어획한다.

성분 및 효능

① 단백질이 풍부하게 함유되어 우리 몸의 성장과 발달, 유지에 중요한 역할을 한다.

② 철분이 풍부해 혈액의 산소 운반에 중요한 역할을 하며, 빈혈을 예방한다.

③ 아연이 풍부하여 면역체계 강화, 세포분열과 성장에 도움을 준다.

④ 비타민 B₁₂가 풍부하게 함유되어 혈액 생성과 신경기능에 중요한 역할을 한다.

⑤ 오메가-3 지방산이 풍부해서 심혈관 건강에 도움을 주고 염증을 가라앉히는 효과가 있다.

활용요리

① 소금구이나 익혀서 무침으로도 많이 해 먹는다.

② 다시마 국물에 간장, 고추장, 고춧가루, 다진 마늘 등을 넣고 조려서 먹으면 맛있다.

③ 생으로 먹기도 하지만, 생조개는 신선도와 위생에 주의해야 한다.

⑤ 전복(Abalone)

복족류에 속하며, 한자어로 복(腹) 또는 포(胞)라고도 한다.『자산어보』에 복어(腹魚)라 하였고,『본초강목』에는 석결명(石決明), 일명 구공라(九孔螺)라고도 기록되어 있다. 껍데기 길이는 10cm 이상으로 크고 타원형이다. 나층(螺層: 나선 모양으로 감겨 있는 한 층)은 적으며 뒤쪽으로 치우쳤고, 대부분은 체층(體層: 껍데기 주둥이에서 한 바퀴 돌아왔을 때의 가장 큰 한 층)으로 되었으며, 그 위에 구멍들이 줄지어 위로 솟아 있다. 이 구멍들은 뒤쪽 몇 개를 제외하고는 막혀 있다. 열려 있는 구멍은 출수공(出水孔)이며, 배설물도 이곳으로 내보낸다. 종에 따라 차이는 있으나, 껍데기는 1년 동안 2~3cm 정도 자란다. 먹이는 다시마·대황·미역·감태·파래 등의 해조류이다.

전복의 수산물 지리적표시(PGI)에 전남 완도·해남·진도·신안 전복이 등록되어 있고, 제주전복(Jeju Jeonbok)은 맛의 방주(Ark of Taste)에 등재되어 있다.

재료 및 특성

① 전복은 '바다의 산삼'이라고 할 만큼 원기 회복에 좋다.

② 양식 어민은 바다 양식을 하고 있으며, 새로운 양식도 시도되고 있다.

③ 한류성인 참전복과 난류성인 까막전복, 말전복, 왕전복, 오분자기, 마대오분자기 등의 6종이 알려져 있다.

성분 및 효능

① 천연강장제 전복의 핵심성분인 '아르기닌'은 정력을 강화하는 직접적인 성분으로 알려졌다.

② 피로한 신경을 회복하는 데 효과가 있고, 눈이 침침하고 뻑뻑한 시신경의 피로를 감소시킨다.

③ 각종 무기질과 비타민이 풍부하여 영양소 보충에 좋고 노화 방지, 청소년기의 뼈 성장, 당뇨병 예방, 심장기능 개선, LDL 콜레스테롤 수치 상승 억제, 간기능 개선효과가 있다.

④ 임신 중 산모가 전복을 먹으면 모유 분비에 도움을 주고, 시력이 좋은 아이를 낳을 수 있다고 할 만큼 시신경 효과가 탁월하다.

전복 암·수 구분법

구분	암컷	수컷
내장색	초록색	노란색
식감	부드러운 식감	단단하고 영양분이 많음
추천요리	찜, 스테이크, 버터구이	회, 죽

음식궁합

전복과 쇠고기를 같이 먹으면 칼슘과 인의 섭취가 조화를 이뤄 자양강장 효능이 배가(倍加)된다.

활용요리

① 탄산칼슘이 다량 함유된 전복 껍데기도 간의 열을 잘 내려 어지럼증이나 시력장애, 이명에 특히 좋다고 알려져 있다. 눈이 피곤할 때 전복 껍데기 20g, 감국 20g, 물 1,500㎖를 넣어 물이 절반 정도 될 때까지 졸인 뒤 식후에 2~3번 먹으면 도움이 된다.
② 기운 없을 때 내장까지 갈아 죽으로 쑤어 먹는다.
③ 살을 썰어 간장과 설탕, 마늘 등을 넣고 조린 전복 장조림을 밑반찬으로 이용한다.

⑥ 키조개(Comb pen shell)

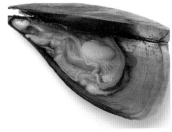

이매패강 홍합목 키조개과에 속하는 연체동물로 폭이 좁고 아래로 갈수록 넓은 삼각형 모양의 껍데기와 마치 곡식의 쭉정이를 제거할 때 사용하는 키와 닮았다고 해서 키조개라는 이름이 붙었다. 전남 방언으로는 '게두'라고도 한다.

전국 키조개 생산량의 70~80%를 차지하는 전남 장흥 수문마을은 우리나라의 대표적인 키조개 산지로 전국에서 유일하게 양식장이 있다.

초가을에 20cm 미만의 종패를 바다에 이식한 후 수확까지 평균 2년이 소요된다. 수확량의 절반은 일본으로 수출할 정도로 인기가 좋으며, 마을에 부흥을 선물한 키조개는 장흥 삼합(키조개, 쇠고기, 표고버섯)으로도 알려져 지역 발전에 기여하고 있다. 수산물 지리적표시(PGI) 제7호로 유일하게 등록되어 있다.

재료 및 특성

① 거친 물살을 견디며 자라 살이 많고 쫄깃하며 타우린, 철분이 다량 함유돼 빈혈 예방, 면역력 증진 등 맛과 영양이 응축된 바다의 검은 보석이다.
② 바다 수심 30~40m 청정해역의 깊은 바닷속 모래에 서식하고, 5월에 잠수부들이 심해에 들어가서 직접 채취한다.
③ 우리나라에서 식용하는 조개류 중 가장 크다.
④ 조개 끈 중 '꼭지살'이라는 부위가 있는데 나름의 별미이다. 실제 영양분은 다른 부위와 별 차이가 없다.
⑤ 관자를 감싸고 있는 외투막은 흔히 날감지, 시모라고 부르는데 쫄깃한 맛이 좋다. 외투막을 벗겨 부드럽게 씹히는 맛이 관자의 매력이라면, 외투막은 쫄깃하게 씹히는 맛이 매력이다.

성분 및 효능

① 혈액 속의 LDL 콜레스테롤 수치를 낮추고, 간기능을 향상하는 타우린 성분이 풍부하게 함유되어 있다.
② 단백질은 풍부하게 함유하면서도 저열량 식품이며, 필수아미노산과 철분이 많아 동맥경화와 빈혈 예방에 좋다.
③ 필수 미네랄인 아연은 굴과 함께 호르몬 작용과 면역력 증진에 도움을 주는 대표적인 수산물이다.

활용요리

① 장흥에서는 쇠고기 · 표고버섯 · 키조개 관자를 같이 구워 먹는 장흥삼합이라는 메뉴가

만들어졌다.

② 샤부샤부, 버터구이, 회, 초밥, 죽, 전 등 어떤 방법으로 조리해 먹어도 맛 좋은 별미가 된다.

③ 가부 보채는 전골냄비에 쪽파, 깻잎, 실고추, 버섯 등을 둘러놓은 후 키조개를 썰어 얹고, 소뼈를 달인 국물을 적당히 부어 끓이면 국물이 담백하여 식욕을 돋우며, 지방질이 없고 핵산 아미노산이 풍부한 건강식으로 식도락가들이 즐겨 먹는다.

④ 궁중 보채는 가부 보채와 같이 키조개가 주재료이며, 얼큰한 맛을 즐길 수 있고, 소의 막창이 약간 들어가 독특한 맛의 조화를 이루고 있다.

⑤ 키조개 파스타는 신선한 채소와 같이 키조개를 볶아 만든다.

갑각류

① 꽃게(Swimming crab)

십각목 꽃겟과의 갑각류로 낮에는 모래 속에 숨어 있다가 밤에 먹이를 잡아먹는다. 맛은 6월의 암컷을 최고로 손꼽는다. 한반도 서해와 남해, 일본, 중국해역이 주 분포지역이다. 강원특별자치도에서는 날개꽃게, 충청도에서는 '꽃그이'라고 부른다. 보통 게와 달리 헤엄을 잘 치기 때문에 서양에서는 'swimming crab'이라고 한다. 암컷은 어두운 갈색 바탕에 등딱지 뒤쪽에 흰 무늬가 있고, 수컷은 초록빛을 띤 짙은 갈색이다. 어족 보호를 위해 7~8월은 법적 금어기이고, 금어기에는 냉동 꽃게가 유통된다.

재료 및 특성

① 껍데기에는 '아스타잔틴(astaxanthin)'이라는 물질이 있어 단백질과 결합하여 다양한 색을 내는데, 가열하면 결합이 끊어져 붉은색을 나타낸다.
② 겨울에는 깊은 곳이나 먼 바다로 이동하여 겨울잠을 자며, 3월 하순부터 산란을 위해 얕은 곳으로 이동한다.
③ 산란기를 바로 앞둔 4월 알이 꽉 찬 암컷이 가장 맛있다. 산란기가 지난 암꽃게는 살이 빠져 먹을 것이 별로 없기에 가을은 수컷이 더 맛있다.

성분 및 효능

① 풍부한 타우린 성분은 LDL 콜레스테롤을 배출하고, 항산화 기능을 하는 '글루타티온(glutathione)'의 합성을 증가시켜 간기능 회복에 도움이 된다.
② 철분과 칼슘 함량이 풍부해서 뼈를 튼튼하게 한다.
③ DHA는 뇌세포를 보호하고 세포 생성에 직접 도움을 주며, 치매 예방에 효과적이다. EPA는 혈관 염증을 막아주는 특성이 있어 혈관성 치매나 동맥경화, 심장질환의 예방에 효과적이다.
④ 꽃게에 함유된 키틴은 소화 흡수는 안 되지만, 장내에 있는 미생물 발효를 도와 장 건강과 변비 예방에 좋다.

음식궁합

꽃게가 감에 함유된 타닌성분의 단백질과 결합하여 변성시키는 작용을 해서 설사나 복통이 있을 수 있다.

활용요리

① 간장게장 · 찜 · 탕 · 튀김 · 무침 등으로 조리하며, 게장은 6월에 알이 찬 암컷으로 담근 것을 최고로 친다.

② 묵은지와 함께 끓인 게국지는 충남 서산 · 태안 지역의 나온 향토음식으로 김치의 일종이다. 원래는 절인 배추와 무 · 무청 등에 게장 국물이나 젓국 국물을 넣어 만든 음식이다.

② 대하(Fleshy prawn)

대하크림파스타   대하소금구이

십각목 보리새우과의 갑각류이다. 먹이와 산란을 위해 연안과 깊은 바다를 오가며 생활하는 몸집이 큰 대형새우로 수명은 약 1년이다. 서해와 남해에서 주로 어획되며, 크기에 따라 길이 27cm 전후는 대하, 15cm 전후는 중하, 6cm 전후는 소하로 분류한다. 특유의 탱글탱글한 식감과 고소한 맛으로 많은 사랑을 받고 있다. 큰 새우 · 왕새우라고도 한다.

재료 및 특성

① 흰다리새우와 맛은 비슷하지만, 대하의 가격이 2~3배 더 비싸다.

② 대하는 이마에 있는 뿔이 코끝보다 길게 나와 있고 더듬이가 흰다리새우보다 길다. 수염은 몸길이보다 길고 다리는 붉은색이며 꼬리의 끝부분이 녹색이다.

③ 콜레스테롤이 많이 함유된 것으로 알고 있지만, 사실 새우의 콜레스테롤 함량은 100g

당 112mg으로 달걀 640mg보다 훨씬 적다.

④ 타우린 성분과 불포화지방성분은 LDL 콜레스테롤의 체내 축적을 막아 심장병, 동맥경화 등 다양한 성인병 예방에도 도움이 된다.

성분 및 효능

① '아르기닌' 성분은 몸의 혈관을 확장하는 역할로 신진대사를 촉진하는 작용을 하여 노화예방에 도움이 되며, 성장 호르몬의 분비를 촉진해 성장기 아이들에게도 도움이 된다.

② 단백질 함량이 높고, '아스파라긴산'이 풍부해 몸속의 피로 물질인 젖산을 제거하고 항산화작용을 한다.

③ 아미노산의 일종인 라이신(lysine) 성분이 뇌의 상태를 안정시키는 작용을 하여 뇌 건강에 뛰어난 효과가 있다.

④ 풍부한 타우린 · 오메가−3는 LDL 콜레스테롤 수치를 낮추고, 칼륨은 나트륨을 배출해서 고혈압, 동맥경화 등 심혈관계 질환에도 도움이 된다.

⑤ 껍질에는 '아스타잔틴(아스타크산틴)'이 풍부하게 함유되어 눈의 피로도를 감소시키고, 망막에 있는 활성산소를 제거한다.

⑥ 키틴은 키토산의 원료로 혈압조절과 면역력 증진에 도움을 주며, 관절 건강에도 좋다.

활용요리

소금구이, 갈릭새우버터구이, 칠리새우 등의 다양한 요리로 활용할 수 있다.

| 연체류 |

 낙지(Octopus)

산낙지

낙지호롱구이

낙지탕탕이

연체동물문 문어목 문어과에 속하는 낙지는 갯벌이나 조간대 하부에서부터 수심 100m 전후의 깊이까지 서식하는데, 우리나라에서는 특히 전라도 해안에서 많이 어획된다.

낙지의 몸빛은 일반적으로 회색이지만 오징어나 문어 등 두족류가 가지는 특성으로 외부로부터 자극을 받으면 검붉게 변한다. 『자산어보』에서는 낙지를 한자로 낙제어(絡蹄魚)로 쓰고 있다. 이는 '얽힌(絡) 발(蹄)을 지닌 물고기(魚)'를 뜻하는 말로 8개의 낙지 발이 이리저리 얽혀 있는 데서 이름을 따 온 것이다. 그런데 민간에서는 같은 음으로 읽히는 낙제(落第)를 경계하여 수험생들에겐 낙제어를 먹이지 않았다고 한다.

Tip ▶ **세발낙지(Thin octopus)**

세발낙지에 대한 오해 중 하나는 낙지의 발이 세 개라는 것이다. 세발의 '세(細)'는 가늘다는 뜻의 한자어이다. 서·남해에 분포하고, 뻘에 굴을 만들어 그 속에 서식한다. 타우린이 풍부하고, 쫄깃한 식감이 일품이다. 세발낙지를 이용한 요리는 다양하지만, 살아 있는 낙지를 생으로 먹는 방법이 유명하다. 크기가 작고 부드러워서 생으로 먹기에 알맞다. 통째로 먹을 때는 나무젓가락을 낙지의 몸통 부분에 있는 아가미 속으로 집어넣고, 다리를 젓가락에 감아 초고추장이나 기름장에 찍어 먹는다. 지방이 적어 회나 초밥의 재료로 사용된다. 전남 목포를 중심으로 지역 특산물로 인기를 끈다.

재료 및 특성

① 싸움소에게도 먹이는 보양 음식이다. 지방성분이 거의 없고, 타우린과 무기질·아미노산이 풍부해 조혈 강장뿐 아니라 칼슘의 흡수와 분해를 돕는다.

② 야행성인 낙지는 해안의 바위 사이나 개펄에 몸을 숨기고 있다가 밤이 되면 기어나와 새우·게·굴·조개·작은 물고기 등을 포식한다.

③ 먹이활동이 활발해지면 굴이나 조개 등을 양식하는 어민들이 피해를 보기도 한다. 1년 정도가 수명인 낙지는 이른 봄 산란을 마치고 죽는다.

④ 회·숙회·볶음·탕·산적·전골·초무침·구이에서부터 다른 재료와 궁합을 이룬 갈낙(갈비살, 낙지), 낙새(낙지, 새우), 낙곱(낙지, 곱창)이 개발되었고, 지역 특색에 따라서는 그 지명을 붙여 조방낙지, 무교동낙지, 목포 세발낙지 등이 등장했다.

⑤ 조방낙지는 일제 강점기 때 지금의 부산 자유시장 자리에 있던 조선방직 인근의 낙지집에서 유래했다. 당시 근로자들이 하루의 피로를 얼큰한 낙지볶음으로 달랬다는데, 이후 이 일대에 낙지거리가 형성되면서 부산의 명물이 되었다.

성분 및 효능

① 타우린이 풍부하여 피로 회복에 좋고, 기력 회복에 탁월한 효과를 보인다. 자양강장뿐만 아니라 눈 건강에도 좋다.

② 고단백·저지방 식품으로 우리 몸의 근육·피부·모발을 구성하는 단백질의 훌륭한 공급원이다.

③ 철분, 인. 아연, 칼슘 등의 미네랄을 풍부하게 함유해서 혈액 생성, 면역력 강화, 뼈 건강 등에 도움이 된다.

④ 항산화물질이 풍부해서 활성산소를 제거하고, 세포를 보호하여 노화를 늦추는 효과가 있다.

활용요리

① 연포탕은 두부 등 부드러운 재료를 이용해서 만든 탕을 일컬어왔다. 하지만 최근 들어

낙지연포탕이 유명해지면서 연포탕 하면 낙지연포탕만을 생각하게 되었다.

② 낙지탕탕이는 낙지를 바구니에 넣어 민물로 문질러 기절시킨 다음, 다리를 손으로 하나씩 찢어 접시에 가지런히 담아내는 요리법이다. 전남 무안군에서 개발한 것으로 순두부처럼 부드러우면서도 산낙지의 쫄깃함이 살아 있다. 초장이나 기름장에 닿는 순간 다시 꿈틀거리기 시작하는 낙지를 입에 넣는 것이 기절낙지를 즐기는 묘미이다.

③ 낙지호롱구이는 전라도 향토 음식으로 낙지를 통째로 대나무젓가락이나 짚 묶음에 끼워 돌돌 감은 다음, 고추장 양념을 골고루 발라서 구워낸다.

④ 밀국낙지탕은 낙지와 박을 이용하여 만드는 충남 태안군 이원반도 일대의 향토 음식으로 먹을 것이 귀하던 시절, 밀과 보리를 갈아 칼국수와 수제비를 뜨고 낙지 몇 마리를 넣어 먹었다.

⑤ 갈낙탕은 쇠고기와 낙지가 유명한 전남 영암군에서 유래되었다. 담백하고 시원한 국물과 고소한 쇠갈비살, 쫄깃하게 씹히는 낙지의 질감이 어우러져 특별한 맛을 즐길 수 있다.

② 문어(Giant octopus)

다리가 8개 있는 연체동물의 일종으로 바다 밑에 서식하며 연체동물과 갑각류 등을 먹고 산다. 위급 시에는 검은 먹물을 뿜고 도망가는 것으로 유명하다. 수명은 3~5년이다. 한자어로는 대팔초어(大八稍魚), 팔초어(八稍魚), 팔대어(八大魚)라고 한다. 10℃의 수온에서 서식하여 일본에서는 미즈다코, 즉 '찬물 문어'라고 부른다. 몸무게가 약 15kg 정도 되면 생식기관이 발달하고 짝짓기를 한다. 최대 50kg에 달하며, 암컷은 크기가 큰 수컷을 선호한다. 수컷은 짝짓기 후 몇 달 후에 죽는다. 문어의 주 소비국은 일본이고, 그 다음이 우리나라를 비롯한 동남아 국가들이다.

재료 및 특성

① 몸 색깔은 자갈색 또는 회색인데, 감정의 변화나 주변 환경에 따라 몸 색깔을 바꿀 수 있다. 흰색은 공포, 붉은색은 화가 났을 때의 색깔이다.

② 장기 기억과 단기 기억을 할 수 있다. 문어(文魚)는 이름에 '글월 문(文)'자가 들어갈 정도로 똑똑하다고 소문난 연체동물이다.

③ 문어가 뿜어내는 먹물이 지식의 상징으로 간주되어, 옛날부터 우리 조상들은 문어를 '양반 고기'라고 부르기도 했다.

④ 문어의 이빨은 매우 날카로워서 단단한 먹이도 깨 먹을 수 있을 정도이므로, 물리면 심한 상처가 날 수 있다. 특히 푸른점문어 같은 열대 문어는 이빨에 맹독성분인 '테트로도톡신'이 있어 물리면 목숨을 잃을 수도 있다.

⑤ 우리나라에서 어획되는 문어는 대문어와 참문어 2종이다. 대문어는 동해에서 어획되며, 말리면 겉이 붉어져 피문어라고도 부른다. 남해에서 주로 잡히는 참문어는 대문어에 비해 크기가 작고, 바위틈에 살아 돌문어라고도 한다.

⑥ 대문어의 수명은 1~5년으로, 식감이 부드럽고 연하다. 참문어의 수명은 1년이며 크기가 최대 3.5kg 정도로 대문어에 비해 작고, 육질이 단단하고 단맛이 나는 것이 특징이다.

⑦ 비늘이 없는 생선은 제사상에 올리지 않지만, 먹물이 있는 문어는 특별히 허락했다는 설이 전해진다.

성분 및 효능

① 타우린이 많아 혈중 LDL 콜레스테롤의 증가를 억제하며 동맥경화, 심장마비를 예방하고 인슐린 분비를 촉진해 당뇨병에 좋다.

② 피로 회복과 간 해독작용에 효과가 있다. 술과 같이 먹으면 알코올 분해를 촉진해 숙

취를 해소하는 데 도움을 준다.

③ DHA와 EPA가 풍부하여 두뇌 발달에도 도움이 되고, 비타민 E와 니아신이 함유되어 노화 예방이나 피부 건강에도 효과가 있다.

④ 문어는 시력 감퇴·빈혈·동맥경화·당뇨병 등에 효과가 좋으며, 몸체 추출물 속에는 타우린이라는 성분이 함유되어 있다.

⑤ 문어는 예로부터 피를 맑게 해주고 피를 멈추게 해준다고 하여 산모가 먹기 좋은 음식으로 꼽혔으며, 제사상에도 올라가는 수산물이다.

활용요리

① 문어회, 튀김, 조림, 볶음 등 다양한 방법으로 조리할 수 있다.

② 문어삼합, 맑은탕, 해신탕, 숙회, 자숙문어 샐러드, 먹물죽 등으로 조리할 수 있다.

③ 말리거나 훈제품, 초밥 재료, 찌개나 볶음으로도 조리된다.

③ 주꾸미(Webfood octopus)

쭈꾸미삼겹살

겨울에서 봄, 배고픈 시기 서해안 어촌에서나 먹던 천덕꾸러기가 낙지 가격이 뛰면서 상대적으로 저렴한 주꾸미로 사람들이 관심을 돌리면서 주꾸미를 재발견했다. 부드러운 육질에 가볍게 배어든 단맛에 빠져들게 되는데, 살짝 데쳐야 제맛을 느낄 수 있다. 봄 주꾸미, 가을 낙지라는 말이 있다. 봄철 주꾸미는 산란을 앞두고 통통하게 살이 올라 더욱 쫄깃한 식감을 느낄 수 있다. 봄 주꾸미를 특별하게 여기는 이유는 알 때문이다. 주꾸미의 머리에 가득 찬 알을 보면 밥알을 아주 작은 그릇에 소복하게 담은 것처럼 보인다.

재료 및 특성

① 주꾸미는 산란을 시작하는 5월 중순부터 8월 말까지는 잡을 수 없는 해산물이다.

② 봄이 되면 먹이를 찾아 우리나라 서해안으로 주꾸미가 몰린다. 주꾸미는 한 마리씩 낚아 올리기도 하지만, 특별한 그물을 준비한다. 소라나 고둥의 빈 껍데기 등에 들어가 휴식을 취하는 주꾸미의 습성을 이용하는 방법이다.

③ 옛날에는 서식지에서나 먹는 로컬푸드였으나, 전국적인 인기를 끈 것은 삼겹살 덕분이다. 저렴한 냉동 수입 삼겹살의 고기 맛을 가리기 위해 강한 고추장 양념과 주꾸미가 조합된 쭈삼이 한때 큰 인기를 끌어 주꾸미를 알리는 데 한몫했다.

④ 지방이 1%도 안 되고, 아미노산이 풍부하다.

성분 및 효능

① 타우린 성분은 간기능을 개선하고, 신경을 안정시키는 역할을 한다.

② 철분, 칼슘, 마그네슘 등 미네랄이 풍부해 빈혈과 고혈압을 예방하는 데도 효과가 있다.

③ 알배기 봄 주꾸미는 영양소가 풍부해 건강에도 좋다. 봄철 최고의 자양강장제로 손꼽힌다.

활용요리

① 내장과 먹통을 제거한 후, 끓는 물에 살짝 데쳐 소스에 찍어서 통째로 먹는다.

② 주꾸미삼겹살볶음, 석쇠구이, 맑은탕, 샤부샤부, 찜 등 다양한 요리로 활용할 수 있다.

| 해조류 |

① 갈조류(Brown algae)

엽록소 a, c와 카로틴, 후코산틴(fucoxanthin) 등의 색소가 함유된 조류를 말한다. 바다에 주로 서식하며 특히, 난해와 한해에 많이 분포하고 있다. 현재 알려진 갈조류는 약 240속 1,500종이라고 한다.

1) 다시마(Kelp)

건다시마   다시마   염장 다시마

바다의 채소 다시마는 배변의 양을 늘려 변비에 도움을 주는 대표적인 수산물이다. 다시마에 풍부한 알긴산 성분은 지방의 흡수를 방해하고 LDL 콜레스테롤 수치를 낮춰준다. 다시마의 수산물 지리적표시(PGI)에 전남 완도·고흥 다시마와 부산 기장 다시마가 등록되어 있다.

재료 및 특성

① 수요가 많아 현재 우리나라 전 연안에서 양식되고 있다.
② 건다시마는 찬물로 우려내면 점액성분이 덜 빠져나와 맑은 밑 국물을 만들 수 있다.

성분 및 효능

① 칼륨과 라미닌 성분은 고혈압과 동맥경화를 예방한다.

② 다시마에는 뼈에 좋은 인, 칼슘, 마그네슘이 다량 함유되어 골밀도를 강화해 준다.

③ 마그네슘 부족으로 인슐린 저항이 생기면 당뇨가 발병하게 되는데, 마그네슘이 풍부한 다시마를 꾸준히 섭취하면 당뇨를 예방하는 데 도움이 된다.

④ 다시마에는 비타민 B와 칼슘이 풍부해서 치매와 같은 노화성 뇌질환을 예방하는 데 도움이 된다.

활용요리

생으로 먹거나 튀각, 청, 쌈, 차로도 애용된다.

2) 미역·미역귀·곰피

곰피(쇠미역)	미역귀	물미역

(1) 미역(Sea mustard)

바다의 채소라 불리는 미역에는 칼슘이 풍부하다. 고래가 새끼를 낳고, 미역 먹는 것을 보고 그때부터 사람들이 먹기 시작했다고 하는 미역은 종류가 참 많다. 그중에서 기장 미역과 진도각 미역이 유명하다. 기장 미역은 양식해서 일본에 많이 수출한다. 진도각 미역은 검은색이 아니라 밝은 연녹색을 띠는 진도 자연산 미역으로, 해녀들이 직접 걷어 올린 미역으로 끓이면 곰국처럼 뽀얀 국물이 우러난다. 다른 양식 미역과 달리 오래 끓여도 두툼하고 탱탱한 모양이 그대로 있다. 물에 오래 불려도 물러지지 않고, 여러 번 끓여도 그

오독거림이 살아 있다. 미역의 수산물 지리적표시(PGI)에 전남 완도 · 고흥 미역과 부산 기장 미역이 등록되어 있다.

재료 및 특성

① 우리나라 전 연안에 분포하고 있으나, 자연산 미역은 거의 쇠퇴하고, 양식은 주로 동해 남부 연안과 완도를 중심으로 남해안에서 많이 양식하고 있다.
② 저열량 · 저지방 수산물로 식이섬유소가 풍부하여 포만감을 주며, 장운동을 활발하게 해 변비를 예방해 준다.
③ 자극성 음식물을 섭취하기 힘든 산모에게 적합하다.

성분 및 효능

① 갑상선호르몬의 주성분인 요오드 함량이 높아 피를 맑게 해준다.
② 알긴산은 흡착능력이 뛰어나서 우리 몸속의 노폐물과 독소를 제거해 주고, 비타민 A · B · C · E가 풍부하게 함유되어 피부미용에도 좋다.
③ 칼슘이 우유보다 약 7~9배(100g당 약 960mg) 정도로 함유되어 미역 100g만 먹어도 하루에 필요한 칼슘 섭취량인 600mg을 초과 섭취할 수 있다.
④ 피를 맑게 하는 코이단, 라미난, 클로로필 등의 성분들이 혈전을 예방해 주고, 심혈관계 질환 예방에도 좋다.
⑤ 미역에 함유된 '틸라코이드(thylakoid)' 성분은 GLP-1 호르몬의 분비를 도와 체중 감량에 도움이 된다.

활용요리

① 끓는 물에 살짝 데쳐 초고추장과 같이 생으로 먹거나, 여름에는 미역 냉채로 만들어 먹기도 한다.
② 미역 설치는 생미역과 삶은 콩나물을 양념(된장, 간장, 다진 마늘, 참기름)으로 무친 다음 콩나물 국물을 부은 것이다. 부산 기장 지역의 토속음식인 미역 설치는 국물이 적당하

게 있는 해조류를 이용한 나물로 시원한 맛이 있으며, 잔치나 행사에 빼놓을 수 없는 음식이다.

(2) 미역귀(Seaweed ears)

미역의 꽃으로 불리기도 하는 미역귀에는 '베타카로틴'과 '후코이단(Fucoidan)' 등의 항암 성분이 풍부하게 함유되어 있다. 또한 알긴산 성분은 바다에서 미역이 거친 파도와 뜨거운 태양열로부터 자신을 보호하기 위해 만들어낸 점액성분이 각종 중금속이나 노폐물을 배출시켜 주고, 후코이단은 항암식품으로 주목받고 있다.

(3) 곰피(Seaweed/Gompi, 쇠미역)

갈조식물 다시마목 미역과의 다년생 해조류로 동해안의 특산물로 무기질을 풍부히 함유하고 있다. 겨울철에 주로 생산되는 곰피를 '쇠미역'이라고도 한다. 길이 30cm~1m, 너비 5~30cm이다. 잎처럼 생긴 부분은 갈라지지 않고 아래쪽에 가는 가지가 있다. 뿌리는 가는 줄기를 사방으로 뻗고, 그 끝에 새 엽상체가 돋아 증식하므로 여러 개가 엉켜서 큰 무리를 이룬다. 간조선(干潮線)보다 깊은 바다의 바위에 붙어 서식한다.

재료 및 특성

① 수질이 깨끗한 청정지역의 바위나 암초에서 채취하는데, 24시간 내내 광합성을 하는 식물이라 '바다의 숲'이라는 별명도 있다.

② 쌈으로 인기가 높은 '쇠미역'은 시중에서 같은 무게 기준으로 일반 미역의 2배 가격에 판매된다.

③ 11월부터 이듬해 가을까지 동해·남부 해안의 특산물로 영남지방 근해에 분포하였으나, 서식지가 점점 북상하여 현재는 포항 근처까지 분포한다.

④ 양식을 해서 여름철 전복의 먹이로 이용하거나, 부영양화(eutrophication)가 지속되는 지역에서의 해중림(海中林) 조성을 통한 오염원 제거용으로 활용한다.

성분 및 효능

① 갑상샘호르몬 티로신(T3)과 티록신(T4)을 만드는데 필수적인 미네랄 '아이오딘(Iodine)'을 풍부하게 함유해서 갑상샘 기능 향상에 좋다.

② 에너지 생산에 필요한 성분인 비타민 B_{12}가 풍부하게 함유되어 피로 회복에 좋고, 체력을 유지하는 데 도움을 준다.

③ 겉면에 끈적끈적한 점액질은 알긴산 성분으로 중금속과 유해물질을 배출하는 역할을 한다.

④ 함유된 디에콜(dieckol) 성분은 간기능 개선에 뛰어난 효능을 보인다.

⑤ 아이오딘, 셀레늄, 아연을 함유해 피부의 탄력을 유지하고, 염증 수치를 낮추는 데 도움을 준다.

활용요리

① 보통 물미역보다 식감이 좋아서 주로 초고추장에 찍어 먹지만, 장아찌로 담그면 사계절 내내 그 식감을 즐길 수 있다.

② 갈색이나 살짝 데치면 초록빛을 띤다. 잘 말려서 삶은 후, 적당히 잘라 고추장을 얹어 쌈을 싸 먹거나 무쳐 먹는다.

3) 톳(Fusiformis, 녹미채)

톳밥

갈조식물 모자반과에 속하는 다년생 해조류로 사슴의 뿔과 꼬리를 닮았다고 해서 '녹미채(鹿尾菜)'라고도 한다. 크기는 보통 10~60cm이다. 제주에서 생산되는 것은 1m 이상인 것도 있다. 과거에는 일부 바닷가에서만 먹던 재료라 기록이 많지 않다. 『자산어보』처럼 남해안을 기반으로 기록된 서적에 일부 언급되어 있고, '토의채(土衣菜)'라고 해서 "맛은 담백하고 산뜻해 데쳐 먹으면 좋다"라고 기록되어 있다. 남해나 제주에서 보릿고개나 기근이 들었을 때 구황음식으로 이용되었다. 제주특별자치도에선 '톨'이라 하고 경남 창원, 거제 등 연안지역에선 '톳나물'이라고 부른다. 제주톳(Jeju Wild Tot)은 자연산만으로 수확되고, 맛의 방주(Ark of Taste)에 등재되어 있다.

재료 및 특성

① 톳은 1~4월 사이에 성장하는데 성장기에는 채취하지 않고, 기다렸다가 성장이 끝나야 채취한다.

② 톳과 모자반은 모두 갈조류로 '후코잔틴'이라는 갈색 색소가 함유되어 짙은 황갈색을 띠는데다 모양도 비슷해 구분하기 어렵지만, 줄기의 경우 톳은 원뿔 형태이며 모자반은 삼각형으로 차이를 보인다. 잎도 톳잎이 모자반잎보다 크고 둥그스름해 충분히 구별할 수 있다.

성분 및 효능

① 무기질이 풍부한 알칼리성 식품으로, 시금치보다 3~4배 철분이 많고 다시마나 미역보다 빈혈에 더 효과적이다. 우유보다 칼슘은 16배, 철분은 550배 많다.

② 식이섬유는 나트륨 배출을 촉진해 나트륨 과잉 섭취로 발병할 수 있는 고혈압 등 성인병 예방에 좋다.

③ 장내 세균의 균형을 바로잡아 LDL 콜레스테롤 수치를 조절하기도 한다.

④ 다른 해산물에 비해 무기질이 풍부한 톳은 철분이 풍부한 해조류로 빈혈 증세에 효과적이며, 칼슘·칼륨도 풍부해 혈압이 높은 사람이나 스트레스를 많이 받는 사람에게 도움이 된다.

활용요리

① 톳은 비린내나 짠맛이 덜하고 향도 은은하다. 초고추장에 버무려도 좋지만, 액젓이나 된장에 무쳐 먹어도 별미다.

② 철, 칼슘 등 무기질이 풍부한 톳에 비타민이 풍부한 오이를 넣어 만든 새콤달콤한 톳 무침은 영양이 우수하다.

③ 톳을 물에 불릴 때 식초를 약간 첨가하면, 비릿한 맛은 사라진다. 보통 샐러드로 만들 어 먹거나, 비빔밥에 넣어 먹는다.

② 홍조류(Red algae)

홍색식물이라고도 불리는 홍조류는 엽록소 a, d 외에도 피코에리트린, 피코시아닌과 같 은 색소가 함유되어 있다. 세계적으로 약 5,000여 종이 있으며, 우리나라에 서식하는 해 조류의 절반 이상이 홍조류라고 한다.

1) 김(Dried laver)

보라털과에 속하는 해조(海藻)류이다. 한자어로는 '해의(海)', '자채(菜)'라고 한다. 요즈 음에는 '해태(海苔)'로 널리 사용되고 있으나 이것은 일본식 표기로, 파래를 가리키는 것이 다. 우리나라의 김에 관한 기록으로는 『경상도지리지』에 토산품으로 기록된 것과 『동국 여지승람』에 전남 광양군 태인도의 토산(土産)으로 기록된 것이 있다. 김은 세계적으로 약 80여 종이 있으나, 우리나라에는 방사무늬김, 둥근돌김, 긴잎돌김, 잇바디돌김 등 10여

종이 알려져 있다. 긴잎돌김(Ginipdolgim)은 울릉도와 동해안에 자생하는 자연산 돌김으로 일반 김보다 두꺼우면서 까맣고 윤기가 나며 구수한 맛이 특징이다. 맛의 방주(Ark of Taste)에 등재되어 있다.

우리나라 수산 양식업 중에서 가장 역사가 긴 것은 김 양식으로 수산물 지리적표시(PGI)에 전남 완도 · 장흥 · 고흥 · 신안 · 해남 김이 등록되어 있다.

> **Tip ▶ 곱창김(Gopchang seaweed)**
>
> 돌김의 한 종류인데 원초가 곱창처럼 꼬불꼬불해서 붙여진 이름이다. 일반 김보다 두꺼워 더욱 바삭바삭한 식감이 좋다. 곱창김이 비싼 이유는 10~11월 한 달 동안만 짧게 생산되고, 생산과정이 복잡해서 인건비 비중이 크기 때문이다.

> **Tip ▶ 무산김**
>
> 원래 김은 양식과정에서 매생이 같은 다른 물질이 붙어 있는 것을 떼어내기 위해 산 처리를 하는데 무산김은 산 처리를 전혀 하지 않는다. 유기산 대신 바다에 떠 있는 김발을 수시로 뒤집어 공기 중에 노출시킨다. 그러면 햇볕과 바람에 강한 김을 제외한 다른 잡초류는 죽게 된다.

재료 및 특성

① 최근 미국에서 냉동 김밥 열풍이 불면서 김에 '검은 반도체', 'K-Gim(김)'이라는 별명이 붙기도 했다. 특히 한국산 김의 인기는 절대적이다.

② 한국산 김은 세계 김 시장의 70.6%(2024년 1월 기준)를 차지하고 있으며, 2019년부터 수산 식품 가운데 수출 품목 1위 자리를 지켜오고 있다.

③ 한국산 김은 맛이 좋은 데다 건강식품으로 인식되어 미국, 일본, 중국, 동남아시아 등 124개국으로 수출되고 있다.

④ 실제 한국산 김은 일반 김, 김부각, 김말이튀김 등 다양한 간식으로 가공돼 판매 중이다.

성분 및 효능

① 단백질과 비타민이 풍부하게 함유되어 영양소가 풍부한 해산물이다. 마른 김 5매에 함

유된 단백질은 달걀 1개분에 해당하며, 비타민 A는 김 한 장에 함유된 양이 달걀 2개 분량과 비슷하다.

② 비타민 B$_1$ · B$_2$ · B$_6$ · B$_{12}$ 등이 함유되어 있는데, 특히 B$_2$가 많이 함유되어 있다.

③ LDL 콜레스테롤을 체외로 배설하는 성분이 함유되어 동맥경화와 고혈압을 예방하는 효과가 있으며, 생식하면 암도 예방된다.

④ 우리 민속(民俗)에 정월 대보름 밥을 김에 싸서 먹으면 눈이 밝아진다는 속설은 김에 비타민 A가 많이 함유되어 있기 때문이다.

활용요리

김은 참기름이나 들기름을 발라서 구워 먹기도 하고 자반·부각을 만들어 먹기도 한다. 특히, 자반이나 부각은 봄철에 김이 맛이 떨어질 때 활용하면 적격이다.

2) 우뭇가사리·한천

| 건조 중인 우뭇가사리 | 우뭇가사리 | 한천 |

홍조류에 속하는 우뭇가사리는 가시리라고도 한다. 한반도 · 일본 · 인도네시아 등지에 분포하는데 우리나라에서는 남해안에서 생산된 것이 좋다. 전체 해조류 생산량의 약 30%를 차지하고 있다.

(1) 우뭇가사리(Agar)

대체로 4~6월에 채취하는데 해녀가 바다로 잠수하여 낫으로 잘라내거나, 배 위에서 채취기구와 그물을 내려서 바다 밑을 쳐내어 채취하여 종류별로 가려낸 다음, 물로 씻어 소금기를 제거하고, 홍색이 없어져서 백색이 될 때까지 햇볕에 말린다. 한천의 원료로 사용된다.

재료 및 특성

① 수심에 상관없이 잘 자라며, 해녀들이 직접 캐내어 볕 좋은 날 아스팔트 위에 널어서 말린다.

② 말린 모습은 옥수수수염과 비슷한데 충분한 물과 청주를 넣고 푹 끓인 다음, 건더기는 건져내고, 액을 틀에 넣어 굳히면 묵이 완성된다.

③ 자체를 식용하기보다는 우뭇가사리에서 추출한 젤리 형태의 탄수화물을 추출해 묵을 만들어 섭취하는 게 일반적이다.

④ 묵을 만들 때 붉은 기운이 남는 걸 막기 위해서 3~5회 정도 삶고 말리는 과정을 반복한다. 이를 통해 붉은 색소가 모두 빠져, 시중에서 구할 수 있는 맑은 빛의 반투명한 하얀 묵을 만들 수 있는 재료로 바뀌게 된다.

(2) 우무(Vegetable gelatin)

우무는 제주 해역에서 가져온 우뭇가사리 등을 삶아 응고시킨 것이다. 젤라틴과 유사한 물성을 가진 투명체로 우무묵 또는 한천(寒天)이라고도 한다. 보통 우뭇가사리 · 개우무 · 새발 등 우뭇가사리과의 해초로 만들고, 꼬시래기 · 갈래곰보 등의 해초로도 만들 수 있다.

재료 및 특성

① 해조류 우뭇가사리를 가공하여 만든 묵을 '우뭇가사리'라고 하기도 하며, 우무 · 우무묵 · 우묵 · 우미 등으로 부른다.

② 우무는 가늘게 썰어 콩국에 띄워 여름철 건강한 음식으로 이용하고 있다.

성분 및 효능

열량이 낮고 식이섬유가 풍부해 포만감을 느낄 수 있어 체중조절 시 도움이 된다.

활용요리

차갑게 해서 먹는 주요리(냉채, 냉콩국, 무침)에는 모두 사용할 수 있으며, 열량이 거의 없고, 섬유질이 풍부해서 장시간 포만감을 준다.

(3) 한천(Agar)

한천은 우무를 동결 탈수하거나 압착 탈수하여 건조시킨 식품이다. 천연으로 한천을 만들 때는 하루의 최저기온(야간)이 −5∼−10℃, 최고기온(주간)이 5∼10℃ 정도 되는 곳에서 얼렸다 녹이기를 반복하는 데 약 20일 정도 소요된다. 날씨와 기온이 중요한 탓에 찬 공기와 하늘이 허락해야 만들 수 있다고 해서 붙은 이름이 '한천(寒天)'이다.

재료 및 특성

① 1900년대 초 일제 강점기 때부터 시작해 한천 생산 100년을 잇고 있는 곳은 현재 경남 밀양시 산내면의 한천 생산공장이 유일하다.

② 겨울에만 생산할 수 있어 가을 추수가 끝나면 한천 가공작업을 준비한다.

③ 수분 15%, 단백질 2%, 회분 3.5%, 지방 0.5% 이하로 대부분은 다당류이다. 다당류는 중성 다당류인 '아가로오스(agarose)' 70%와 산성 다당류인 아가로펙틴(agaropectin) 30%로 구성된다.

④ 물과의 친화성이 강하여 수분을 일정한 형태로 유지하는 능력이 커서 젤리·잼 등의 과자와 아이스크림, 양갱 등의 식품 가공에 많이 이용되고 있다.

⑤ 한 해 300톤 가까이 생산되는 밀양 한천은 전국 생산량의 90%를 차지한다. 생산량의 80%를 한천의 본고장인 일본에 수출한다.

⑥ 농한기 소득을 올려주는 효자 노릇은 물론, 지역의 명물로 자리 잡고 있다.

성분 및 효능

① 식이섬유를 함유하고 있어, 변비 예방과 혈당의 급격한 상승을 방지하는 데 도움이 된다.

② 저열량이면서 포만감을 제공하여 식사 전에 섭취하면 과식을 방지하는 데 효과적이다.

③ LDL 콜레스테롤 수치를 낮춰주어, 심혈관계 질환을 예방한다.

④ 피부에 수분을 공급하고, 탄력을 증진하는 데 도움을 준다.

활용요리

① 한천가루(agar powder)는 젤리, 무스, 아이스크림과 같은 다양한 디저트 제조에 널리 사용되고 있다.

② 케이크, 제과, 제빵 제품에 첨가하여 질감을 개선하고, 수분을 유지할 수 있다.

③ 채식주의자와 비건에게도 적합한 식품으로 동물성 젤라틴의 대안으로 널리 사용된다.

③ 녹조류(Green algae)

| 가시파래(감태) | 모자반 | 청각 |

녹조류는 엽록소 a, 엽록소 b, 카로틴, 크산토필 등의 색소가 함유되어 녹색을 띠는 조류를 말한다. 엽록소를 가지고 있어 광합성을 하며 대체로 고인 물, 민물에 서식한다. 파래라는 이름으로 특정 학명(scientific name)을 가진 식물은 존재하지 않고, 생긴 모습이 같거나 비슷한 싱경이, 감태, 매생이 3종류의 일반적 명칭이 파래이다.

1) 싱경이(Green confertii, 싱기·납작파래)

녹조류 갈파랫과의 해조류이다. 크기는 40cm 정도이며, 몸은 다소 납작하고 둥근 대롱 모양이다. 식용하거나 풀을 쑤는 데 사용한다. 전 세계에 널리 분포하며, 특히 봄에 많이 채취할 수 있다. 독특한 향과 맛이 있어 우리나라와 일본에서 많이 먹는다.

재료 및 특성

① 옛날부터 파래는 날로 먹었고, 산간벽지에서는 건조된 것을 갖은양념을 하여 반찬으로 먹었다.
② 어촌에서는 파래로 김치를 담가 먹기도 한다.

성분 및 효능

① 다른 식품에 비해 무기질이 풍부한 파래는 우유의 5배에 달하는 칼슘이 함유되어 골다 공증에 좋으며, 조혈작용에도 효과적이다.
② 철분의 흡수를 도와주는 비타민 A성분도 다량으로 함유되어 임산부의 산후 회복에 도움이 된다.
③ S-메틸메티오닌(비타민 U) 성분이 함유되어 담배의 니코틴을 해독하고, 배출될 수 있도록 도와 폐렴·기관지염을 개선하고, 폐의 재생에 도움이 되어 호흡기질환자들에게 도움이 된다.

활용요리

① 무침, 자반, 김치, 다식, 강정 등 다양하게 조리하여 섭취할 수 있다.
② 건파래무침, 부각 등으로 활용할 수 있다.
③ 홑파래는 물김치, 국거리에 사용된다. 구멍갈파래의 어린 것은 멸치젓국으로 무쳐서 먹기도 한다.

2) 가시파래(Green laver)

갈파래목 갈파래과의 식용 녹조류로 '감태'라는 비표준어 이름으로 많이 유통된다. 모양이나 크기가 매우 다양하고 긴 것은 수 m에 이른다. 녹색 실 같은 음식을 본 적이 있다면 그것이 바로 가시파래다. 주로 생으로 무치거나 감태김, 감태지로 먹는다. 성장조건이 까다로워 양식하지 않았으나, 최근 환경오염으로 생산량이 줄어 양식을 한다.

감태지는 감태로 만든 김치로 맛의 방주(Ark of Taste)에 등재되어 있다.

재료 및 특성

① 가닥이 매생이보다 굵고 파래보다 가늘고, 쌉쌀하면서도 달콤하고 해조류 특유의 향이 좋아 겨울철 별미로 꼽힌다.

② 1급수 지표생물에 가까워 청정 갯벌에서만 자란다.

③ 서식 환경에 민감해 기후와 해상 여건에 따라 생산량이 일정하지 않으며, 12~이듬해 2월까지만 채취할 수 있다.

④ 전남 고흥 · 강진 · 장흥 등의 연안 지역이 주생산지이다.

성분 및 효능

① 폴리페놀의 일종인 '플로로탄닌(phlorotannin)'이라는 성분은 천연 수면제로 알려져 있으며, 실제로 수면제의 원료로 사용되고 있다.

② 비타민 A는 체내에서 '로돕신(rhodopsin)'을 생성하여 시력 저하, 야맹증을 예방해서 눈 건강에 도움을 준다.

③ 씨놀(해양 폴리페놀) 성분이 함유되어 항산화, 항염증, 항알레르기, 항비만에 효과가 있다.

④ 비타민 A, 알긴산, 칼륨이 매우 풍부해서 몸속 독성물질 배출에 도움을 준다.

⑤ 칼슘은 우유의 6배에 달하는 함량으로 골다공증에 쉽게 노출되는 어르신이나 갱년기 여성들에게 매우 좋으며, 성장기 아이들에게도 좋다.

활용요리

김치와 무침, 전(부침개) 등 다양한 요리가 가능하다.

3) 매생이(Seaweed fulvescens)

전남 강진군 마량면 해역이나 완도 해역에서는 겨울이 되면 바다의 신선한 맛과 향을 느낄 수 있는 매생이를 채취한다. 바닷바람이 매서운 1월의 매생이는 맛과 영양이 최고이다. "생생한 이끼를 바로 뜯는다"라는 뜻의 순우리말 이름인 매생이는 남해안에서도 청정지역에서만 볼 수 있는 무공해 수산물이다.

우리가 먹을 수 있는 해조류 중 가장 가는 '실크 파래'로, 입에서 살살 녹는다고 하여 '바다의 솜사탕'으로 불린다. 정약전(1758~1816)은 『자산어보』에서 매생이를 "누에가 만든 비단실보다 가늘고 쇠털보다 촘촘하며 검푸른 빛깔을 띠고 있다. 국을 끓이면 연하고 부드러우면서도 맛이 매우 달고 향기롭다"라고 기록하였다. 매생이의 수산물 지리적표시(PGI)에 장흥 매생이가 제11호로 등록되어 있다.

재료 및 특성

① 장흥에서는 김을 양식할 때 염산 및 유기산을 뿌리지 않는 '무산김'을 생산하는 덕분에 고급 매생이가 생산된다.
② 5대 영양소가 골고루 갖춰져 우주식량으로 선정되기도 했다.
③ 매생잇국은 펄펄 끓여도 매생이의 고운 입자가 수증기를 막아 뜨거운 정도를 알 수 없어 입천장에 화상을 입을 수도 있는데 남도 지방에서는 '미운 사위한테 매생잇국 준다'라는 속담도 있다.
④ 생김새는 파래·가시파래와 비슷하고, 비타민이 풍부하여 피부미용에도 좋다.
⑤ '아스파라긴산'과 비타민이 풍부해 숙취 해소에 좋다.

성분 및 효능

① 클로렐라와 항산화성분이 풍부해 몸속 활성산소를 제거해 대사성 질환과 암 예방 효과가 있다.
② 철분 함량은 우유의 40배, 칼슘 함량은 우유보다 5배 정도로 풍부해 뼈를 튼튼하게 한다.
③ 겨울 청정바다에서만 생산되는 해조류로 간을 해독하는 무기질 성분이 풍부해서 소화도 잘된다.

활용요리

① 매생이를 활용한 대표 요리가 매생이굴국이다. 멸치나 새우 · 다시마 · 무 등으로 밑국물을 낸 후 굴을 넣고 끓여서 간을 하고 매생이를 넣어 살짝 끓인다.
② 잘게 썬 매생이에 밀가루(부침가루), 굴, 물, 청양고추, 양파 등을 넣고 기름을 두른 후 노릇노릇하게 지지면 별미 매생이굴전이 된다.
③ 매생이밥, 돼지고기볶음, 닭 수제비, 칼국수 등을 만들어 먹으면 좋다.

4) 모자반(Sea grape, 마재기)

대표적인 해초의 한 종류로 입맛 없을 때 별미로 좋다. 겨울이 제철이며, 식물체는 암갈색이다. 단추 모양의 뿌리에서 나온 줄기는 외가닥으로 길어지며 윗부분에서 가지를 낸다. 전국의 얕은 바닷가에서 생산된다.

> **Tip ▶ 제주참몸(Jeju chammohm)**
>
> 제주 지역에서 참모자반 등으로 불리는 해조류로 모자반으로 만드는 대표적인 음식인 몸국은 혼례나 상례 등으로 돼지 추렴 등을 하였을 때, 돼지고기와 내장, 순대 등을 삶은 국물에 모자반을 넣고 끓여먹던 제주 지역의 대표적인 행사음식이다. 맛의 방주(Ark of Taste)에 등재되어 있다.

재료 및 특성

① 제주특별자치도 방언으로 '몸'이라고 부른다.

② 갈조류의 하나로 모재기, 마재기 등 다양한 이름으로 불리며, 주로 10월 말~3월 초에 채취하여 나물로 섭취한다.

성분 및 효능

① 비타민, 미네랄, 아미노산 등이 풍부하게 함유되어 뇌세포의 활성화를 돕고, 기억력과 집중력 강화에 도움이 된다.

② 식이섬유가 풍부하게 함유되어 소화를 돕고, 변비를 예방한다.

③ 피부 노화에 영향을 주는 '히알루론산(Hyaluronic acid)'을 유지하는 데 도움을 주어 아름다움을 오랫동안 유지할 수 있다. 히알루론산은 눈, 관절 등 몸속에서 자연적으로 발생하는 다당류 중 하나이다.

활용요리

① 새콤달콤하게 무쳐 먹는 모자반무침은 간단하면서 밥도둑이 된다.

② 돼지고기 삶은 육수에 모자반을 넣고 끓이면 몸국이 되는데 제주도의 향토 음식이다.

5) 청각(Sea staghorn, 靑角)

청각은 노루나 사슴뿔 모양으로, 말린 것을 물에 불렸다가 김치 담글 때 넣어서 상큼한 맛이 나게 한다. 비타민과 무기질이 풍부하여 성인병 및 비만을 예방하는 수산물로 다른 이름은 해송(海松)이다.

재료 및 특성

① 톳과 생김새가 비슷하며 칼슘, 철분이 풍부하다.

② 빛깔은 검푸르면서 얕은 바다의 바위에 붙어 서식한다.

③ 김장김치나 동치미의 시원한 맛이 나게 하고, 김치의 군내를 잡아준다.

성분 및 효능

① 비타민 C, 칼슘과 인이 풍부하여 아이들의 성장 및 발육에 좋으며, 철분이 많아 여성들의 빈혈 예방에도 좋다.

② 식이섬유가 풍부하여 배변을 원활하게 하여 장 건강에 도움이 된다.

③ 베타카로틴이 항산화작용을 하여 세포의 노화를 막아 피부 미용과 노화 예방에 도움이 된다.

활용요리

① 끓는 물에 데쳐 초고추장에 찍어 먹거나 무쳐 먹기도 하고, 미역처럼 갖은양념을 해서 볶아 먹기도 하고, 된장국에 넣어서도 먹는다.

② 김장김치나 동치미에 시원한 맛을 내고, 김치를 시지 않게 해주며, 김치의 식감을 좋게 하는 역할을 한다.

| 기타 동물성 수산물 |

1 미더덕·오만둥이

미더덕

오만둥이

미더덕찜

『자산어보(玆山魚譜)』에는 한자어로 음충(淫蟲), 속어로 오만동(五萬童)이라 기록된 동물이 있는데, 기재 내용으로 미루어 미더덕으로 추측된다.

몸은 가늘고 길며, 자루가 있어 그 끝으로 암석에 부착한다. 전체 몸길이는 5~10cm이며 외피의 표면은 황갈색을 나타내고 외피는 매우 딱딱하다. 몸의 윗부분은 울퉁불퉁하고 자루에는 세로로 여러 줄의 홈이 있다. 미는 물의 옛말이다. 미더덕은 물에 살지만 더덕만큼 몸에 좋다고 해서 미더덕으로 불린다고 한다.

1) 미더덕(Warty sea squirt)

미더덕과에 속하는 무척추동물로 우리나라 전 연안에 서식하며, 양식장과 배 바닥에 많이 붙어 있다. 톡 쏘는 멍게의 맛과 달리 단맛이 있고, 바다의 향이 가득하다. 진해만을 중심으로 남해안 특산물로 알려져 있다. 제철인 4~6월에 어획한 미더덕은 유리아미노산의 함량이 1.8~2.2배 높고 EPA, DHA 함량도 높다. 경남 창원시 진동면에서 생산된 미더덕은 수산물 지리적표시(PGI) 제16호에 등록되어 있다.

재료 및 특성

① 향미와 오독오독 씹는 느낌이 독특해 해산물을 이용한 요리에 많이 사용되는데, 특히 미더덕찜에 많이 활용된다.

② 비타민 E, B의 일종인 엽산, 비타민 C, 철분, 불포화지방산인 EPA, DHA 함량도 높다.

③ 찌개 등 뜨거운 요리를 할 때는 속에 든 짠물을 빼고 요리해야 먹을 때 입천장 화상을 피할 수 있지만, 오히려 그걸 즐기는 사람들이 있다.

④ 식당에서 회로 제공되는 미더덕은 산지에서 내장이 터지지 않도록 전용 칼로 거친 표면을 정교하게 깎아 손질한 것이다. 원래는 멍게의 껍질과 같이 단단한 섬유질로 실타래처럼 꼬여 묶여 있다.

⑤ 외피를 깎아버린 미더덕은 시간이 지나면 겉이 거무튀튀해지고, 물과 내장이 빠져나와 흐물흐물해진다.

성분 및 효능

① 함유된 다양한 비타민은 대표적인 항산화성분으로서 노화를 늦출 뿐만 아니라 면역력 증진, 활성산소 생성을 억제하는 효과가 있다.

② 비타민 B · E 성분이 함유되어 피부를 맑게 하고, 잡티를 예방한다.

③ 타우린 성분이 함유되어 숙취 해소에 좋고, 간기능 개선에 뛰어난 효과가 있다.

④ 철분, 인 함량이 높아 여성, 임산부가 섭취하면 좋다.

⑤ 풍부한 단백질 성분이 기력을 회복하는 데 도움이 된다.

활용요리

① 제철인 봄에 물주머니 부분을 터뜨린 후 속살을 초고추장에 찍어 먹는 미더덕회가 있다. 미더덕 특유의 부드러운 식감과 향을 즐길 수 있다.

② 콩나물, 방아잎, 쌀가루, 갖은 채소를 같이 넣어 요리한 미더덕찜은 마산 지역의 향토음식이다.

③ 아귀찜에도 많이 넣는 재료로 자칫 밋밋해지기 쉬운 아귀찜에 특유의 향을 느끼게 해준다.

④ 된장국을 끓일 때 넣거나, 각종 해산물을 이용한 탕, 찌개류에 사용한다.

⑤ 덮밥은 미더덕을 잘 손질한 뒤 내장을 곱게 다져 갓 지은 밥 위에 올려 참기름과 다진 미나리, 김가루를 첨가해 먹으면 미더덕 본연의 향을 물씬 느낄 수 있다.

⑥ 미더덕을 손질하고 남은 꽁다리로 시원한 밑 국물을 낸 뒤 가리비, 바지락, 낙지 등 각종 해물을 넣어 끓인 미더덕탕도 좋다.

⑦ 젓갈을 만들면 감칠맛이 아주 좋다.

2) 오만둥이(Styela plicata)

미더덕과 비슷한 것으로는 양식을 위해 인위적으로 들여온 외래종 오만둥이(Styela plicata)가 있다. 표준명은 '주름 미더덕'이며 와사바리, 오만디, 오만득이, 만데기라고도 한다.

미더덕보다 값도 싸서 미더덕 대체재로 많이 사용된다. 오만둥이는 미더덕이 귀해지자 그 수요를 대체하기 위해 이식된 생물로 미더덕과는 맛과 향에서 모두 차이가 난다. 살이 적고 껍질 맛만 나지만, 오돌거리는 식감은 오만둥이가 미더덕을 압도한다.

재료 및 특성

① 생김새와 크기, 서식 환경, 산란 및 부착 시기 등이 미더덕과 비슷하다. 7~9월에 산란하고, 10~12월이 주 성장기이다.

② 미더덕보다 향은 옅지만, 씹는 맛이 좋아 찜 외에 죽과 탕으로도 즐겨 먹는다.

③ 우리나라에서는 통영 일대에서 양식하고 있지만, 생태계에 피해를 주는 것으로 알려져 있다.

활용요리

미더덕과 같은 용도로 사용된다.

② 멍게(Sea squirt)

끈멍게　　　　　　　멍게비빔밥

얕은 바다에 암석, 해초, 조개 등에 붙어서 서식하지만 2,000m보다 더 깊은 곳에서 서식하는 것도 있다. 몸 크기에 따라 독립된 개체로 서식하거나, 서로 이어져 군체를 이루기도 한다. '우렁쉥이'라고도 불리는 멍게는 회의 곁들이나 기본 밑반찬으로 쉽게 먹을 수 있다. 가격도 저렴하고 손쉬운 요리 방법으로 친숙한 수산물이다. 붉은색에 폭탄처럼 뽈을 잔뜩 세우고 있는 멍게는 참멍게, 뿔멍게 등으로 불리는 멍게의 한 종류이다. 자연산도 있지만, 거의 양식으로 냉동 보관해 사계절 내내 즐길 수 있다.

Tip ▶ 끈멍게(False sea squirt)

측성해초목 멍게과의 원색동물로 양식을 하지 못한다. 겉모양이 돌멩이와 비슷해서 돌멍게라고도 부른다. 짙은 황갈색, 암황색을 띠는 것이 대부분이다.

표면에는 불규칙한 홈과 주름이 있고, 여러 종류의 동물이나 해조류에 의해 덮여 있다. 한반도·일본·북아메리카 등지의 수심 20m 정도의 바위에 붙어 서식한다. 날로 먹거나 다양한 양념을 사용하여 무쳐 먹고, 속살을 빼낸 껍데기 부분에 술을 따라 먹기도 한다. 가을철에 특히 맛이 좋으며 칼슘과 인을 다량 함유하고 있다.

재료 및 특성

① 멍게에 풍부한 '바나듐(vanadium)'은 생리작용에 필요한 미량 금속으로, 신진대사를 원활하게 하고, 혈당수치를 조절해 당뇨병 치료제로 주목받는 성분이다.

② 동해안의 붉은 멍게는 색이 시뻘겋고, 매끈한 가죽 같아 '비단멍게'라고도 불린다.

③ 해안지방에서는 옛날부터 식용하였으나, 전국적으로 확산된 것은 6·25전쟁 이후이다.

④ 멍게의 특유한 맛은 불포화 알코올인 '신티올(cynthiol)' 성분이며, 글리코겐 함량(약 11.6%)이 다른 해물보다 많은 편이다.

⑤ 여름철엔 다른 계절보다 글리코겐 함량이 높아 맛이 가장 좋다.

성분 및 효능

① 타우린과 셀레늄은 활성산소를 제거하여 세포의 산화를 억제해 탁월한 항산화 효과가 있다.

② '플라스마로겐(plasmalogen)' 성분이 뇌세포를 활성화해서 인지능력과 기억력을 개선하여 학습능력을 높여준다.

③ 셀레늄 성분이 '테스토스테론(testosterone)'의 분비를 촉진해서 남성 갱년기 증상에 효과가 있다.

④ 불포화 알코올인 신티올 성분은 멍게 특유의 신맛을 내며 기침, 가래, 천식 등 기관지 관련 질환에 좋다.

⑤ 철분, 칼슘, 인, 아연 등의 각종 무기질이 풍부하게 함유되어 뼈 건강에 도움을 준다.

손질법

멍게는 바닷물로 씻어야 색이 예쁘다. 민물에 씻으면 상하는 게 아니라 검은빛이 난다.

활용요리

① 멍게살 특유의 향긋한 바다 맛으로 만들 수 있는 멍게 파파야로 활용할 수 있다. 파파야는 갖은 해물을 넣어 만든 스페인 전통 쌀 요리이다.

② 멍게젓갈, 무순, 김가루를 올리는 멍게비빔밥을 만든다.

③ 멍게로 만든 국수, 미역국, 된장찌개, 파스타, 젓갈, 무침 등으로 많이 먹는다.

 참고문헌

- 김정숙, 내 몸을 살리는 자연의 맛 산나물·들나물, 아카데미북, 2011
- 김정숙 외 2인, 자연의 깊은 맛 장아찌, 아카데미북, 2010
- 노봉수 외 6인, 생각이 필요한 식품재료학, 수학사, 2011.
- 대한민국 맛의 방주 100, 국제슬로우푸드협회, 맛의 방주위원회.
- 문범수·이갑상(1998), 식품재료학, 수학사
- 문수재·손경희(2006), 식품학 및 조리원리, 수학사
- 숨겨진 맛, 식재의 발견, 월간식당, 2014
- 식품저널, Vol. 319, 322, 2024
- 양승, 도호약선본초학, 백산출판사, 2015
- 양승 외 6인, 내 몸이 먹는 맛있는 약선요리, 백산출판사, 2018
- aT 한국농수산식품유통공사, 대한민국 8도 식재 총서, 2013
- 우수 식재료 디렉토리, 농림축산식품부, aT한국농수산식품유통공사, 2018
- 윤숙자 외 1인, 월별로 구성된 식품 재료의 모든 것, 백산출판사, 2016
- 이미옥 외 1인, 이야기가 있는 나물 밥상 차리기, 성안당, 2012
- 주의린 외 2인, 동의보감 산야초 백과사전, 행복을 만드는 세상, 2014
- 하헌수 외 1인, Food Materials Science Science 식품재료학, 백산출판사, 2015
- 하현숙 외 2인, 한식조리기능사 필기·실기, 크라운출판사, 2024
- 함승시, 항암효과가 뛰어난 산나물 57가지, 아카데미북, 2011
- 황교익, 팔도 식후경, 2011

- 경남매일(http://www.gnmaeil.com)
- 김창일의 갯마을 연구, 국립민속박물관

- 김화성 전문기자의 아하 이맛

- 나무위키

- 농림수산식품교육문화정보원(농식품 정보누리)

- 농촌진흥청(국립농업과학원)

- 다이어리 알(R)

- 대한민국 식재총람

- 두산백과, 두피디아

- 디지털안동문화대전(향토문화전자대전)

- 식품과학기술대사전

- 식품과학사전

- aT 농산물 유통정보(KAMIS)

- 영양학사전

- 정세연의 음식처방, 동아일보

- 지리적 표시 가이드북(http://mafra.go.kr)

- 홍은심 기자, 음식 四季, 동아일보

저자 소개

하현숙

현) 상명대학교 자연과학연구소 연구교수
현) RGM컨설팅 메뉴개발소장
현) 한국산업인력공단 서울·경기지역 시험감독위원
상명대학교 이학박사, 대한민국 조리기능장
저서 : 떡 제조기능사, 한식조리기능사(공저) 외
e-mail : cookgk219@hanmail.net

이동욱

현) 서정대학교 호텔외식조리과 교수
경희대학교 관광대학원 조리외식경영학과 석사
국제조리기술심판원 WACS
대한민국 조리기능장, 기능장(기사, 기능사) 심사위원
독일요리올림픽, 모스크바, 싱가포르, 태국 국가대표팀 금메달(국가대표팀 팀장)
대통령 표창, 문화체육부장관상, 농림식품부장관상 외

이재상

현) 경동대학교 호텔조리학과 교수
대한민국 조리기능장
롯데호텔 조리팀 총주방장(제주·시그니엘·서울)
대한민국 요리경연대회 심사위원
보건복지부, 국무총리상 외

최호중

현) 전북과학대학교 호텔외식산업계열(외식조리제과제빵전공) 교수
대한민국 명인(서양조리부문)
한국산업인력공단 심사위원
세계음식문화연구원 이사
해양수산부장관상, 통일부장관상 외

저자와의
합의하에
인지첩부
생략

식품재료학

2024년 9월 5일 초판 1쇄 인쇄
2024년 9월 10일 초판 1쇄 발행

지은이 하현숙·이동욱·이재상·최호중
펴낸이 진욱상
펴낸곳 (주)백산출판사
교 정 성인숙
본문디자인 신화정
표지디자인 오정은

등 록 2017년 5월 29일 제406-2017-000058호
주 소 경기도 파주시 회동길 370(백산빌딩 3층)
전 화 02-914-1621(代)
팩 스 031-955-9911
이메일 edit@ibaeksan.kr
홈페이지 www.ibaeksan.kr

ISBN 979-11-6567-910-1 93590
값 30,000원